**1** **【上】**ファセリアの花にとまるコハナバチ（*Halictus* sp.）。コハナバチは植物にとって重要な受粉媒介者である。指でつまむと刺されるが、それほど痛くはなく、痛み評価スケールでレベル 1。写真はジリアン・コールズのご厚意により掲載。〔第 6 章〕**【下】**アメリカジガバチ（*Sceliphron caementarium*）は、建物の壁や軒下などに土塊《つちくれ》の巣を作り、その育房内にいる幼虫たちに、餌として、針を刺して麻痺状態にしたクモを与える。人に無害なこのハチは、花畑やぬかるみなどでもよく見かける。ほとんど刺すことはないが、刺されたときの痛みは、評価スケールでレベル 1。写真はマルガレーテ・ブルメルマン（http://arizonabeetlesbugsbirdsandmore.blogspot.com/）のご厚意により掲載。〔第 9 章〕

**2** **【上】**シュウカクアリ（*Pogonomyrmex* 属）はこれまで放牧地の破壊者という汚名を着せられてきた。しかし実際には、巣のまわりでは植物がよく育って、その多様性が増すことのほうが多い。アリの排泄物がしみこんで土が肥えるうえ、草が一掃されたところに新たな植物の種子が運ばれてくるからである。その種子は、アリが作った豊かな微環境の中で発芽、成長して花を咲かせる。筆者撮影。〔第 8 章〕**【下】**パシフィック・シカダキラー（*Sphecius convallis*）の交尾の場面。オス（右側）と交尾しているメス（左側）の背には、小さなオスがまだ 1 匹乗っている。これは競い合った末に敗退していった、多数のオスの中の最後の 1 匹だ。このようにいかめしい姿をしたシカダキラーは、巨大なイエロージャケットだと勘違いされることが非常に多い。しかし、手荒に扱わないかぎり、刺してくることはない。刺された場合の痛みは、評価スケールでレベル 1。写真はチャック・ホリデーのご厚意により掲載。〔第 9 章〕

**3**　コツチバチのオスが、筆者の指を刺すまねをして脅しているところ。ハチのオスは刺針を持っていないので刺せないが、捕まりそうになると、尖った腹部末端でいかにも刺すようなふりをすることがある。こうしておどされると、刺される危険がないにもかかわらず、あわてて手を離してしまう。痛み評価スケールでレベル０。筆者撮影。

**4**　1975 年、ルイジアナ州アミテにて、筆者がフロリダ・ハーヴェスターアント（*Pogonomyrmex badius*）のコロニーを発掘しているところ。このアリに刺されたときの痛みは、評価スケールでレベル 3。デビー・シュミット撮影。〔第 8 章〕

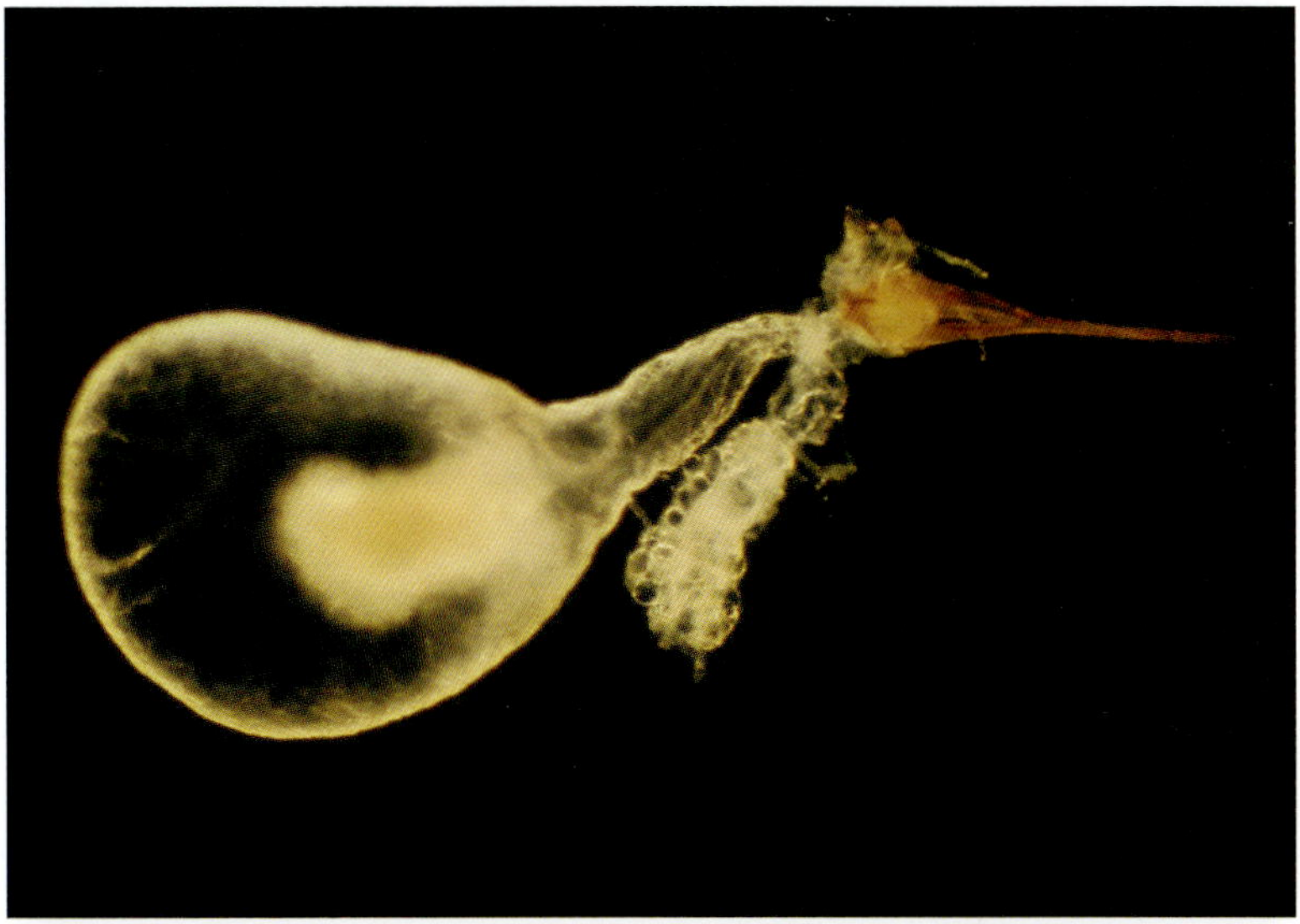

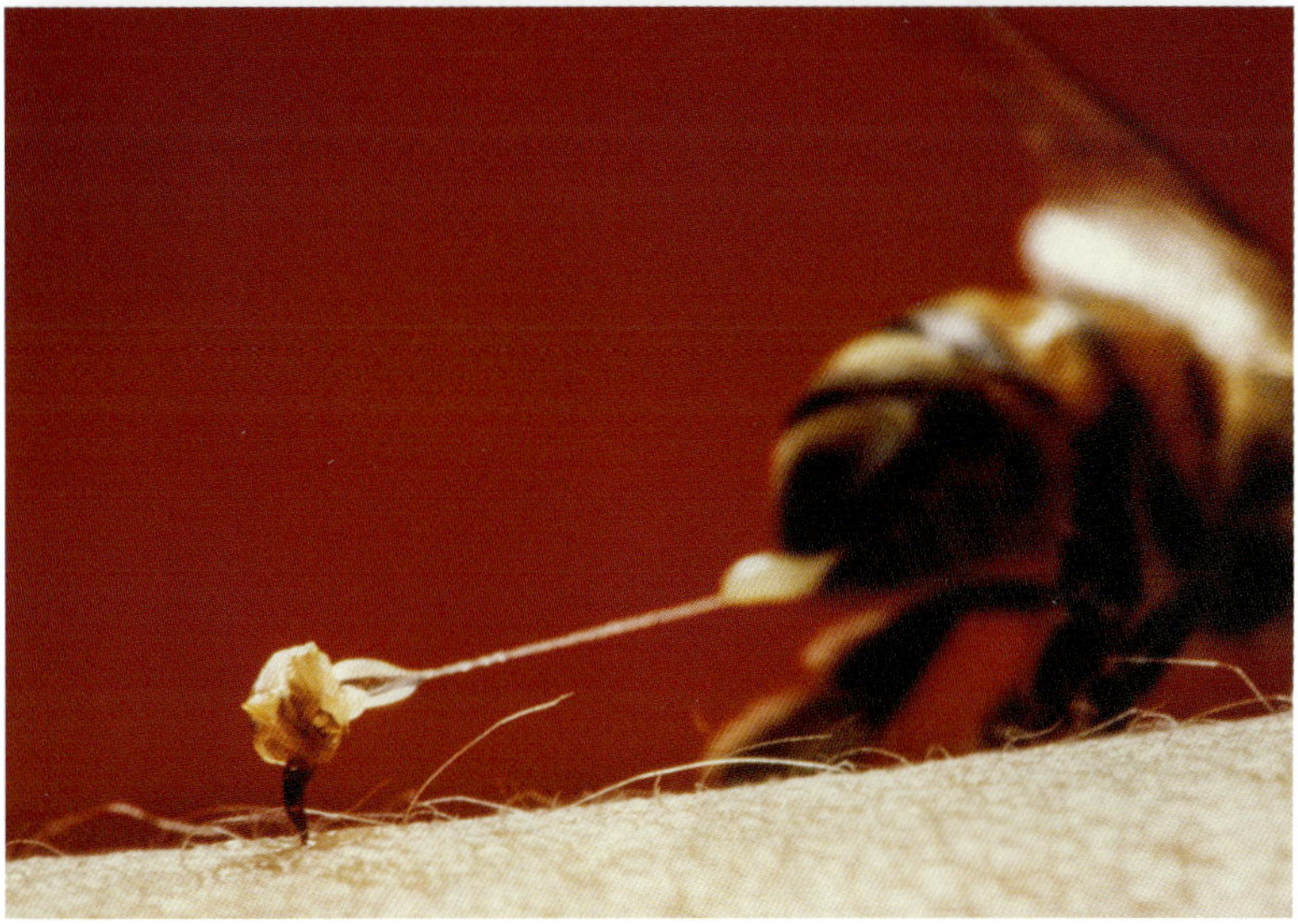

**5** **【上】**ヒアリ（*Solenopsis invicta*）の毒針装置。細く鋭い針につながっている大きな袋が、毒液をためておく毒嚢。小さな泡状のものがデュフール腺。敵に突き刺さる針と巨大な毒嚢を備えた理想的な装置を使って、敵に毒液を注入する。筆者撮影。〔第 6 章〕**【下】**ミツバチが刺針を自切する瞬間。針は腕に刺さったままになる。筆者撮影。〔第 2 章、第 11 章〕

**6** 【上】トウワタの花蜜を集めているオオベッコウバチ（*Pepsis chrysothemis*）。この単独性狩りバチは、体色が派手でよく目立つ。それほど攻撃的はないが、けっして手でつかんだりしないこと。刺されたときの痛みは、評価スケールでレベル 4。写真はジリアン・コールズのご厚意により掲載。〔第 9 章〕【下】オオベッコウバチがタランチュラを襲っているところ。この激しい戦いは、たいていタランチュラの敗北に終わる。写真はアメリカ合衆国国立公園局のニック・パーキンスのご厚意により掲載。〔第 9 章〕

**7** 【上】アリバチのメスは無翅の単独性狩りバチで、体色の鮮やかなものが多い。夏の間、遮るもののない開けた場所でよく見かける。体のサイズは、この写真のアリバチ（*Dasymutilla asteria*）のように6ミリ程度の小さなものから、「カウキラー」のように25ミリにも及ぶ大きなものまでさまざまだ。体の大きさによって、刺されたときの痛みの強さも異なり、評価スケールでレベル1～3。写真はジリアン・コールズのご厚意により掲載。〔第9章〕【下】サシハリアリ（*Paraponera clavata*）の生息地にくらす人々はみな、このアリに恐れを抱くと同時に敬意を払っている。ブラジル北西部のアマゾナス州に住む部族は、このアリを思春期の通過儀礼に用いている。刺されたときの痛みは、評価スケールでレベル4。写真はグレアム・ワイズのご厚意により掲載。〔第10章〕

**8**　アフリカ化ミツバチの遺伝的性質を研究するために、コスタリカで標本を採集しているところ。ミツバチを刺激してわざと怒らせている。素人はやめておいた方がいい。筆者撮影。〔第11章〕

# 蜂《ハチ》と蟻《アリ》に刺されてみた

「痛さ」からわかった
毒針昆虫の
ヒミツ

ジャスティン・O・シュミット　今西康子 訳

THE STING OF THE WILD

The Story of the Man Who Got Stung for Science

JUSTIN O. SCHMIDT

白揚社

デビーとリーへ

目次

本文中の〔　〕は訳者による註です。

# はじめに

**さあ、冒険の旅に出かけよう。**といっても、これは想像の世界の冒険だ。いばらや蚊に刺されながら、汗みどろになって進もうというのではない。そんなのインチキだって？　まあそうかもしれない。でも、体を張って挑むのばかりが冒険とはかぎらない。

冒険は、今から一五〇万年前のアフリカのサバンナでスタートする。どこまでも果てしなく広がる草原。そこに突き出した大きな岩山《コピエ》のふもとで、私たち二五人の探検隊は休憩をとっているところだ。ベテラン隊員数人がコピエの頂で周囲の状況に目を光らせている。近くにライオンの群れがいるかもしれないし、水場へ向かう道のわきの木陰にヒョウが潜んでいるかもしれない。このあたりの盗賊の一味が待ち伏せしているかもしれない。

でも、今日はその心配はなさそうだ。それどころか、すばらしい獲物を発見。まだ歩けない生まれたてのキリンの赤ん坊だ。貴重な生肉を手に入れる絶好のチャンス。先輩隊員たちがこのチャンスをどうやってものにするか、五歳以上の隊員はみんなよく見ておくのだぞ。最強の男たち三人が、ライオンやハイエナに先を越されまいと、はるか彼方のキリンめがけて跳ぶように駆けていく。幸い、ライオンもハイエナもまだ来ておらず、おこぼれにあずかろうとするジャッカルたちがうろついているだけだ。

年輩の男二人と年長の少年が、待ちわびるちびっ子たちを呼び集めて、先発隊に続けと呼びかける。さあ行くぞ。草原を走りながらふと思い出す。恐ろしいのはライオンやヒョウやハイエナだけではなかったはずだ。おやっ、すぐ左側で体をくねらせているものは何だろう？　ヘビだ！　気をつけろ。以前に、冒険好きの若者がヘビに咬《か》まれて命を落としたことがある。ヘビは危険な生き物だ。無害なヘビもいるが、念のため、ヘビを見つけたらどんなヘビでも近寄らないようにしよう。危険を回避して、さらに冒険を続ける。

バオバブの木の下を進んでいくと、痛いっ！　何かに刺されたようだ。逃げろ。木の中にミツバチの巣があるぞ。ハチたちが怒っている。ミツバチも危険な相手だ。巣のある場所をよく覚えておいて、先発隊に知らせなくては。石と棒きれで母キリンを追い払った先発隊は、今まさに仔キリンを仕留めているところだ。もうすぐこちらに戻ってくる。

キャンプに戻った少年たちは、もくもくと煙の上がる松明《たいまつ》を手に奮い立っている男たちを、ミツバチの巣まで案内し、それから後ろに下がって採蜜のようすをじっと見守る。主力のハニーハンター二人が、松明を携えてバオバブの木に登っていき、ミツバチを追い払って、彼らの大切な蜂蜜と蜂の子の入った巣を奪い取る。それを見守っていた少年たちも、ミツバチはヘビに劣らず危険で恐ろしいこと、そして、一つ間違えば命を落としかねないことをしっかり胸に刻む。

これは想像の世界の冒険だが、そこで得られる教訓は現実世界でも通用する。殺傷力をもっている動物は恐れてしかるべきなのだ。十分に警戒して近づくか、さもなければ、徹底的に避けなくてはならない。

何百万年にもわたって、私たち人類の祖先は、さまざまなタイプの危険な動物と遭遇してきた。大きくて屈強な相手、小さくても命取りになる相手、極小でもひどい苦痛を与えてくる相手。そういった危険な動物との接触を重ねるうちに、私たちの遺伝子には、危害を加えるおそれのある動物に対する先天的な恐怖心がしっかりと刻みつけられていった。その遺伝子は、今日の私たちにも引き継がれている。

本書を通して、自然界の愛おしさ、あらゆる生物に宿っている美しさを感じていただければと思う。どんな動物も、語らずにはおけない興味深い物語を内に秘めている。そしてどの物語も、私たちが耳を傾けるのを待っている。幸いにも、私はこれまで、地球上でもっとも美しく魅力にあふれた昆虫たち――刺針《ししん》をもつ昆虫たち――とさまざまな冒険を重ねてきた。刺針昆虫たちの生活様式の多様さや、日々生き延びるための戦略の巧みさには、ただもう驚くばかりである。

本書は、大きく前半と後半とに分かれている。第1章から第5章までの前半では、後半の内容の理解を深めるのに役立つ背景知識や理論を紹介する。多くの紙幅をさいた後半では、刺針昆虫をいくつかのグループに分け、それぞれに一章ずつ充てて詳述している。ある章だけを読んでも十分にわかるように書いてあるので、あちこち飛びながら、好きな順に読んでもらってかまわない。冒頭から順に読み進めてもいいし、いきなり興味のある章から入ってもいい。

本文のあちこちに参考文献の番号が付されているが、特に興味がなければ無視していただいてかまわない。こうした数字に煩わされないでほしいのだ。さあ、出発しよう。私が楽しんだのと同じくらい、読者の皆さんにこの楽しさを味わってもらえることを願っている。

**本書を世に送り出すことができたのも、**多くの方々のお力添えがあったからこそと心より感謝している。私は研究者としての道を歩み始めて以来ずっと、大勢の同僚や友人たちと生物学について、また刺針をもつ昆虫について、有意義で楽しい数々の議論を重ねてきた。とくに、スティーヴ・ブーフマン、ボブ・ヤコブソン、ビル・オフェラル、ロイ・スネリング、ヘイワード・スパングラー、クリス・スター、マレー・ブルムの諸氏と交わした議論やその考え方が本書に厚みと深みを与えてくれている。また、ジョン・オールコック、クレイグ・ブラバント、マサイアス・バック、ジム・ケイン、ジョー・コエーリョ、エリック・イートン、ケヴィン・オニール、ロルフ・ツィーグラーの諸氏には、特定箇所についての情報提供や事実確認でたいへんお世話になった。さらに、デニス・ブラザーズ、デビ・キャッシル、ビル・マッグルー、ジョン・ハリソン、チャック・ホリデー、ジェニー・ジャント、ボブ・ヤコブソン、リチャード・ランガムの諸氏には、アイディアや情報の提供にとどまらず、各章を批評的に読んで改善点を洗い出す手助けをしていただいた。そして、ルイーズ・シェイラー、エリザベス・テイラー、トム・ヴィヴァントの諸氏は、私を励ましつつ、明快で読みやすい本になるようにいろいろ助けてくださった。また、写真を提供し、掲載を許可してくださったマルガレータ・ブルマーマン、ジリアン・カウルズ、グレアム・ワイズの諸氏に心より感謝申し上げる。

もちろん、編集者の皆さん、とくにヴィンセント・J・バーク氏をはじめとするジョンズ・ホプキンス大学出版局のすばらしいチームに感謝していることは言うまでもない。執筆中ずっと、忍耐強く私を励まし、支えてくださったヴィンセント氏には深く感謝している。彼の支えがなければ、これほど楽しく執筆することはできなかったし、そもそも本書が日の目を見ることもなかっただろう。最後に、研究仲間のボブ・ヤコブソン氏には、構文やスペリングから原稿作成に至るまで、執筆のあらゆる面でたいへんお世話になったことを申し添えておきたい。

# 第1章　刺された記憶

## 子どもは天性の博物学者である。

**子どもたちはみな生まれながらの博物学者である。**遊びながら、周囲の環境を探索しているのだ。太古の昔からほぼずっと、私たち人間は、植物や動物の色、形、音、においに満ちた自然そのものの中で暮らしてきた。食べ物のかけらを運ぶアリが遊び場を通りかかれば、子どもはそれを夢中で追いかけた。近くの花に飛んできて蜜や花粉集めにいそしむミツバチにも、その花のへりで獲物を待ち伏せしているカニグモにも、子どもは興味津々だった。こうしたわくわくするような自然との触れ合いこそが、子どもの脳の成長を促す大きな力になっていたのだ。

幼い子どもにはまだ、怖いという感覚はない。恐怖心のほとんどは、遊びを通して、周囲の親や大人から教えられたものだからだ。コミュニティの大人たちは、遊びのなかでの学びが子どもの成長にとってどれほど重要かよくわかっているので、五歳頃まではほとんど制限を加えずに自由に遊ばせようとする。遊びのなかでのさまざまな経験を通して、洞察力、観察力、分析力、適応力などを身につけてこそ、一人前の大人に成長できるのだから。とはいうものの、用心深い大人たちはつねに、子どもが安全な環境で探索や学習ができるよう、できるかぎり危険を取り除こうとする。

子どもが遊んでいるところにヘビが現れたら、大人はどうするだろうか？　急いで子どもをかくまい、もともと感じていたヘビへの恐怖をさらに強めようとするだろう。リン・イズベルらの研究で明らかにされたように、人間は太古の昔から何千世代にもわたって、ヘビに対する強い恐怖心や嫌悪感、ヘビを避けようとする本能を発達させてきた。こうした本能には生物学的な根拠がある。(1)ヘビを怖がらない者や、ヘビを避けようとしない者は、ヘビに咬まれて大けがをする確率が高く、ときには命を落とすこともあった。つまり、ヘビを見つけそれを恐れる遺伝子は、その遺伝子の持ち主の適応度を高めるものだったのだ。当然ながら、ヘビを見つけ、それを避ける能力の弱い遺伝子を持つ者は、しだいに遺伝子プールから排除されていった。

天性の科学者である子どもたちは、自然界の何を受け入れ、何を避けるべきかを自ら学びとる力をもっている。対象を観察して、仮説を立て、実験を試み、その結果にもとづいて考える、というプロセスを繰り返すやり方は「科学の方法」そのものだといえる。子どもたちは、誰に教わるともなく、自然にそういうやり方をするようになるのである。ところが、悲しいかな、こうした能力は子どもの成長とともにしだいに失われていく。失われたときに初めて、科学的方法をもう一度教えるために、教師が必要となるのだ。何という皮肉だろうか。

現代の親たちもやはり、子どもは自然を好むこと、自然を求めていることを本能的に知っている。だからこそ、ベビー服にはマルハナバチやミツバチのモチーフがよく使われ、ベビーベッドにはクマやトラやサメのぬいぐるみがたくさん置かれたりするのだ。それにしても、親たちはなぜ、こうした動物がどれもみな現実世界では危険な存在であることを知りながら、わが子の身近に置こうとするのだろう？　こうした動物のマスコットが子どもの好奇心や学習意欲をはぐくみ、子どもの心に安らぎを与えると知っているからなのだろうか？

私はペンシルベニア州のアパラチア地方で、世界中の大勢の子どもたちと同じような幼少期を過ごした。両親は、私の気づかないところでそっと見守りながら、やりたいことを自由にやらせてくれた。おかげで私は、ポケットにカエルを詰め込んだり、泥んこのパイ生地をこねたり、瓶にホタルを集めたりして本当によく遊んだものだ。母にとっては必ずしも嬉しいことではなかったはずだが、それでも黙ってやらせてくれたのは、大きくなればいずれ卒業するのだから、と思っていたからだろう。

五歳くらいになると、両親はときおり、七歳の兄や一〇歳の姉をはじめ、年長の子どもたちに私の世話を任せるようになった。グループ内で最年少だった私は、みんなに自分の存在価値を示す必要に迫られた。

あるうららかな春の日、ちびっこ軍団はヤマアリの巨大な蟻塚《ありづか》に出くわした。ヤマアリは刺針を持っていないかわりに、大量の蟻酸《ぎさん》をたくわえている。蟻酸は有機酸のなかでもっとも強い腐食性をもつ酸だ。ヤマアリは、その蟻酸を腹部先端から噴射してくるのである。咬みつき攻撃も得意だ。がっちり咬みついて皮膚を傷つけたところに蟻酸を噴射してくるので、まるで毒針に刺されたような痛みに苦しむことになる。

年上の少年たちが私に、蟻塚の上に座ってみろよ、とけしかけてきた。自分の真価を証明する絶好のチャンス。受けて立つよりほかない、と覚悟を決めた。ところが、蟻塚の上に座ったとたんに、ズボンの外にも中にもアリたちがうじゃうじゃと群がってきて、尻のあちこちを咬みはじめたのだ。びっくりした私は、跳び上がってズボンを下ろし、無我夢中でアリたちを払いのけた。こうして、このときは何とか事なきを得たのだが、私はこの体験から重要な教訓を学んだ。虫たちは反撃してくる、ということだ。

その後も懲りることなく、ちびっこ軍団はさまざまな冒険に挑み、場数を踏むごとに私は少しずつ賢くなっていった。こうして、昆虫学者としての人生がスタートしたのだった。

**成長するにつれて、**子どもの遊びは、その後の人生で必要となるスキルを磨くものへと変化していく。私たちの祖先にとって、こうしたスキルとは、狩猟技術であったり、自然の謎を読み解く知恵であったりした。狩猟技術をマスターするためには、基礎体力を高め、筋肉運動の協調性を磨く必要がある。また、自然を観察し、探索しながらその謎を解明する能力を養う必要もある。経済が発達した現代社会では、狩猟技術の重要度はそれほど高くないが、それでもやはり、狩猟技術を習得したいという欲求には根強いものがある。少年たちは特にそうだ。ペンシルベニアの田舎では伝統的にシカ猟の解禁日は学校が休みになるが、これは昔ながらの本能的なものが今もなお受け継がれていることの証だといえるだろう。

私が子どものころ、家のまわりには、原っぱや、フェンスロウ（柵の両側の耕作されていない土地）、雑木林、小川など、スキルを磨くのに絶好の場所がいくらでもあった。楽しめる施設など、みすぼらしい野球場以外になかったので、近所の少年たちとともに新たな冒険を求めて野山に繰り出していった。年齢差が四歳ほどの六〜八人でいつも徒党を組んで、木登りに挑戦したり、マルハナバチやスズメバチの巣を見つけたり。私はつねに最年少だったが、一番身軽ということもあり、すぐにグループトップの木登り名人になった。走るスピードや投げる力ではビリだったが。

六月のある日、私たちがフェンスロウづたいに歩いていると、年上の少年がボールドフェイスト・ホーネット（ホオナガスズメバチ属）の巣を見つけた。人知れず青い実をつけはじめているリンゴの木の奥のほうに、その巣はあった。こりゃすごい。チャンスだぞ。巣に石を投げつけたら襲ってくるだろうか？　襲ってきたら逃げられるかな？　刺されたら痛いかな？　わからないことだらけだ。それを解明すべく、そして、無事に逃げきれるという予想を証明するために、最年長の少年が石をつかみ、みんなが後ろで構えて見守るなか、ハチの巣めがけて石を投げつけた。ハズレ。何も起こらなかった。全員ちょっとだけ逃げた。そのあと、まるで勇敢さを競い合うかのように、一人ずつ順に石をつかんでは、リンゴの木に近づき、木の奥のハチの巣めがけて石を投げ、そのたびに全員でわっと逃げた。どの石も命中しなかったので、スズメバチが数匹、偵察に飛び出してきただけで、誰も刺されることはなかった。

最後に私の番がまわってきた。これぞという石を見つけ、他の誰よりも近くまで進み、渾身の力を込めて巣に石を投げつけた。みごと命中。巣の半分が地面に落下した。五メートルほど後ろに控えていた仲間たちは、もうさっさと逃げ出しており、私一人が「カンカンに怒る（mad as a hornet)」という言葉の由来を思い知るはめになった。スズメバチたちは本気だったし、私は一番近くにいて、しかも足が一番遅かった。そのあとどうなったか。覚えているのは、一匹のスズメバチが私の首筋を何度も刺してきたことだけだ。正確な回数は覚えていないが、少なくとも三、四回は刺されたように思う。熱い焼きごてで首筋を何度も殴られたようだった。それから数十年ののち、私は「虫刺されの痛み評価スケール」を作成することになるわけだが、そのスケールで「レベル2」の痛みを初めて体験したのがこのときだった。

この頃から私は、人を刺す昆虫に対するアプローチ方法を変えた。自分が実際に刺されてみるのではなく、実験を仕組む側にまわるようになったのだ。私は小さくて痩《や》せっぽちの少年だった。指が細く、近距離視力に優れている点は、のちに昆虫学者として修練を積む上でとても有利だったが、野球もサッカーもへたくそだった。大好きだったビー玉遊びも学校では禁止されてしまい、休み時間は運動場の草木や小動物を観察しながら過ごすしかなかった。

ある日、タンポポの花にミツバチが一匹とまっているのを見つけた。ミツバチは人を刺すと教わったが、本当かどうか確かめてみよう。今回は、自分が実験台になるのではなく、運動場の見回りをしている担任の先生に仮説を検証してもらうことにした。そのミツバチを手でつまんで、先生の前腕に乗せてみたのだ。その結果、私は、ミツバチは人を刺せるのだということを学び、先生のほうは、ミツバチは手でつまめるということを初めて知った。私に悪気はなかったのだが、その後何十年たっても、両親と先生が顔を合わせるたびにこのときのことが話題に上ったらしい。刺されて痛い思いをした記憶は、いつまでも消えることがない。

**昆虫図鑑に載っている虫たちのなかで、**ひときわ異彩を放っているのが「カウキラー（牛殺し）」である。アメリカ合衆国の南部一帯や中西部の多くの地域では、夏になると、庭先や公園にこのハチがよく姿をあらわす。体長が二センチほどで、全身が赤と黒のビロード状の毛に覆われているカウキラーは、大きなアリのようにしか見えない。カウキラーの仲間は世界中に八〇〇〇種以上いて繁栄を謳歌しているが、この科のハチを総称して「ベルベットアント（ビロードを纏《まと》ったアリ）」と呼んでいるのは、その姿がアリにそっくりだからである。しかし、アリに似ているのは無翅《むし》のメスだけで、オスにはちゃんと翅《はね》があり、やや毛深い点を除けば、ごくふつうのハチの姿をしている。〔「ベルベットアント」の和名は「アリバチ」。口絵7〕

アリバチのメスは、防御手段をもっとも多く取り揃えている昆虫として、ギネス世界記録にエントリーできるのではないだろうか。まず第一の防御手段は、長い刺針である。獲物や敵を刺すことのできる昆虫類のなかで、体長に比してもっとも長い刺針を備えている。ちなみに、このような刺針をもつ昆虫をまとめて「有剣類」と呼んでいる。狩りバチも、アリも、花バチも有剣類だが、寄生バチは有剣類には含まれない。なぜなら、寄生バチのおしりの針は産卵管であって、毒液の注入は副次的な機能にすぎないからである。

話をもとに戻そう。メスのアリバチの刺針はとても長く、種によっては全長の半分を占めるほど長いものもあるが、その効果をさらに高めているのが、針で刺せる範囲の広さである。人間や捕食動物の頭部、胸部、腹部どこであっても、しっかり捉えて刺してくる。刺されたとたん、焼けつくような痛みが走る。真っ赤に焼けた縫い針を親指に突き刺されたら、たぶんこんな感じではないだろうか。思わず指を引っ込めるが、五～一〇分間はその痛みがずっと続き、それに加えて、何ともいえない痛痒《いたがゆ》さに襲われる。川べりの道に生えている、あの棘《とげ》だらけのイラクサに触れてしまったときのような感じだ。どうしても擦らずにはいられないが、擦るとますますひどくなり、拷問すれすれのレベルにまで痛みと痒みが増していく。

私がジョージア州アセンズにあるジョージア大学の大学院生だったとき、近くのゴルフ場から呼び出しがかかった。行ってみると、シカダキラー（「セミ殺し」という名のハチ）の大群を前に、ゴルフ場のスタッフはパニックに陥っていた。バンカーの砂が気に入って居着いてしまったのか、オスのシカダキラーの群れがメスを探してブンブン飛び回っており、縄張り内で動くものがあれば、ゴルファーであれ、何であれ、どんどん攻撃してくるのである。その騒ぎのさなか、何匹もの美しい色鮮やかなカウキラー（*Dasymutilla occidentalis*）がシカダキラーの巣穴に入り込んで、その幼虫や蛹《さなぎ》を狙っていた。わが子の餌にするためだ。さっそく私はそのカウキラーを数匹捕獲して、その防御手段について調べている研究室に持ち帰った。

ある金曜日の晩のことだ。カウキラーの飼育を手伝ってくれている若い学生に、糖液などの給餌を頼んであったのだが、夜の一一時半頃、大学の医務室から緊急の電話がかかってきた。「おたくの学生さんがカウキラーの世話をしていて刺されたようです。もうだめだ、明日まで命がもたない、と訴えているのですが」という問い合わせだった。私としては「大丈夫です。カウキラーの痛みは最悪ですが、毒性は一番弱いほうですから」と答えるほかなかった。死ぬなんてことはまずあり得ない。抗ヒスタミン薬をちょっと塗って優しく手当てしてもらったその学生は、翌日、また元気に研究室にやってきた。

幼い子どもがカウキラーに刺されたという話はほとんど聞かない。真っ赤でビロードのように美しいカウキラーが裏庭を走り回っているのを見たら、子どもは手に取ってみたくなるはずなのにどうしてだろう？　つかんでしまった子どもはただ泣きわめくばかりで、何に刺されたのかを親に説明できないのかもしれない。でも、親はかならず原因を探そうとするものだし、探せばすぐに犯人が見つかるはずだ。とするとやはり、子どもがカウキラーに刺されたという報告がないのは、刺されること自体が稀だからだろう。

私たち人間は、ヘビやクモを本能的に警戒して避けようとするが[2,3]、ハチのように、刺される危険のある昆虫に対しても本能的な警戒心を持っている。カウキラーもそのひとつだ。赤と黒の鮮やかな体色は、敵の目を引きつけると同時に、「待て、跳びかかったり、触れたりする前によく見ろ」と警告する信号にもなる。赤と黒の組み合わせは、襲いかかる相手に「下がれ、近寄るな……さもないとひどい目に遭わせるぞ」と脅しをかける警告色の典型である。

こうした警告色の効果を高めているのが、腹端から突き出している刺針だが、カウキラーの場合にはさらに、音による警告も行なう。ガラガラヘビが発するような、周波数帯域の広い軋《きし》るような威嚇音だ。カウキラーはさらに、においによる警告も行なう。大顎の基部にある腺から分泌される物質は、揮発性のケトン類の混合物で、マニキュアを落とすときに使う除光液のようないやなにおいを発する。夜行性の動物や視力が弱い動物に、警告色は役立たないが、こうした相手に対しても有効なのが警告音や警告臭なのである。

カウキラーの防御手段はこれだけにとどまらない。実際に攻撃を受けたときに効果を発揮する強力な防御手段を二つ備えている。そのひとつは、とてつもなく硬い外皮、つまり殻である。カウキラーは、どんな攻撃もはね返してしまうほどの硬い鎧をまとっている。まさに「生物戦車」である。あまりにも硬いので、ステンレススチールの虫ピンを刺そうとしても刺さらずに曲がってしまうほど。敵もこれには歯が立たない。たとえば、毒蜘蛛タランチュラが、あの立派な鋏角《きょうかく》で咬みついても、カウキラーの鎧を貫くことはできない。擦れ合って振動が生じると、歯をドリルで削られるような感じがするのだろう、あわててカウキラーを放してしまう。

そして、もうひとつの防御手段が、驚くばかりの脚力である。カウキラーのいかつい胸部（三つに分かれている昆虫の体のまん中）には、大抵の昆虫にある強力な飛翔筋がない代わりに、脚を動かす筋肉がぎっしりと詰まっている。この筋肉に支えられた逞《たくま》しい脚と、丸っこくて滑りやすい体のおかげで、いったん敵に捕まっても何とか振りきってすばやく逃げ去ることができる。

カウキラーのこうした優れた防御力には、子どもも大人もあまり気づいていないのではないだろうか。しかし、「近寄らないで。さもないとひどい目に遭わせるわよ」という警告信号を発していることは、誰の目にも明らかだ。そして、実際に刺すことによって、「ほら、ただの脅しではないのよ」と証明してみせるのである。

# 第2章　刺針の意義

ペトルーキオ　これはこれはスズメバチさん、そんなに怒るものではありませんぞ。
カタリーナ　私がスズメバチだとおっしゃるなら、せいぜい針に気をつけることね。
——ウィリアム・シェイクスピア『じゃじゃ馬ならし』一五九〇年頃

**もし、刺針をもつ昆虫が言葉を話せたならば、**巣の入口にやってきた相手に向かってまずこう叫ぶだろう。「あんたはだれ?」それが生死を分かつことになるかもしれないからだ。生物にとって不可欠なのは、成長、繁殖、そしてサバイバルである。そのうちのどれ一つが欠けても、その生物種は次世代に命をつなぐことができず、そもそも生まれてくることができなくなってしまう。サバイバルとは、殺されずに生き延びること。動物のサバイバルは、理屈の上では簡単なことだ。自分の胃袋を栄養物で満たすことと、他の動物の胃袋に収まってしまわないこと、この二つに尽きる。ところが、これがなかなか簡単にはいかない。どうしてか。

多くの動物は、植物を食べて腹を満たしている。しかし、植物は世界屈指の化学者で、ありとあらゆる種類の化合物を作り出す。なぜかといえば、動物に食われるのを防ぐためや、他の植物よりも多くの日光や養分を勝ち取るためだ。他の動物を食べて生きている動物にもやはり別の苦労がある。獲物を見つけて、捕らえ、押さえつけて、胃袋に収めるという手順を踏まなければならないからだ。食われる側からすると、うまく身をかわせるかどうかが生死の分かれ目になる。そして、このときにこそ、刺針という武器が存在意義を発揮するのである。

刺針をもつ昆虫はまず、巣口の不穏な動きの正体を見定めようとする。あれは動物なのか、それとも、雨風や付近の植物の動きなのか？　後者であるなら、食われる危険はないから安心だ。前者だとしたら、その動物が自分を食ってしまう相手なのか、それとも無害な相手なのかを見極める必要がある。ウシがよろけてぶつかったのかもしれないし、サイがあたりをうろついているだけかもしれない。ウシやサイならば、うっかり踏んづけられるか、わが家を壊されるか、せいぜいその程度で済む。食われる危険がないのなら、通常は防御行動をとる必要はない。

この点について、興味深い例外がある。フリッツ・ヴォルラスとイアン・ダグラス－ハミルトンがゾウとミツバチについて報告しているものだ。(1) ゾウは、知られている限りでは、ミツバチを捕食することはないが、ミツバチが営巣している大きな樹木やその葉枝を食べてしまう。ゾウが樹木を倒したり荒らしたりして、巣が破壊されたら大変なことになる。そこでミツバチは、巣に近寄ってくるゾウには刺針攻撃を繰り出して、巣が壊される危険を未然に防ごうとする。ゾウの弱点である眼や鼻を集中的に刺して、ゾウの群れを巣のまわりから追い払ってしまうのである。

ハチやアリの巣に近寄ってくる動物がみなベジタリアンとは限らない。ハチやアリの巣の中には、栄養豊富で無抵抗な幼虫や蛹がたくさんいるし、蜜や花粉、あるいは、麻痺状態にされた獲物や死んだ獲物が蓄えられている。それらを狙って近づいてくる動物もいるわけだ。さあ、なるべく危険を冒さずに、侵入をもくろむ捕食者を退散させるには、どんな手を使うのが一番いいだろう？　遠くから威嚇して追い払うことができれば、それに越したことはない。

現在トリニダードで活動しているかつての級友、クリス・スターは、アシナガバチが捕食者に対してどのような威嚇行動をとるかを丹念に調べた。それによると、アシナガバチは、すぐに巣から出てきて鳥や哺乳類やクリスを刺そうとはせずに、少しずつ威嚇の度を強めながら、巣に留まったままで身を守ろうとした。具体的には、脚で体を高く上げて相手をにらむ、翅を体よりも高く上げて広げる、翅をすばやく上下させる、巣に留まったままで翅を一瞬ブンブン鳴らす、巣に留まったままで翅をはばたく、前脚を上げて侵入者に向けて振る、膨腹部（くびれた腰より後ろの部分）を湾曲させる、巣から飛び立つ（が侵入者には向かっていかない）、というような一連の行動を見せたのだった。たいていは、こうした威嚇だけで相手は侵入を断念するので、ハチはほとんど犠牲を払わずに済む。(2) それでも追い払えなかった場合に初めて、アシナガバチは針で刺すという行為に出るのだ。

捕食者を威嚇する方法にはいろいろあるが、相手の視覚を当てにしなくてもいいのが、音やにおいによる威嚇だ。シュウカクアリ、ハキリアリ、ブルドッグアリ、サシハリアリなどさまざまな種類のアリが、周波数帯域の広い耳ざわりな音をたてて相手を威嚇する。アリバチの仲間も、調査したものはすべて、危険を察知するとすぐに軋《きし》るような威嚇音を立てた。スズメバチの仲間は、ブンブンという羽音に加えて、カチカチという大顎を噛み合わる音で威嚇してくる。

一九八〇年に日本を訪ねたときのこと、社会性のハチの研究をしている学生たちとその指導教授の助けを得て、オオスズメバチ（*Vespa mandarinia*）のコロニーをそっくり丸ごと採集することに成功した。派手なオレンジ色のごつい頭部を持つこの巨大なスズメバチは、地球上で最も危険な昆虫とも言われている。オスズメバチの大好物は、他の社会性狩りバチやミツバチの幼虫や蛹で、襲われたコロニーの成虫が抵抗しても、巨大な大顎であっさりと噛み砕いてしまう。貴重な毒液を使うこともなく、大顎だけで片付けてしまうのだ。

日本人の仲間たちと私は、このオオスズメバチに挑んだ。何としても捕らえるぞ。餌食になどなるものか！　私は大急ぎで蜂防護服を着ると、長さ一五センチメートルほどの柄のついた捕虫網を手に、オオスズメバチの巣に近づいていった。学生たちは、木の枝をつなぎ足して柄を延長した気のきいた捕虫網を使って、背後から私に襲いかかるオオスズメバチを片っ端から捕らえてくれた。

この大試練のさなか、もっとも印象に残っているのは、巨大なオオスズメバチたちが私をにらんでホバリングしながら、大顎をカチカチと激しく打ち鳴らしてきたことだ。世界最高水準の防護服を着ていても、こうして威嚇されるともう恐ろしくてならなかった。そもそもこれはただの脅しではない。オオスズメバチはたった一刺しでラットを殺すこともできるのだ。幸い、私たちはだれ一人刺されることなく、すべての個体とその巣を採集することに成功した。

敵を威嚇するために、においを放つ化学物質が使われることもある。アリは化学兵器を操る達人なのだが、こうしたにおい物質は「近寄るな、さもないと刺したり咬んだりひどい目に遭わせるぞ」と警告する役目も果たしている。シュウカクアリの場合は、除光液（マニキュア落とし）のようなにおいのする揮発性ケトン類を放出する。アリバチも、これとよく似た成分のケトン類を威嚇に用いる。サシハリアリは、ニンニクを焦がしたような警告臭を発する。独特の警告臭を発するのがオオベッコウバチで、頭部の分泌腺から、鼻にツンとくる悪臭を放つ。

このようなにおいはすべて、近寄ってくる敵に警告を与え、実際に攻撃されるリスクを減らすために用いられる。それでも攻撃を仕掛けてくる相手は、針で刺して懲らしめて、「刺針をもつ相手は襲わないほうがいい」ということをにおいとともに記憶させる。

昆虫の世界では、さまざまなにおいが嵐のように吹き荒れている。警告信号としてのにおいは、昆虫の生活においてにおいが果たしている役割のほんの一部にすぎない。オスとメスが相手を探し当てるための性フェロモンをはじめ、敵の存在を仲間に知らせる警告フェロモン、仲間を誘引する集合フェロモン、個体識別にかかわるフェロモン、餌のありかを仲間に教える道標フェロモンなど、無限ともいえる種類のにおいが昆虫の生活を取り仕切っているのだ。

幼いころから私は、危険を知らせるにおいの役割にとても興味があった。針で刺して追い払うにしても、まず、相手が何者なのかを識別できなくてはならない。私は長年、ミツバチはいかにして捕食者を探知するのか、という点に注目しながらミツバチの研究に取り組んできた。その結果、明らかになったのは、においこそが――この場合は哺乳類の呼気のにおいが――哺乳類捕食者の存在をミツバチに知らせる最大の手がかりになっているということだ。呼気は温かく湿っていて、二酸化炭素のほかにアルデヒド類、ケトン類、アルコール類、エステル類など、分子量の小さいさまざまな揮発性物質を含んでいる。ミツバチからすれば、哺乳類が吐き出した息は、空気中を漂ういやなにおいのプールのようなもの。たちどころにその悪臭の正体を見破ってしまう。

「キラービー（殺し屋ミツバチ）」とも呼ばれるアフリカ化ミツバチが一九九三年にアリゾナ州に到達したときのことだ。ある同僚が、その怖さを知らなかったのか、飛んできたキラービーの分蜂群（繁殖のために巣分かれした群れ）を巣箱に集めて、トゥーソンの町の真ん中にある研究所の敷地で飼いはじめたのだ。キラービーは攻撃性が高まるとむやみに人を刺すことがあるのだが、幸い、近くを通りかかっただけで刺されるような人はいなかった。不幸にも犠牲になったのは飼育スタッフだった。トゥーソンミツバチ研究所のアルバイトの高校生や大学生たちに攻撃の矛先が向けられ、彼らは散々な目に遭ってしまった。

私は、ミツバチの行動研究者として、アフリカ化ミツバチの行動を巣口からじかに観察する必要があったので、この同僚が集めたコロニーを利用させてもらうことにした。至近距離からミツバチを観察するにはどうすればいいか。答えは簡単だ。ミツバチから「見えなく」なればいいのである。ミツバチの前で「姿を消す」には、息を止めてゆっくり動けばいい。といっても、ずっと息を止めているわけにはいかないので、着陸台の脇にいるときは息を止め、巣箱の後ろ側の一メートルほど離れたところで、後ろ向きにそっと息を吐き出すようにする。

ある日、営繕部にいる親友のジョン・ルイスが、私がコロニーを観察している場所から八メートルも離れたところを歩いていて刺されてしまった。「おい、シュミット、ぼくは刺されたのに、巣口をのぞき込んでいるおまえが刺されないのはどういうわけだ？」理由は単純。彼の息が臭ったのだ。
この習性は、アシナガバチの一種、ポリステス・インスタビリス（*Polistes instabilis*）に対しても利用したことがある。「インスタビリス」（不安定・行動が読めない）という名前のとおり、とにかく神出鬼没のハチで、熱帯の低木の茂みを歩いているといきなり現れる。しかも、その存在に気づくのはいつも、刺されて痛い思いをしてからなのである。葉をかすりながら茂みを通り抜けるとき、小枝に付いている巣にうっかり触れてしまうと、首の後ろやむきだしの腕をチクッとやられる。

華麗で美しいミドリコンゴウインコの最北生息地を目指して、私たち生物学者の調査隊が鬱蒼《うっそう》とした茂みを進んでいたとき、案内役のカウボーイたちがこのハチに襲われた。先頭から二番目を歩いていたガイドが手首を刺されて大きな叫び声をあげたのだ。全員が足を止め、ハチが巣に戻っていくのを見届けると、とりあえず一行は落ち着きを取り戻した。

この時までずっと、私たちはガイドの面々から臆病で役立たずの生物学者だと思われていた。しかし、ずっと立ち往生しているわけにもいかないし、私たちに対する認識を変えてもらう必要もある。調査隊のなかで昆虫学者は私一人だった。どうみてもここは私がやるしかない。ハチに関する知識がものをいう場面だ。

ハチの攻撃性を刺激してしまう最大の要因は、人間の呼気と速い動きの二つだ。とにかくこの二つを最小限に抑えなければならない。理屈はそうなのだが、実際にどうやればいいいか。たまたま私は、ほとんど出番のない二リットルのプラスチック製広口瓶を携帯していた。そうだ、これを使おう。私はハチの微妙な動きも見逃すことのないよう、巣をじっとにらみながら、左手に広口瓶を、右手にその蓋を持って、息を止めたままゆっくりと前進していった。長い長い三〇秒ののち、巣の真下に広口瓶を、真上に蓋を差し入れて、パチン。すべてのハチを瓶の中に閉じ込めることに成功した。枝が邪魔して蓋が閉まらなかったのだが、大声で助けを呼ぶと、マチェーテ（長刀のなた）を持ったカウボーイが枝を切り落としてくれたので、すべてをきちんと中に収めることができた。ハチを出し抜くことができ、しかも昆虫学者としての面目を保つこともできた一幕だった。

さて、ミツバチが危険な敵だと判断した相手が、威嚇しても逃げなかったらどうするか？　最後の手段としてミツバチは、最も危険を伴う防御行動に出るかもしれない。自分の毒針を相手の体に打ち込むのである。防御の成否は、針をうまく差し込めるかどうか、刺された相手がその針を抜けるかどうか、さらに、毒液の構成成分や、毒液に対する相手の感受性などによって決まってくる。

昆虫の毒針はユニークな生物注射器で、敵の体に差し込む刺針と、その針を通して注入する毒液の袋とを備えている。この刺針は、単なる管である医療用注射針とはちがって、縦に三本に分かれており、そのうちの二本が、不動のもう一本に沿って前後に激しくスライドするようになっている。このスライド式デザインのおかげで、体が小さいという昆虫の弱点が克服される。想像してみてほしい。注射器で患者に抗生剤を注射しようとする医者が、マウスほどの大きさだったらどうだろう。シリンジをしっかりとつかみ、注射針を皮膚に差し込んでピストンを押し下げるだけの力があるだろうか？

その点、昆虫の刺針は自動穿刺《せんし》式なので、体が小さくても問題ない。まず、一方の可動部分が筋肉の力で皮膚に食い込むと、次はもう一方というぐあいに、左右交互に皮膚の奥へ奥へと進んでいく。スライドする部分には返し棘がついており、刺さったら抜けない構造になっているので、このような動きを繰り返すことで皮膚の奥深くまで到達することができる。

また、注射器の場合には、親指でピストンを押して薬液を注入するが、昆虫の刺針の場合は、押さなくても毒液が注入されるようになっている。そのしくみは昆虫によってさまざまで、毒嚢を包む筋肉の力で毒液が押し出されるようになっている昆虫もある。あるいは、中空の刺針の内側に、弁がついている昆虫もある。筋肉を収縮させ、腹節を入れ子式にたたみ込むことによって絞り出された毒液が、この弁の助けを得て、相手の体内へと送り込まれるのである。

すばらしく良くできた装置だが、この刺針は、じつは、ごく普通の器官から進化したものなのだ。刺針をもっている昆虫の祖先をたどっていくと、葉バチ（sawfly）に行き着く。「fly」といってもハエではない。植物食の原始的なハチで、硬い中空の産卵管を用いて植物に穴をあけ、隠れた安全な場所に卵を産み付ける。この葉バチの産卵管が、やがて刺針へと進化をとげるのである。刺針もやはり、標的に穴をあける中空の管だが、卵を産み付けるためではなく、毒液を送り込むために使われる。遠い祖先である葉バチの産卵管が、今日のアリや、狩りバチ、花バチの刺針になるまでには、何段階もの進化のステップを踏んでいる。

注目すべき中間段階を示してくれるのが寄生バチだ。寄生バチは今でも産卵管を用いて卵を産み付けるが、その産卵管を毒液注入用の針としても利用している。宿主に毒液を注入して、やがて生まれてくる幼虫の餌となる宿主を麻痺状態にしておくのだ。寄生バチに刺されても、まったくと言っていいほど痛みを感じない。つまり、寄生バチの針はまだ、防御の役割を果たすまでには至っていないのである。

その後の進化の過程で、刺針の役割を劇的に変えてしまう重大な変化が起きた。さまざまな毒液成分が加わると同時に、刺針が産卵管としての役割を失ったのである。卵は刺針（もとの産卵管）の基部から出るようになり、刺針は毒液注入装置としての機能に特化された。(3) 卵を産む役割から解放され、刺すことに専念できるようになったこの器官は、宿主を麻痺させるだけでなく、捕食者から身を守るのにも有効な毒液をどんどん進化させていった。

寄生と防御という二重の役割をもつ毒液成分は、今日でも多くの原始的なアリ類や一部の単独性狩りバチ類に見られるが、花バチ類にはまったく見られない。世界中で二万種を数える花バチの巨大グループは、動物を餌にするのをやめて、花粉や花蜜という植物性の食物に鞍替《くらが》えしたのである。花バチ類や社会性狩りバチ類においては、刺針と毒液の役割はあくまでも、捕食者に対する防御のみに限定されている。ただし、ミツバチの新女王どうしが死闘を繰り広げるときや、スズメバチの女王が既存のコロニーを乗っ取るときなどは、競争相手に対しても使われる。高等なアリ類の多くは、主として防御のために毒液を用いるが、獲物を捕らえるために用いることもままある。

「気をつけろ、刺されるぞ」。ハチを見るとだれでも必ずそう言う。でも、オスのハチに刺されることはない。そう、オスは刺さないのだ。なぜか？　答えは簡単——刺針をもっていないからだ！　オスの花バチは（オスの狩りバチも、オスのアリも）、刺そうとしても刺すための装備がない。刺針は産卵管から進化したものだが、もともと産卵管のないオスは、メスのように刺針を進化させることができなかったのだ。というわけで、オスはまったくの丸腰なので、大型の捕食者をやっつける能力はないし、捕食者に立ち向から姉妹たちの援護さえできない。オスのハチを脅しても、逃げるか隠れるかのいずれかだ。

子どもたちにハチの授業をするとき、こんなことをしてみると、もっと楽しくなる。広口瓶に手を突っ込んで、ブンブン元気よく飛び回っているミツバチをつかんで見せるのだ。どの子も目をまん丸くして息を呑むこと請け合いだ。どうしてつかめるの？　魔法をかけたの？　念力でミツバチをおとなしくさせたの？　もちろん、これはオスだから刺せなかったのだ（ちなみに、ミツバチのオスには「ドローン」（のらくら者）などという腑甲斐ないあだ名がついている）。つくづく、いつもこのような、子どもの好奇心を刺激する授業ができればいいなと思う。

アリゾナ州では、こうしたオスとメスの違いをはっきりと示して見せることができる。春先になると、ミツバチの何倍も大きなブラック・カーペンタービー（クマバチの仲間）がそこらじゅうを飛び回るからだ。私がこの巨大な花バチを一匹、素手で捕まえてみせると、みんなアッと驚くが、さらにそれを唇の間にそっと挟んでみせると、みんなギョッとする。じつは、このような木をかじるハチは頑丈な大顎をもっているので咬まれることもままあるのだが、オスとメスの違いがわかってもらえればいい。真似して自分でやってみようとする子はほとんどいないが。

以上、ハチのオスは丸腰だという話ばかりしてきたが、じつは、オスにはオスの防御術がちゃんとある。自然界に驚きの種は尽きないものだが、それをみごとに例証してくれるのが花バチや狩りバチのオスだ。ハチのオスに刺針はないが、その代わりに硬い交尾器がある。メスの体をとらえて精液を送り込む器官である。オスの交尾器の構造は可塑性に富んでおり、その形状は種によって千差万別だ。交尾器の構造が類縁種の間で大なり小なり異なっているおかげで、異種間での交尾が起こりにくくなっているのだ。交尾器のこの可塑性は、防御用の構造を生み出す土台にもなった。つまり、交尾器の先端から突き出た、鋭く尖った針のようなものを進化させることができたのである。

ハチのオスは、人につかまれると、メスが刺すときとそっくりな動きをして、この硬いニセ針を相手の皮膚に突き立ててくる。そんなことをされると、思わず、つかんでいた手を放してしまう。ニセ針であっても、どうしても放してしまう。年季を積んだ昆虫学者でもそれはまったく同じで、頭ではわかっていても本能には勝てないのだ。私もこのオスのトリックにだまされて、念願の標本をどれほど手に入れそこねてきたことか〔口絵3〕。

それにしてもなぜ、私たちは刺されることをこんなに恐れるのだろう。それは、刺されると同時に、針を通して毒液を注入されてしまうからだ。この毒液には、小さな水溶性タンパク質や、ペプチド、生体アミン（動物体内で神経伝達物質としても機能している物質）、アミノ酸、脂肪酸、糖類、塩類、その他の成分が含まれている。ヒアリやその類縁種をはじめ、一部の昆虫の毒液には、コニインによく似たアルカロイドが含まれている（コニインはソクラテスの毒殺刑に使われたドクニンジンの成分だ）。アリ類の毒液のなかには、マツのようなにおいのするテルペンを成分とするものもある。

このような毒液成分はどれもみな、表皮のバリアを破って体内に注入されて初めて効果を発揮する。その多くは、皮膚の表面に塗っただけでは効果がない。皮膚を透過して内部組織や血流にまで到達することができないからだ。とくに、タンパク質や、ペプチド、生体アミン類は皮膚からは浸透しないので、敵の皮膚に吹きかけたり、擦りつけたり、垂らしたりといった旧来の化学的防御法ではほとんど効果が出ない。針で刺して注入するという画期的な方法により、有効成分を皮下にまで届けることができるようになって初めて、タンパク質系の特殊な成分を進化させるチャンスが開かれたのである。

刺針と毒液があれば完璧かというと、昆虫の世界はそれほど甘くはない。敵を刺すことのできる装備があっても、首尾よく刺せるとは限らない。捕食者の側も必ず、防御のための装備で身を固めてくるからだ。

毒針攻撃をかわす装備にはさまざまなものがある。厚く密生している哺乳類の体毛、隙間なく幾重にも重なっている鳥類の羽毛、硬くて頑丈な爬虫類の鱗、つるつるぬめぬめしている両生類の皮膚など。こうしたバリアを突破するのは至難の業だ。とくに一匹から数匹で攻撃する場合は、はらう、たたく、ひっかくといった相手の防御行動をかわす必要もある。昆虫が針で刺すことができるのは、敵の眼、鼻、唇のまわりや下腹部など、ごく狭い範囲に限られている。そこにしっかり狙いを定めて針を撃ち込まなくてはならない。

ようやく敵の防御バリアを突破した昆虫に、またもや難題が降りかかる。そもそも毒針を撃ち込んだのは、敵に痛みやダメージを与えて、攻撃を中止せよというメッセージを伝えるためだ。メッセージが伝わるためには、十分な量の毒液を送り込む必要がある。恒温動物である哺乳類や鳥類の強みは、変温動物に比べて動きがすばやいことだ。だから、せっかく針を差し込んでも、毒液が十分注入されないうちに払い除けられてしまうことが多い。そこで、刺針をもつ昆虫は、毒液の注入不足という問題を克服するために、進化の軍拡競争のなかで二つの巧妙な技を身につけていった。

その一つ目は、毒液の注入スピードを速めること。ほぼ一瞬のうちに注入し終えるようにしたのである。それが可能なのは、毒嚢のまわりに強力な筋肉があればこそ。社会性狩りバチの噴射する毒液が空中を三〇センチメートルも飛ぶのを見れば、その筋肉がいかに強いかがよくわかる。これだけの装備があれば、払い除けられてしまう前に相当量の毒液を送り込むことができる。

毒液の注入不足という問題を克服する二つ目の技は、「毒針の自切《じせつ》」と呼ばれるものだ。ミツバチや、数種の社会性狩りバチ、シュウカクアリ属の一部では、刺針に返し棘がついているので、逃げるときや払い除けれたときには、針が敵の皮膚に刺さったまま、昆虫の体から抜け落ちてしまう。ところが、体から切り離されても、敵の皮膚に残された小さな毒針装置は、半自律的なユニットとして機能する。つまり、自切されたユニット内にある神経節と筋肉の働きで、敵に気づかれることなく、毒嚢から毒液を注入し続けるのである。この自切方式によって、毒液の完全注入が達成されたことで、毒針の効果が最大限に発揮されるようになった〔口絵5〕。

ところが、敵と戦う刺針昆虫とその毒液に、さらに二つの壁が立ちはだかる。ある特定の捕食者向けに進化させてきた毒液は、別のタイプの捕食者にはまったく無効だったりする。シュウカクアリの場合がそうだ。シュウカクアリはもっぱら脊椎動物の捕食者を想定して毒液を進化させてきた。マウスが相手ならば、シュウカクアリの毒液の殺傷力は、知られている昆虫毒のなかで最強なのだが、相手が昆虫の場合には、その殺傷力が一〇〇分の一以下に低下してしまう。このような効果の違いは、毒液の化学成分と相手の生理機能の違いが関係している。

昆虫の毒液に立ちはだかるもう一つの壁は、捕食者が毒に対する耐性をつけてくることだ。もともとは毒に弱かったのに、その毒作用を阻止するメカニズムを進化させた場合である。おなじみのシュウカクアリがここでも良い例を示してくれる。シュウカクアリの最大の敵はツノトカゲだ。ツノトカゲはこのアリを平気で食べてしまう。なぜ、マウスを簡単に殺してしまう毒針がこのトカゲには効かないのだろう？　その答えは、ツノトカゲの血液中の解毒因子にある。この解毒因子のおかげで、ツノトカゲにはマウスの一三〇〇倍もの耐性があるのだ。[4]このようなケースが他にどのくらいあるのかはまだ明らかにされていない。

さて、本章の冒頭に戻ろう。刺針をもつ昆虫が言葉を話せたならば、巣口にやってきた相手に向かってまず「あんたはだれ？」と叫び、それから次にこう言うだろう。「刺すわよ」

# 第3章　史上初めて毒針を装備した昆虫

人間と他の動物を隔てている特性の一つは、知識そのものに対する欲求である。……どれほど些細なことでも、進歩や幸福とは無関係なことでも、知識というものはすべて、全体の一部をなしている。

——ヴィンセント・デティアー『ハエを知る』（*To Know a Fly*）一九六二年

**生命の営みをエネルギーの経済という観点から見ていこう。**生物は、限られたネルギーと循環する原材料を使って何とか体を組み立てようとする。そもそも、生命のエネルギーはすべて太陽の放射エネルギーから得られたものだ。植物などの光合成生物だけが、この太陽エネルギーを取り込んで必要な化合物を合成することができる（おっと例外があった。太陽光が届かない深海の好熱菌は、海底の熱水孔から噴出する物質の化学エネルギーを利用しているが、ここではそれは考えないことにしよう）。

利用できる太陽光には限りがあるので、植物としてはより高く伸びるなり、他の植物が生きられない場所に進出するなり、化学戦で近隣の植物を倒すなりしてこれを勝ち取る必要がある。有限なのは太陽光だけではない。生命に欠かせない炭素、窒素、酸素、水、リン酸、硫黄、カリウム、マグネシウムその他諸々の原材料も、供給量や利用可能量に限りがある。植物は、光と原材料があれば、植物体を構成する高エネルギーの分子を合成することができるが、原材料それ自体を作ることはできない。たとえば、マグネシウムを作り出せる植物は存在しない。したがって植物は太陽光のみならず、このような基礎原料をも競い合って獲得しなければならないのだ。

その点は動物も同じで、結局、エネルギーと原材料をどう調達するかという問題に行きつく。動物の場合は光合成ができないので、必要なエネルギーのすべてを、植物もしくはその他の生物（もともとそのエネルギーは植物から得たものだが）から獲得しなければならない。日光を浴びて体を温めれば、わずかなエネルギーは得られるものの、光合成によるエネルギーに比べれば取るに足らぬものでしかない。したがって、動物はどうしても植物や腐肉、あるいは他の動物や菌類や微生物を食べて生きていくしかないのだ。また、動物も植物と同じく、マグネシウムなどの基礎原料を作り出すことができないので、それらも食物から摂取する必要がある（コンゴウインコやゾウのように、泥を食べてミネラルを補っている動物もいるが）。さらに動物の場合は、アミノ酸、ビタミン、一部の脂肪酸など、生命活動に必要不可欠な分子の多くを体内で合成することができないので、それらもやはり食物から摂取しなくてはならない。

結局のところ、動物の一生は、エネルギーと原材料を獲得するためのたえまない闘いなのである。そしてその闘いは、他の無数の生物種が同じような限りある原材料とエネルギーを求めて闘っている世界のなかで繰り広げられる。

人間の社会では、お金を媒介にして経済が回っている。お金は重要だが、経済を動かす原動力ではない。人々を真に動かしているのは、食料、住居、家族、安全などであって、お金はこうしたものを手に入れるための媒介物にすぎない。動物たちを駆り立てているのもやはり、食物、住処、繁殖、安全であって、エネルギーと原材料はそれらを得るための媒介物。言ってみれば「お金」のようなものだ。エネルギーがなければ、食物を得ることも、住処を見つけたり作ったりすることも、子孫を残すこともできない。

動物たちは、食物からエネルギーを獲得し、エネルギーを使って食物を獲得するという、ハムスターの回し車のような無限ループの世界に生きている。この延々と回る世界（私が所属していたジョージア大学昆虫学研究室の元教授、ジーン・オダムの言葉）で生きるための必要条件は、その動物が、食物を見つけて（必要ならば）捕獲し、飲み込んで、消化するのに必要とされる量よりも多くのエネルギーと必須栄養素を、その食物から獲得することである。食物を獲得するのに必要なエネルギーよりも多くのエネルギーをその食物から獲得しなければならないというこの要件こそ、昆虫が毒針を進化させる大きな要因となったのだ。

昆虫は体が小さい上に、たいてい（自然）環境に分散しているが、その体内には豊かな栄養がみっちり詰まっている。腹を空かせた捕食者にとってすばらしく魅力的な餌だ。植物は一般に、昆虫やその他の動物よりも栄養密度がはるかに低く、消化しにくい物質をたくさん含んでいる。有毒物質を含むものも少なくない。このような植物に比べると、昆虫は理想的な食物ではある。が、脊椎動物から見るとあまりにも小さい。体のサイズというのは重要な意味をもっている。効率を重んじる生命の原理に照らすと、サイズの小さい獲物は大型捕食者にとってあまり価値がない。なぜなら、その獲物を捕まえるために、その獲物から得られる以上のエネルギーを費やしてしまうもしれないからだ。ちょっと意外な感じがするが、この費用対効果のバランスゆえに、昆虫はさまざまな大型捕食者に対してそれほど強固な防御をしなくても済んでいる。

単純だけれども十分効果がある防御法として頻繁に使われているのが、体色を背景に似せることで、「丸見え」状態のまま身を隠すというやり方だ。見つけにくくして、捕食者にとっての探索コストを増大させる戦術である。もうひとつ昆虫がよく用いる戦術が、スルリと身をかわしてすばやく逃げる方法。これには敵をギョッとさせる効果もある。ウズラの群れが足元から急に飛び立ったとき、私たち人間がギョッとするのに似ている。この方法は、すばやく空中を飛んで逃げられる昆虫の側に有利だし、相手を混乱させて捕獲コストを増大させることができる。

派手な色や模様による警告や、有害昆虫の姿をまねた擬態も、十分な防御効果を発揮することが多い。自分を目立たせると、敵に見つかって攻撃されやすくなるのが難点だが、そのようなリスクを帳消しにしてくれるのが、捕食者側の習性である。ほとんどの捕食動物は、いやな目に遭わされそうな相手への攻撃をためらう。失敗してエネルギーや時間を無駄にしてしまうのを避けるためだ。

リンカーン・ブラウワーがじつにわかりやすい例を取り上げている。毒成分が含まれるオオカバマダラというチョウを食べたアオカケスは、しばらくして嘔吐《おうと》した。腹痛や嘔吐の苦しみはだれでも知っている。この苦しみは、嘔吐を招いた行動を繰り返さないための自然の知恵として、遺伝子に組み込まれているのである。オオカバマダラで散々な目に遭ったアオカケスは、もう二度とオオカバマダラを食べようとはしなかった。(1) この鳥は、嘔吐の苦痛やそれに伴うエネルギーの消耗に耐えただけでなく、それまでに苦労して捕えて胃袋に収めてあった獲物のエネルギーまでも吐いて失うという屈辱を味わったのだ。

小さな昆虫一匹が、強くて大きな捕食動物に襲われずに済むのは、捕食動物にとって労力をかけて襲うだけの価値がないからだ。しかし、その小さな昆虫が何匹も集まっていたらどうだろう? 小さなブルーベリーがたった一粒、部屋の向こう側に落ちていたとしても、ほとんどの人はわざわざ拾いに行ったりしない。しかし、深皿一杯のブルーベリーだったらどうか。これならば取りに行こうという気が起きるだろう。それと同じことが昆虫の集団についても言える。ツチブタは、シロアリがたった一匹なら追いかけたりしないが、コロニーで群れるシロアリ集団を常食にしている。

集団で行動すると、昆虫にとって深刻な問題が生じる。一匹でいるときの通常の防御法はもはや通用しなくなり、もっと強力な防御法が必要になってくるのである。たとえば、コロニーを形成しているシロアリの巣はたいてい地下にあるが、それは土という障壁を利用して、外敵が簡単には襲ってこられないよう、襲うには大きなコストがかかるようにしてあるのだ。さらにシロアリは、大小の外敵からの防御だけを専門に行なう兵アリという階級まで作り出してしまった。この兵アリは、鋭くて頑丈な大顎で咬みつき、松ヤニのような粘っこい物質を吹きつけて外敵と戦うのだが、こうした防御物質を噴射する兵アリの頭部は「銃の筒先」さながらに変形している。

昆虫が群れや集団を作った場合には、敵を混乱させて攻撃を阻むという手を使うことができる。一斉に飛びたつウズラの群れや、水面でくるくる旋回するミズスマシの群れを見てもわかるように、捕食者は面食らってなかなか特定の一匹に狙いを定めることができなくなってしまうのだ。

やはり群れを作る昆虫がよく使う防御法に、体内に毒を蓄えるという方法がある。テントウムシは、鮮やかな体色で警戒を促すだけでなく、体内に、食べたらまずくて吐きそうになるコシネリンなどの有毒物質を含んでいる。また、ツチハンミョウは、催淫薬として有名な「スパニッシュ・フライ」の原料になる甲虫だが、カンタリジンという物質を作り出して血液中に蓄えている。カンタリジンは、生体組織を刺激し、人間を死に至らしめることもできる毒薬だ。ちなみに、媚薬として名を馳せているのは、性器を刺激してそこに注意を引きつけるからである。

毒針をもつ昆虫の祖先たちはおそらく、こうした集団生活を営む昆虫に見られるような防御手段はもっていなかったと思われる。なぜなら、彼らは単独で生活しており、脊椎動物からの捕食圧もそれほど高くはなかったからだ。もし、こうした祖先種である葉バチのなかに、現生種の葉バチの一部に見られるように群れで生活するハチがいたならば、今日の葉バチのように不快な化学物質を用いた防御を行なったことだろう。

祖先種である葉バチの食生活はなかなか厳しいものだった。主な食料は、マツなどの木の葉や、繊維だらけの植物の茎などだったが、こうしたものは栄養分に乏しい上に、多量の毒素を含んでいることも多い。しかし、こうした生活に適応していた葉バチは、やがてノコギリ状の産卵管を獲得し、木に穴をあけて卵を産み付けるようになる。木の内部にはさまざまな昆虫の幼虫がひそんでいる。卵から孵《かえ》った幼虫にとってそれは、木を食べるよりもはるかに栄養豊富な画期的な餌だった。

こうして、それまで植物だけを食べていたハチが、動物を餌にするようになったのだ。植物食から捕食寄生へと、食性の転換が起きたのである。

捕食寄生者とは、発育途上の未熟な段階では、一個体の宿主の体内または体表に一匹ずつ寄生し、最終的に宿主を食い殺してしまう動物のことである。捕食寄生者としてよく知られているのがヒメバチである。ヒメバチは、芋虫や毛虫などに針を刺して麻痺させ、その体内に卵を産み付ける。卵から孵った幼虫は、獲物を内部から食べて成長し、最後には食い尽くして殺してしまう。ヤドリバエも捕食寄生者である。針を持たないヤドリバエは、宿主の体の表面に卵を産み付ける。卵から孵った幼虫は、宿主に穴を掘ってもぐり込み、内部からそれを食べて成長する。ヒメバチやその他の寄生バチ類は、こうして捕食寄生を始めた葉バチの祖先から進化した系統なのである。

「産卵管」兼「刺針」で獲物を刺して産卵する、このような単独性の寄生バチはどれもみな、大型捕食者からの捕食圧をほとんど受けずに済んでいる。このグループのハチは、指でつかんで捕虫網から取り出しても刺されることはめったにない（ミツバチやスズメバチでこんなことをしたら大変なことになるが）。ごくまれに、特大のヒメバチが人を刺すこともあるが、刺されてもわずかな痛みしか感じない。つまり、こうした寄生バチの段階ではまだ、刺針を脊椎動物に対する防御に用いるまでには至っていないのである。刺針も毒液もまだ頼りなくて、ほとんど使いものにならないからだ。

その後、毒針という武器を装備したハチ・アリ類が誕生するうえで、画期的なできごとが起きた。寄生バチの産卵管兼刺針が、産卵管としての機能を失い、刺すことだけに特化した器官へと変化を遂げたのである。こうした専用の刺針をもつ昆虫グループは有剣類と呼ばれている。

この機能上の変化は非常に重要な意味を持つものだった。刺針を通して卵を産む必要がなくなったことで、それまで細い管に卵を通すために出されていた分泌物に、新たな機能を付け加えることができるようになった。つまり、相手に痛みをもたらす防御用の毒液を進化させる余地が生まれたのである。

こうして誕生した最初の有剣類は、寄生バチと同じく単独性のハチであり、現在もなお、有剣類の大多数は単独生活を営んでいる。このような単独性のハチは、大型捕食者にとって栄養的な価値はほとんどなく、したがって脊椎動物に狙われることもあまりなかった。今日でも、単独性の有剣類のほとんどは防御のために刺そうとすることはめったにないし、刺されてもそれほど痛くない。

いずれにしても、今日のハチやアリの祖先は、自然界における最大級の進化を成し遂げた、きわめて重要な先駆者だったのだ。なにしろ、この世界で圧倒的優勢を誇っている総勢一〇万種以上の大グループ、有剣類（ハチ目有剣下目）の産みの親なのだから。

産卵管が刺針になるという、一見ささやかな変化が起きたことで、そこから多種多様な子孫が出現していく下地が整った。あとはただ行動様式や毒成分を変化させて、新たな寄生先を開拓し、餌選択の幅をどんどん広げていけばよかった。ところが、ここで問題が起きた。宿主にする獲物の種類が増えていくにつれて、それまで出くわしたことのない捕食者に襲われるようになったのだ。ここで次々と襲ってくる飢えた相手を撃退しないことには、新たなニッチの開拓もままならない。その威力を発揮したのが刺針だった。産卵という役割から解放され、しかも、身体機能のいずれにも重要な役割を担っていない刺針は、いかようにでも作りかえることが可能だった。こうして刺針が新

44

たに担うことになった重要な役割が、痛み成分や毒成分を含んだ分泌液を作り出し、防御用の毒針として機能することだったのである。

毒針をもつ昆虫の個体数や、種数、活動時間が増すにつれて、捕食者に見つかって攻撃を受ける頻度も高くなっていく。捕食者から身を守る役割を課せられた毒針には、たった一刺しでハチが逃げ切れるような毒液を備えることが求められるようになった。突然変異や遺伝子組換えによって、たまたま痛み成分を含むようになった毒液は、そうでない毒液よりも大きな効果を挙げたことだろう。その毒液のおかげで捕食者から逃げ切ることができた少数のハチの遺伝子は、次の世代へと代々受け継がれていき、毒液の化学的性質は段階的に強化されていった。

しかし、個々のハチが単独生活を営んでいるうちはまだ、獲物としては小さすぎて、大型捕食者の注意を引きつけるには至らなかった。したがって、強烈な痛みをもたらす毒成分の進化を促すような圧力はほとんど生じなかった。

集団を作って生活すると、単独で行動する場合には得られないさまざまなメリットがある。たとえば、大きな獲物を見つけた一匹が、群れの仲間を呼び寄せてその獲物を分け合えば、全員がごちそうにありつける。だれも損をせずに、みんなが得をする。いわば動物たちの互助組織のようなものだ。もちろん、個々のメンバーは意識的にそうしているわけではない。群れで行動することで、たまたまメンバーに恩恵がもたらされるのである。集団で生活すれば、交尾相手を探すのにも都合がよい。

しかし、集団での生活にはメリットがある一方で、当然ながらデメリットも存在する。大型捕食者が苦労してでも獲得したがる、大きな、豊かな栄養源になってしまうのである。こうしたハチの集団と大型捕食者との戦いにおいて、敵に痛みを与えることのできる毒針は強力な武器となった。それはやがて、軍拡競争へと発展する。一方が痛みや毒性のさらに強い毒針を進化させると、相手はその毒針を無力化する新たな術を進化させる、というプロセスが繰り返されていったのである。

集団で生活する昆虫はやがて、集団内に社会的な構造を備えるようになる。このような社会性の種は、守りを固めた巣の中で多数の個体が一緒に暮らし、複数の世代にまたがって共同で育児を行ない（巣内には、親と、成虫になった子が同時に存在する）、各個体が産卵、採餌、防御など、それぞれ特化した役割を担っている。こうした社会生活を営む上での大きな負担は、まだ自分では動けない未熟な個体を捕食者から守ってやらなければならないことだ。卵や幼虫や蛹は、優れた栄養源であり消化も良いので非常に狙われやすいが、敵に襲われたら逃げることができない。逃げられない子どもたちを外敵から守るためには、大人たちが家の守りを固める必要がある。

社会生活を営む集団は、高い捕食圧を受けるので巣の防御をよほど堅固にしないかぎり、生存には不利になってしまう。ふつうに考えたら、社会性昆虫などごく稀にしか存在しないはずだ。ところがどうだろう。社会性昆虫は、ほとんどの生態系において、動物の現存量の大きな割合を占めているのである。[2] この矛盾をどう説明すればいいのだろうか？

**社会的な動物たちはみな、**捕食者の攻撃をかわすための効果的な防御法を備えている。私たち人間は、爪も、角も、長くて鋭い犬歯もないし、体の大きさに比して速く走ることもできないが、その代わりに、大きな脳や器用に動く手や腕を持っている。この脳のおかげで人間は火を使いこなせるようになった。火は、人間にしか使えない防御手段で、人間を狙ってくる捕食動物たちはみなこの火を恐れる。また、脳が発達したおかげで、道具や武器を作ることもできるようになった。さらに人間は、自由になった手や腕を使って、自分を狙う捕食動物めがけて正確に物や槍を投げられるようになり（これはチンパンジーにもできないことだ）、それによって遠距離からの防御が可能になった。遠く離れた場所からの防御は、アンテロープにもゾウにもライオンにもできない、人間特有のきわめて効果的な防御法といえる。つまり、私たち人間は、無敵ともいえる防御力を進化させたからこそ、これほどまでに社会性を高度化させることができたのである。

人間と同様に、社会的な動物はみな、捕食者からうまく身を守る方法を何かしら進化させている。構造的防御——防御構造を備えた巣を作って身を守る方法——を行なう動物もいる。デバネズミの場合がそうで、彼らは岩のように硬いアフリカの大地を掘って、そのトンネルの中に棲んでいる。敵が襲ってきても、この地下の要塞からデバネズミを掘り出すことはまず不可能だ。シロアリもやはり同じような構造的防御を行なう。シロアリは、地中や木材に巣穴を掘ったり、地表や樹上に自ら硬い蟻塚を作ったりして、その中に棲んでいる。オーストラリアやアフリカではこうした硬い蟻塚をよく見かけるが、それを蹴ってみたことがある人ならその防御力のほどがよくわかるはずだ。

社会性昆虫のなかには、外敵に危害を与えるような、積極的な物理的防御を行なう昆虫もいる。体があまりに柔らかいある種のアブラムシは、特殊な機能と構造をもつ兵隊階級を作り出すことによって社会性を進化させた。このアブラムシは、植物に寄生して虫こぶを作り、その内部で集団生活を営んでいるが、小さな兵隊たちは鋭い口先を巧みに使って、虫こぶに侵入してくる外敵を刺し、毒液を注入する。

ハチ・アリ類が社会性を進化させた最大の要因も、刺針を用いた防御ができるようになったことにある。たしかに、社会性のハチ・アリ類のなかには刺針を持たない種もあるが、このような種はみな、ごく小規模なコロニーを作って、地下やその他の隠れた場所にある小さな巣の中で暮らしている。いったん社会性を進化させたあとで、刺針を失った種もある。アリ類の多くやハリナシミツバチは、この二次的な刺針喪失の例である。なぜ刺針がなくなったのかというと、アリに対する捕食圧が変化したからである。身を守るべき相手が、大型の捕食動物から小型の捕食動物（主に他種のアリ）へと変化したのだ。他種のアリからの攻撃に対しては、刺針で防御するよりも、機敏な動きや、鋭い大顎や、蟻酸のような化学物質を使った防御のほうが有効だったのである。ハリナシミツバチもやはり、敵に咬みつく強力な大顎と、いやなにおいのする防御物質を備えている。そして、小型の捕食動物に対しては、蠟《ろう》と樹脂で作った巣で構造的・化学的防御を行なう。つまり、このようなアリやハチは、刺針をそれほど必要としていないのだ。強力な大顎や化学物質や機敏な動きだけで十分に身を守れるからである。オオアリやハリナシミツバチのコロニーをつついたことのある人ならよくわかると思う。

ここで重要なのは、刺さないハチやアリがいる理由ではなく、そもそもハチ・アリ類において高度な社会性が進化し得たのはどうしてか、ということだ。社会性を進化させるためには、「ご馳走のかたまり」を狙う捕食者を阻止できるだけの防御手段を進化させる必要がある。社会性のハチ目昆虫（ハチ・アリ類）は無数にいるのに、社会性のバッタ類や甲虫類やハエ類がいないのはどうしてか？　それは、バッタや甲虫やハエには大型捕食者から身を守る手段がないからなのだ。それに対し、ハチ・アリ類の祖先には、前適応としてすでに針が備わっており、それがやがて、大型捕食者に対する防御の役割を果たすようになっていった。

二〇一四年に「ジャーナル・オブ・ヒューマン・エボリューション」誌で述べたとおり、ハチ・アリ類において社会性が進化する上で重要なカギとなったのは、毒液が進化したこと、そして、刺針と行動にある変化が起きたことである。[3] このような刺針と毒液の進化があったからこそ、強力な捕食者が立ちはだかるなかでも、ハチ・アリ類は社会性を進化させていくことができたのである。

**ほっそりとした姿のクシフタフシアリの仲間には、**まったく異なる生活様式をとる二種類のアリがいる。一方のシュードミルメクス・グラシリス（*Pseudomyrmex gracilis*）に代表されるアリは、比較的大きなアリで、木の枝や幹の内部に小さなコロニーを作ってひっそりと暮らしている。甘い樹液などを探しに出かけてはいくが、少しでも脅されるとあっさりと退却する。

もう一方のシュードミルメクス・ニグロシンクトゥス（*Pseudomyrmex nigrocinctus*）は、体の小さなアリだが、アリアカシアの膨らんだ棘の空洞内に棲みついて、大規模な分散型コロニーを形成している。そして、アリアカシアの花外蜜腺から分泌される蜜や、小葉の先端に付いているタンパク質豊富な白くて丸い粒々（発見者のトーマス・ベルトに因んでベルティアン・ボディと呼ばれる）を餌にしている。このアリは、住処でもあり食料供給源でもあるアリアカシアの木を傷つけそうな捕食者や競争相手や侵入者から、断固としてその木を守る。アリアカシアがアリに住処と食料を提供する代わりに、アリはアリアカシアを守るという、相利共生関係ができあがっているのである。

社会性のハチやアリの毒針は、捕食圧に対抗して進化したという仮説に基づくならば、こんなふうに予想される——守るべきものがたくさんある社会性昆虫は、失うものがない昆虫よりも、激しい痛みを起こす毒針を備えているのではないか。

この仮説を検証する上で、クシフタフシアリ属のアリたちは格好の材料を提供してくれる。体の大きなグラシリスと小さなニグロシンクトゥスは、どちらも同じ属に分類される近縁種である。両者の主な違いは生活様式で、一方は防御すべきものがほとんどないのに対し、もう一方は防御すべきものをたくさん持っている。となると、予想されるのは、体の大きなグラシリスに刺されるよりも、体の小さなニグロシンクトゥスに刺される方が痛みが強いのではないか、ということだ。

運よく私は、コスタリカのグアナカステ州の熱帯落葉乾燥林と、アメリカ合衆国のフロリダ州で、この仮説を検証するチャンスに恵まれた。コスタリカでは、アリアカシアの木に触れたとたんに、アリたちがあちこち刺しながら私の手や腕に這《は》い上がってきた。振り払っている暇もないほどのすばやさ。そして、その痛さ。ものすごい数のアリが群がってきて、立て続けに何度も刺すので、とてつもなく痛かった。一方、シュードミルメクス・グラシリスのほうは、なかなか刺そうとしないどころか、私の腕を木の枝と勘違いして、走って腕の向こう側に隠れようとした。手でつかむと刺されはしたが、ほんのちょっと刺されただけだった。体重差が二倍もあるというのに、両者の痛みの差は歴然としていた。少々痛い実験ではあったが、これで予想は正しいということを確認できた。

**経済性を重んじる生物は、**驚くようなことをやってのける。「毒針の自切」もそのひとつだ。毒針をもつ昆虫が自らそれを切り捨てて、敵の体に埋め込まれたままにするのである。自然選択説を唱えるチャールズ・ダーウィンは、この自殺行為に頭を悩ませた。自分を殺してしまったら、生存に有利な形質が子孫に受け継がれないではないか。昆虫の自切行為は自然選択説に対する強力な反証になるのではないか、と。

グレゴール・メンデルの遺伝学も、ましてやDNAの概念も知らなかったダーウィンだが、彼の自然選択の考え方は大筋では正しかった。自分を犠牲にする利他行動をとることによって、同じ巣で暮らす自分の近縁個体の繁殖が進み、その結果、その近縁個体を介して自分の系統が代々受け継がれていくのだから。毒針を自切する個体は、敵に与える痛みとダメージを最大限に高めることで、大型捕食者からのコロニーの防御に貢献しているのである。

経済性を重んじる生物の基本原則にのっとって、食われる側の毒針昆虫も、食う側の脊椎動物も、学習に基づく意思決定をするようになる。逃したくない獲物だけれども「ピリッ」と刺激が強すぎるという場合、捕食者がとりうる行動は二つ。❶捕獲を断念してせっかくの食事をふいにするか、❷刺激的な針の部分をよけることを学んで食事にありつくか。❷のほうが有利なのは明らかだ。

知能というものは、偶然にひょっこり生まれたものではない。脳の神経細胞の数とエネルギー消費量を増やし、かなりのコストをかけて手に入れたものだ。だとすれば、そのせっかくの知能を使って何らかの利益を生み出さなければ意味がない。そうした利益の一つが、知能を土台にした学習である。学習してあれば、その後ふたたび同種の捕食者や獲物に遭遇したときに適切に対処することができて、非常に有利になる。

五月中旬のある朝、パソコンで書きものをしているときに、モニターのすぐ西側の窓の外に目をやると、枯れ枝にニシタイランチョウがとまっていた。右を向いたり、左を向いたり、しきりと周囲の様子をうかがっている。頭がグレーで胸が金色の羽毛に覆われているこの美しい鳥は、飛行中の昆虫を捕食する空中アクロバットの名手だ。そのニシタイランチョウは、三メートルほど南側のメスキートの木に営巣している、アフリカ化ミツバチの飛行ルート上に構えていたのだった。ときおり北の方向に飛んでいって視界から消えたが、またすぐに戻ってきてその枝にとまった。そのたびに頭を上に向けて、ミツバチのように見えるものを飲み込んだ。よくそんなことができるものだ。ミツバチは刺してくる。刺されれば痛い。アジアやアフリカの熱帯域に生息している極彩色の美しい鳥、ハチクイの仲間は、長い嘴《くちばし》でハチを捕らえたあと、刺針のある腹部を木の枝に叩きつける。こうすることで、ハチの「牙を抜い」て刺せなくすると同時に、毒液を取り除いているのだろう。そもそもミツバチはどんな味がするのだろうか？

私たち人間は、食虫性の霊長類から進化してきた雑食性の動物で、雑食性の捕食者を代表する味覚をもっている。ミツバチは、刺されさえしなければ、美味しい獲物なのだろうか？　それを確かめてみたくなった私は、ニシタイランチョウが見張っている飛行ルートからミツバチを捕獲してきて冷凍した（食べている最中に刺されたくなかったので）。次に、ミツバチを頭部、胸部、腹部の三つの部分に分けた。そして、各部分を順に口に入れて噛み砕き、十分に味わってから硬い殻を吐き出した。いやはや。頭部をバリバリかむと、マニキュアを剥がす除光液のようないやな臭いがした。胸部はなかなか美味だが、翅と脚の部分がプラスチックのようにモソモソする。腹部は、テレピン油と腐食性の薬品を混ぜ合わせたような恐ろしい味だった。

これらはすべて、働きバチの外分泌腺から出てくる物質の味だ。頭部からはケトン類を成分とする大顎腺フェロモンが放出される。胸部に大きな分泌腺はないが、腹部には毒液のほかに、レモン油を分泌するナサノフ腺がある。捕食者にとって、働きバチは魅力的な獲物とは言いがたい。たとえ刺されなくても、恐ろしく不味いのだ。

話をもとに戻そう。ニシタイランチョウは、こんないやな味のミツバチでも平気で食べてしまうのだろうか？　食べないとしたら、何度も出かけて行っては、せっせと何を食べていたのだろう？幸いなことに、ニシタイランチョウは、フクロウと同じく、食べたものをすりつぶす砂嚢を持っていないので、固い断片はそのまま吐き出してしまう。吐き出した塊（ペレット）は止まり木の下に落ちる。このペレットを水に浸して顕微鏡で分析すれば、どんなものを食べたかがわかるはずだ。

さっそく、ニシタイランチョウの止まり木の下に茂っていたウチワサボテン（細かい毛のような棘がびっしり生えていて始末に負えないサボテン）を撤去して、そこに透明なプラスチック板を置いた。予想どおり、数日のうちに無数のペレットが積もった。それを分析してみると、一四七匹分のオスバチの頭部の殻が見つかったが、働きバチのものは一つも見当たらなかった。（オスバチと働きバチを見分けるのは簡単で、丸形で眼が大きいのがオスバチの頭部、ギターピックのような形をしていて眼が小さいのが働きバチの頭部だ）。ミツバチのオスは刺すことができないうえ、大きな外分泌腺もない。食べるとカスタードのような味がして、カリカリした歯ごたえがあり、なかなか美味しい。ニシタイランチョウは、飛行しながらオスとメスを見分けることをちゃんと学習し、オスだけを狙って食べていたのである。

学習による意思決定は、一般に知能が高いとされている脊椎動物だけの特技ではない。脊椎動物に狙われる獲物の側でも同様のことを行なっている。ミツバチには、なるべく近場で群生している花を選んで効率よく花蜜を集める能力があることが知られている。それほどの知能の持ち主ならば、相手の危険度を学習して、それにもとづく適切な意思決定を下すことができるのではないだろうか？

この仮説を検証するために、十分に成長したミツバチの巣に対し、危害を加えずに脅しをかけるという実験を行なってみた。巣口に息を吹き込むという方法で脅しをかけた。哺乳類の息のにおいはミツバチを攻撃に駆り立てる唯一最大の刺激であることがわかっていたからだ。巣にはいっさい手を触れず、それ以外の威嚇もしなかった。巣口に息を吹き込んで脅したら、六メートルほど後ろに下がり、攻撃してくるハチをすべて捕虫網に集めるようにした。二週間にわたって毎日、同じ時間にこの手順を繰り返した。最初の二日間はものすごい数のミツバチが攻撃してきた。三日目になると、攻撃してくるハチの数がずっと少なくなった。そして四日目以降はほとんど向かって来なくなった。コロニー内のミツバチの個体数は、二週間たったあとも実験初日とほぼ同数だった。

このミツバチたちは、私の脅しは害のないものであって、強固な防御は必要ないということを学習したのである。こうした現象は、オオミツバチ（*Apis dorsata*）が方々の寺院の門に営巣している南アジアでは日常的に見られることだ。巣からの距離が一メートルもないところを参拝者の頭がたびたび通過するのだが、ハチはまったく攻撃してこない。このオオミツバチたちも相手の危険度を学習しているのである。手を伸ばして巣に触った人の話は聞いたことがないが、それは絶対にやらないほうがいい。

# 第4章　痛みの正体

温帯林の動植物に馴染んでいる者が熱帯林に足を踏み入れたらもう、形に、色に、匂いに驚かされっぱなしだ。どこを向いても奇想天外で不思議なものばかり。たちまち妖精の国に迷い込んだ子どものようになり、信じがたいことでも当然のように思ってしまう。

——フィリップ・ラウ『バロ・コロラド島ジャングルのハチたち』（*Jungle Bees and Wasps of Barro Colorado Island*）一九三三年

**痛みとはどういう感覚か、**だれでも知っている。転んで膝をすりむいたとき、肌を焼きすぎたとき、裸足でハチを踏んづけてしまったときに感じるのが痛みだ。よく知っている感覚でありながら、謎めいた点も多い。痛いとわかるのは、痛みを感じるからだ。痛いかどうかは、はっきりと認識できる。暖かさは痛みではないが、温度が一定以上になると痛みを感じるようになる。同様に冷たさは、痛みの要素はあっても、典型的な痛みではない。また、ソリ遊びをしていて経験するように、足の指先がかじかむとつらいけれども、つまずいて指先をくじいたときのように痛むわけではない。ところが、ぽかぽかと心地よい暖炉の前で足を温めているうちに本当の痛みが襲ってくる。何とも不思議な感じがする。

私たちは、痛みを感じたときに、痛いと認識する。では、痛みとはいったい何なのか、生理学的、医学的に理解しているかというと、どうもあやしい。痛みの原因となった行動――たとえば、指をドアに挟んでしまったなど――を説明するのはたやすい。痛みなのか、そうでないのかの判別も、ふつうは簡単だ。空腹時に胃が痛むように感じることがあるが、それは胃潰瘍の痛み（胃酸によって胃の組織が壊されて起きる痛み）とは明らかに異なる。

痛みは、他の感覚とは明確に区別される感覚だが、痛みにもさまざまなものがあり、それぞれ微妙な違いがある。日頃よく経験するのは、皮膚を損傷したとき、歯が傷んできたとき、骨を折ったとき、筋肉が引っ張られたとき、その他諸々、皮膚や筋骨格系に問題が生じたときに感じる痛みである。もうひとつの大きなカテゴリーが内臓痛で、これは内臓組織に損傷が起きていること、もしくは損傷する恐れのある刺激が加わっていることを知らせる痛みだ。内臓痛を経験するのは、扁桃切除や痔核切除、出産（伝え聞くだけだが）などのとき。日常の痛みとはまったく異なる痛みで、あまり味わいたくないものだ。頭痛は、これら二つとはまた別のカテゴリーに入る。

ここまで長々と述べてきたのは、痛みとは何かを定義するためでも、痛みの「系統樹」を作るためでも、こうした感覚をきちんと分類するためでもない。むしろその逆で、痛みという感覚がいかに複雑で曖昧なものであるかを示したかったからだ。

痛みというものが、曖昧模糊としていて捉えどころがないのはなぜなのか？　系統立てて表現する言葉がないばかりか、感覚それ自体もきちんと分類できないのはどうしてなのか？　いくつかの点から説明できそうだ。医学的に見ると、運動神経および自律神経系と感覚神経系とでは、神経経路や末端構造が異なる。たとえば、舌を噛んだときに生ずる痛みの信号は、脳から筋肉に送られる信号とは別の神経を伝わっていく。脳に向かう信号は、全身に分布するレセプターで発生する。こうしたレセプターの多くは、痛みをはじめ、温度、圧力、張力、化学物質の刺激、痒み、その他さまざまな情報を受け取る感覚受容器だ。こうした感覚受容器からの信号が感覚神経の神経繊維を通って、脊髄や脳にある高次の神経中枢へと伝えられるのである。

話はさらにややこしくなる。たとえば、痛みと痒みは別個の感覚なのだ[1]。痛覚を伝える神経経路に流れる信号が弱いときにはそれを痒みとして、強いときにはそれを痛みとして感じるのかというと、そうではない。それぞれ独立した感覚なのだ。両者がどのように関連しているのかもよくわかっておらず、目下盛んに研究が行なわれている。さらに、むずむず感は痛みや痒みと関連があるのかどうかという点についても、まだはっきりとした答えは出ていない。

痛みはつねに不快なものなのだろうか？　それとも、中学二年のときの理科の先生が指摘していたように、痛みが快感になることもあるのだろうか？　乳歯が抜けて永久歯に生え替わろうとしているときには、愛憎相半ばするような気持ちが生じる。歯を動かすと痛いのに、ぐらぐら動かしてみたくてたまらない。ちょっと痛いけれど、あまり痛くなりすぎないよう、ちょうどいい具合に力を加減すればいい。私たちはその力加減を正確に自分でコントロールすることができる。

快い痛みとそうでない痛みがあるとしたらその違いは何だろう？　歯にあるレセプターが発する神経信号の強弱にすぎないのだろうか？　おそらくそうではないだろう。ここから先は、痛覚システムにおいて重要な役割を担っている別のプレーヤー、すなわち、脊髄や脳といった高次の情報処理中枢の領域になる。これらの中枢はその神経信号をフィルターにかけて重要度を判断した上で、それを脳の意識を司る中枢に送る。もしその信号が、燃えさかるストーブに手を触れてしまったというような差し迫った状況を示している場合には、意識的反応の経路を介さずに、反射的に手を引っ込めるように信号を送る。この場合、意識を司る中枢は、今後は熱いものに触らないようにするといった、脳の学習プロセスにたずさわる。

痛みの伝達経路や情報処理のしくみを見ていくと興味が尽きない。しかし、それ以上に注目したいのは、痛みという感覚は生物が生きていく上で重要な役割を担っているという点である。痛みの感覚は、すべての動物にあまねく備わっている。そもそもなぜ、このような感覚が存在するのだろうか？　単に快感や苦痛を与えるためでないことは確かだろう。生物の成長、生存、繁殖にとって有利な機能や感覚だけが時の試練に耐えてきているのだから。

痛みは、どんな動物にもある、生物にとっての基本的な感覚である。単細胞生物のゾウリムシでさえ、水槽に酢をたらして強酸性にすると、私たちが熱いストーブから指を引っ込めるときのように、さっとその場所から逃げていく。ゾウリムシは痛みを感じているのだろうか？　ゾウリムシには脳も意識もないのだから、人間のような感じ方をしているはずはない。しかし、好ましくない状況に対する人間の反応にそっくりなので、これも一応、疼痛《とうつう》反応と呼べないことはない。

生物学的な観点から見ると、痛みとは、体に「組織損傷が起きてしまったか、今まさに起きつつあるか、これから起きようとしている」ことを知らせる警報システムにすぎない。言い換えるなら、痛みと組織損傷はイコールではない。危険を予知して警報が鳴っている状態が痛みなのである。では、その警報、つまり痛みにウソはないのだろうか？　たしかに、今まさに組織損傷が起きている場合には、体が侵され危険にさらされているという正しい信号を送っているのだから、その痛みにウソはない。青あざができているときのすねの痛みはホンモノだ。

では、強い痛みがあっても、ほとんど損傷が起きていない場合はどうだろう？　当然、その痛みはまやかしだ。「組織損傷が起きようとしている」ことを警告するという、痛みの役割を逆手にとったやり方こそが、刺針をもつ昆虫が利用する手なのである。

裸足でハチを踏んでしまった場合の話に戻ろう。足の裏を刺された痛みに懲りて注意してくれるようになれば、ハチの側としては助かる（踏まれたハチはそれまでかもしれないが、巣の仲間にとってはメリットになる）。では、その一刺しによって、踏んづけた人の体に重大な損傷が起きるかというと、たいていの場合、そんなことはない。刺針をもつ昆虫は、痛みのトリックを使って相手の弱みにつけこんでくるのだ。刺針昆虫からすれば、人間はそれにまんまと引っ掛かる愚か者なのかもしれない。しかし、私たちとしては、それがまやかしであろうがなかろうが、とにかく身の安全を守ることのほうが重要だ。だから、その痛みの警告をホンモノだと信じて対処する。

もし本当に体に損傷を受けたならば、それによって生じるコストは、痛みを無視して得られる利益をはるかに凌ぐものになるかもしれない。それでもリスクを冒そうとするだろうか？　命に関わる事柄で、リスクと利益を天秤にかける場合には、念のため、潜在的な利益よりもリスクを大きく見積もる傾向がある。ここに、痛みを利用してつけこむ隙がある。動物も人間も、痛みを越えたその先に大きな利益が約束されているのでなければ、幻の虹を追いかけたりはしないからである。

痛みはひょっとしたらウソかもしれないが、やはりホンモノかもしれない。刺針をもつ昆虫は、相手が痛みを恐れる心理を巧みについてだましにかかる。相手がだまされてくれれば、昆虫自身は得をする。捕食者に食事を諦めさせたり、自分や巣のまわりから追い払ったり、餌場に近づかないようにしたりできるからだ。刺される側にしてみれば、それがこけおどしだったとしても、安全な道を選んだほうが得策だ。たった一度でもホンモノの毒にやられたら、もう命はない。ささやかな食事を諦めれば、命は無事だ。どちらがいいか。天秤にかけてみて、やはり慎重路線を選ぶことになる。

しかし、みながみなウソやペテンに引っ掛かるわけでない。刺針昆虫の痛みのトリックを見破ってしまう動物や人間もいる。多少の痛みなど平気で、しっかりと利益をせしめるのである。

北アメリカでは田園地帯のあちこちでスカンクをよく見かける。純白の縞模様や斑点の入った真っ黒い毛に覆われている美しい動物だ。スカンクは強烈な臭いのおならで知られているが、昆虫などの小動物を狩る凄腕の捕食者でもある。刺針があってもへっちゃら。地中からスズメバチの巣を掘り出しては、その中身をむさぼるように食い尽くす。ミツバチも大好きでよく食べる。これもピリッとくる獲物だが、スカンクは少々の痛みは無視することを学んでいるのだ。

蜂蜜が大好きなことで知られているクマも、やはり痛みのトリックを看破している。クマは樹洞や養蜂箱の中にあるミツバチの巣を引き裂いて、甘い蜜や栄養豊富な蜂の子を堪能する。刺針攻撃などまったく受けていないかのようだ。クマは厚い毛皮に守られているから刺されないのだとよく言われるが、そんなことはない。ミツバチに刺されるクマの痛みを想像するともう耐えられないので、そう考えるようにしているだけのこと。実際には、クマはあちこち何カ所も刺されている。とくにひどいのが、眼のまわりや、鼻、耳、舌、唇、口の中といった敏感な部分だ。ある程度の数までならば刺されても実害はないし、その痛みに見合うだけの報酬が得られることをクマはちゃんと知っているのだ。

同じことが、「世界一怖いもの知らずの動物」として知られるアフリカのラーテル（別名ミツアナグマ）についても言える。ラーテルは、クズリと類縁の中型動物で、白と黒の体毛で覆われた強靱《きょうじん》な皮膚をもっており、ありとあらゆる動物を襲って食べる。噛み切れないほど硬い皮膚に覆われているといわれる毒ヘビまで食べてしまうし、ライオンなどの肉食獣を追いかけてその獲物を奪い取ることもある。そして、ラーテルは蜂蜜や蜂の子が大好きなことでもよく知られている。クマと同様に、ある程度の数までならば刺されても大きな被害はないことを学習して、痛みを克服できるようになったのである。

とはいうものの、ラーテルにとってミツバチはやっかいな相手だ。刺されれば痛いだけでなく、やはり実際にダメージを受ける。マウスなら四回、ラーテルならおそらく一四〇回刺されると死に至る危険がある。一〇〇回くらいまでならば、刺されても死ぬことはない。ラーテルが、回数を数えて退却の潮時を見極めているのかどうかは知らないが、注入された毒液量が危険レベルに近づくとわかるらしい。それにしても、きわどい駆け引きではある。判断を誤ったばかりに、刺されて死ぬという究極の代価を払ったラーテルもいるのだから。(2)

美は見る人次第というが、痛みもかなり主観的なもので、実際の痛みのほかに、想像上の痛みもある。虫刺されに関しても、現実にはない痛みをまざまざと思い浮かべてしまうことがある。

オーストラリアに生息するブルドッグアリ（別名キバハリアリ）は、大きな眼と長い大顎をもつ体長二・五センチメートルほどのしなやかなアリで、稲妻のごとくすばやく移動し、ジャンプすることもある。ブルドッグアリを眺めていると、顔をこちらに向けるような不可解なしぐさをするので、ますます謎めいたアリに見えてくる。オーストラリアでは、その毒針の威力に対し、単なる恐れだけでなく、大いなる敬意が払われている。

ブルドッグアリは、オーストラリアの在来昆虫すべてのなかで、刺されると最も痛い昆虫だとされている。それは一つには、オーストラリアには在来種のミツバチも、ホーネットもイエロージャケット（いずれもスズメバチの仲間）も生息していないからだろう。社会性のハチのほとんどが、気性の穏やかなチビアシナガバチ属のハチなのである。チビアシナガバチ属は、ヨーロッパやアメリカに生息しているアシナガバチ属の近縁だが、性質がもっと穏やかでおとなしい。つまり、オーストラリアの人々は、ブルドッグアリに刺されたときの痛みを、世界中にいる毒針昆虫に刺されたときの痛みと比較することができないのである。

ブルドッグアリの恐ろしい噂を聞いていた私は、かなり慎重に警戒しながら採集に臨んだ。しかし、論文には書かれていなかったその運動能力については、実際に遭遇して初めて、その凄さを思い知ることになった。数匹のアリを巣から採集すると、たちまち警報が送られて、激怒したアリの大群がコロニーから噴出してきたのだ。逃げようにも足の速さでかなわず、とうとう恐れていたことが現実になってしまった。

刺された私は、呆然となった。痛かったからではない。痛みがあまりにも軽く済んだからだ。膨らんでいた期待が一気にしぼんだ。それにしてもなぜ、想像していたほどではなかったのか？　ミツバチに刺されたときよりも痛みは軽かった。赤みや腫れもごくわずかで、痛みもすぐにおさまった。ひょっとして、私はこれまでに何度も刺されているので、痛みを感じなくなってしまったのだろうか？　だとしたら困ったことだが、どうすればいいのだろう？

ちょうどそのころ、南オーストラリア州で社会性昆虫の研究者たちが集う世界最大の学会が開かれていた。会議の合間をみて、私たちは数台のバスに分乗してカンガルー島を訪れた。その帰り道、ドライバーが道路沿いにあるブルドッグアリの大きなコロニーを指差して、バスを停めましょうかとか言ってくれた。「イエス」という声がバス中に響いた。よし、チャンスだ。私が刺針昆虫の研究をしていることはだれもが知っている。何気なく誘って、みんなにも刺されてもらおう。ふつうは、他人をアリの毒針の標的にするなどということはできないが、ここに集っているのは、社会性昆虫に造詣の深い研究者ばかり。格好の標的になってもらえる。

私はコロニーに近づいて、アリを一匹一匹手でつまんでは、瓶の中に落としていった。それを見た人たちは、動きがやたらに活発なアリを採集するには、ピンセットでつまむよりも手を使ったほうがずっと速いし簡単だと思ったらしい。私のまねをしてつまんでいるうちに、はたたせるかな、五人がみごとに刺された。私はさりげなく尋ねてみた。「すごく痛いですか？　ミツバチと比べてどうですか？［ミツバチに刺される経験はだれもがしている］」　五人全員から「予想外の軽い痛みにびっくりした。ミツバチに刺されたときよりも痛くない」という答えが返ってきた。どうやら、私の虫刺されの痛みに対する感覚は、正常に働いているようである。

毒針の痛みを武器にして、敵を脅したりだましたりするのは、実際に刺すことができるメスだけではない。オスのなかにも、それを脅しに使ってくるものがいる。オスは刺針も毒液も持っていないので大型捕食者を傷つけることはできないが、いかにも持っているような振りをすることならできる。人間も他の動物も、刺されたときの痛みを想像するだけで恐ろしくなる。それを利用して、ハチのオスばかりでなく、ハチを擬態するハエまでもが、捕まるとメスのハチそっくりにブンブンと激しい羽音をたててみせる。この甲高い羽音は危険を知らせる信号だ。

ハチのオスはメスに擬態しているが、擬態にはエネルギーコストがかかるので、実際に効果があるからこそ、そのような進化が起こったのだと考えられる。オスの交尾器の先端からは、メスの刺針によく似た針のようなものが突き出ている。この棘には二つの役割があって、一つはメスの生殖器の構造に合わせること、もう一つは大型捕食者から多少とも身を守ることだ。生物の進化は謎に満ちているが、交尾と防御ではどちらがより重要だったのかもよくわかっていない。おそらくどちらも重要だったのだろう。ハチのオスは、硬くて鋭い棘を持っているだけではなく、メスの動きにそっくり似せた、いかにも相手を刺すような動きをする。人間につかまれると、腹部を湾曲させて、鋭い棘を相手の指に突き立ててくるのだ。それにすっかりだまされて、とっさに手を離してしまい、悔しい思いをした百戦錬磨の昆虫学者がどれほど大勢いることか。私もその一人だ。

ハチのオスに一点、昆虫学者に○点。

# 第5章　虫刺されを科学する

物理学の研究を進めるにあたってまずすべきことは、そのテーマが何であれ、数値計算の方法と、それに関わる質的データを数値化する実際的手法を編み出すことである。繰り返し述べているように、研究対象を測定し、数値化することができてはじめて、それについて何かがわかったと言えるのであって、測定も数値化もできずにいるうちは、その知識はまだ貧弱で不完全なものでしかない。たしかに知識の片鱗には触れているかもしれないが、科学的思考の領域にはまだまだ至っていない。

——ケルヴィン卿『一般向け講義と講演 1891 - 1894』
(*Popular Lectures and Addresses*)

**科学の営みはとても泥臭いものだ。**科学者は冒険家。はるか昔、地球上の未知の領域に向かって舟を漕ぎ出していった探検家たちとまるで変わらない。そこで何を発見できるかわからなくても、未知なるものを求めて漕ぎ出していく。映画ではよく、狂気を秘めた天才科学者があやしい実験室にこもって驚異の薬やコンピュータープログラムを作っている姿が描かれたりするが、実際はそれとは正反対の世界。現実の科学者は、興奮もすれば退屈もする、どこにでもいるような人たちだ。

科学は発見のプロセスだが、その特徴は、自己修正を重ねていくプロセスだという点にある。つまり、ある科学概念が反証によって覆されたら、その古い考え方はきっぱり捨てるか、さもなければ、新たな事実情報と一致するように修正しなければならない。しかし、現実には、この修正のプロセスはなかなかスムーズには進まない。多くの科学者は研究人生のかなり早い時期に人生最大の発見をするので、人間の性《さが》であろうか、どうしてもその発見にこだわるようになってしまうのだ。

科学コミュニティの中で、新たな考え方が生まれると、それを立証するための新たな実験手法が考案され、それによってまた新たな事実やデータがもたらされる。優れた科学者ならば、新たな事実に目を向けて、自分の考えが間違っていれば、修正するか、さもなければきっぱりと捨て去るものだ。ところがそれがなかなか難しい。人間だれしも、自分が長い人生をかけて築き上げてきたものを誤りだとは認めたくないからだ。その点、駆け出しの科学者のほうが、それまでの考えに固執することなく、最新データに基づいて新たな考えを組み立てていきやすい。

そんなわけで、科学を引っ張っていくのはたいてい若手だ。そして、古い概念は、その概念の提唱者の死と同時に葬り去られるのが常である。シニカルな見方ではあるが、科学は、棺桶を一つまた一つと積み上げながら進んでいくのである。

たしかに、科学の営みは不完全なものではあるが、どれほど不完全であろうとも、現実の世界を理解し、発見していく方法として科学にまさるものはない。たとえば、宗教は、古来不変の根本教義を土台にしているので、新たな事実に即して変更を加えるのはきわめて難しく、科学とは根本的に異質のものである。また科学は、権力や権威や指導者の資質に大きく依存している各種政治システムとも異なる。個人や組織の特性などに左右されることなく、私たちを取り巻く世界や宇宙について、さらに理解を深めていくことのできる非常にすぐれた方法が科学的方法なのである。

科学は、目指すべきゴールではなく、探求のプロセスそのものだ。たしかに目標がないわけではないし、研究資金を提供してくれる支援機関向けに目標を明確に設定する必要はある。しかし、感動や、興奮や、研究へと駆り立てる力は、ゴールを目指す冒険の旅から得られるものであって、ゴールに到達して得られるものではない。ゴールに到達できれば、もちろん、プライドが満たされ名声も得られて嬉しいけれど、もっと嬉しいのは、研究資金獲得や共同研究のチャンスが増えて、未知の世界の探検をさらに続けられるようになることだ。

もの心ついた頃から、私は概念と事実との関係が面白くて不思議でならなかった。四歳のとき、10+10=20という足し算の概念にものすごく惹《ひ》かれた。事実とぴったり一致するからだ。一セント硬貨を一〇枚集めて一〇セントの山を作り、その隣にもうひとつ一〇セントの山を作ってから、両方合わせて、もう一度数えてみる。するとぴったり二〇セントになった。

もう少し大きくなると、ジャン・アンリ・ファーブルの本を読んだのをよく覚えている。ファーブルは、一九世紀末から二〇世紀初めに昆虫の行動を観察して実験を行ない、それを本にまとめた偉大な博物学者だ。ファーブルは五歳の頃、「どうしてぼくは物が見えるのだろう?」と疑問を抱いた。素朴ではあるが、奥の深い問いだ。私たちはふつう、目を通して見ているに決まっていると思い、わざわざ確かめてみたりはしない。

ところが、幼いファーブルは、どうして物が見えるのかを確認するための科学的な検証法を考え出したのである。まず、目を閉じて口を開けてみた。何も見えない。次に、口を閉じて目を開けてみた。今度は見えた。こうして彼は、人間は口ではなく、目で見ているのだと結論を下した。人間は目で物を見るという事実を、実験によって証明したのである。何ということはないテストだが、私はこの方法がすっかり気に入ってしまった（ファーブルも気に入っていたようだ）。

ペンシルベニアの田舎で育つ子どもは、恵まれない面もある一方で、絶好の環境に恵まれてもいる。私の子ども時代は、プロのスポーツチームもなければ、遊園地もなく、買い物できる店は数えるほどで（隣町の雑貨屋に並んでいる安物のおもちゃが最高の贅沢品《ぜいたくひん》だった）、見世物小屋が巡ってくることもなかった。しかし、私たちには生い茂る木々があり、小川があり、空き地があり、楽しい夏の日々があり、たくさんの昆虫たちがいた。

なぜだか私は、恐竜などの大きな動物には興味がなく、もっぱら小さな昆虫たちに惹かれていた。たぶん、自分も体が小さかったからだろう。昆虫たちも、近所の子たちが知らない昆虫の世界の魅力を、私には余すところなく見せてくれた。昆虫類のなかでもとくに私が惹かれたのは、色鮮やかなアシナガバチやスズメバチ、それから刺針をもっている単独性のハチだった。ミツバチは地味な茶色をしているのであまり興味がなかったが、ハチの魅力は何といっても刺針という武器をもっている点だった。チョウにも夢中になった。そのなかでもとくに惹かれたのはトラフアゲハ。なにしろ大きくて、美しくて、なかなか捕まらないからだ。そうやって自然の中で思いきり遊び呆けていても、父も母も何も言わなかった。たぶん、自然に興味をもつことを応援してくれていたのだと思う。

そのうちにだんだんと学校が面白くなってきた。まず最初に大好きになったのは数学だ。数学はシンプルで、明快で、論理的で、挑戦しがいがあった。その次が生物学。先生にはどれほど迷惑をかけたことだろう。緑色のアメリカギンヤンマを捕まえようと追いかけていって、沼にドボン。全身泥だらけで生臭くなった。その翌年から物理学が始まった。物理学は、扱う対象が生物学とはまるで異なるが、その独自の美しさにすっかり魅了されてしまった。さらにその翌年に化学が始まると、その面白さにぞっこん惚《ほ》れ込んだ。何でもかんでも実験してみた。もちろん顔をしかめられたこともある。試作した煙幕弾からどす黒いキノコ雲がもくもくと立ちのぼったときなどはそうだった。

そしていよいよ大学に入学。化学の記憶が一番鮮烈だったので、専攻科目には化学を選んだ。パシフィック・ノースウエスト国立研究所での修士課程も含め、六年間にわたって化学を学んで感じたのは、実験室での化学の研究はたしかに面白くてやりがいがあるが、どうしても何かが足りない、ということだった。化学に欠けているもの。それは、動き回る生きた自然。そう、昆虫たちだ。刺針をもった昆虫たちは、月日が経ってもなお、記憶に深く刻みつけられていた。蘇った記憶とともに情熱を再燃させた私は、ジョージア大学へ移ることにした。

ジョージア大学に来てみると、周囲はみな聡明な学生たちばかりだった。全員が生物学か動物学の課程を履修してきており、昆虫学についてもさまざまな面で私のはるか先を進んでいた。私は学部学生のときに生物学は必修ではなかったので、生物学のコースは一つも取っていなかったのだ。いざ大学院に来てみると、院生も教員も全員、昆虫を学名で呼んでいた。それにひきかえ私は、昆虫の一般名ならよく知っているが、学名なんて一つも知らなかった。そして、いよいよ博士論文。論文のテーマを設定するにあたって私は、知識の豊富な化学と大好きな刺針昆虫とを組み合わせることにした。指導教授のマレー・ブルム先生は、シュウカクアリを研究テーマにしてはどうかと勧めてくれた。この近くでたくさん採集できるし、刺されるとひどく痛いのに毒液の化学的性質がまだ解明されていないからだ。

このようなテーマを念頭に、私はデビーとともにフィールドワークに出発した。デビーは動物学専攻の優秀な学生で、たまたま私の妻だった。私たちは車のトランクにバケツをたくさん積み込んで、シャベルを手に、シュウカクアリ探しの旅に出発した。作業はいたって簡単だ。アリを見つけて、コロニーを掘り、アリも泥も一緒くたにバケツに入れて、あとは、研究室に持ち帰って調べるだけ。ジョージア州の砂地を掘るのは楽しくてしかたがなかった。ペンシルベニア州の田舎で、アパラチア山脈の硬い石灰岩層の地面を掘るのとはまるで違う。のどかな場所での単純な作業なので、二人とものんびりくつろいだ気分になっていた。すると、ギャッ、アリが私を刺したのである。天啓に打たれたような衝撃だった。そんじょそこらのアリとはまるでちがう。本当に痛かった。ひと呼吸おいてから突き刺すような激痛が始まり、やがてそれがズキンズキンと体の奥が脈打つような痛みへと変化した。やはり作業中にこのアリに刺されたデビーは、「だれかが皮膚の下にもぐり込んで筋肉や腱を引き裂いていているみたい。痛みが頂点にくるたび、何度も何度も引き裂かれる感じ」と評した。

その痛みは、私が子ども時代に虫に刺されて味わった、焼けるようなヒリヒリする痛みとはまったく異質のものだった。あの頃、ミツバチや、クロスズメバチ、ホオナガスズメバチ、マルハナバチ、アシナガバチに刺されて味わった痛みはどれもみな、燃えているマッチの頭が軸木から離れて腕に落ちたときのような痛みだった。刺されたとたんに強い痛みが襲ってくるが、せいぜい続いても五分程度で、その後は徐々に弱まっていき、何とか耐えられる程度になってくれた。ところが、シュウカクアリの場合はまったく違う。焼けるようなヒリヒリする痛みではないし、いつまでもたっても治まらない。四時間たってもまだ痛かったが、そのころから徐々に弱まっていき、八時間後にようやく痛みが消えてくれた。

化学者として、また生物学者として、それ以上に興味をそそられたのは、痛み以外の体の反応だった。シュウカクアリに刺されると、刺傷部位の周囲の毛が逆立った。犬が何かに怯えているときに肩の毛を逆立てる感じによく似ている。しかし、この場合は怯えているわけではない。ということは、脳とは無関係の何かが、このように毛を逆立たせたのだ。また、刺傷部位の周囲は汗で湿っていたが、これもやはり脳とは無関係の反応である。それまで、シュウカクアリ以外の昆虫に刺されて立毛や発汗を起こしたことはなかったし、そのような報告を聞いたこともなかった。

虫刺されというものに、がぜん興味が湧いてきた。化学的、生化学的、生理学的にどのような特徴があるのだろう。また、刺す側の昆虫や、刺される側の動物にとってどのような意味をもっているのだろう。ここで二つの疑問が生じた。まず第一に、シュウカクアリ属のアリはどの種もみな、このような反応を引き起こすのだろうか？　そして第二に、同じような反応を引き起こす昆虫はシュウカクアリ以外にもいるのだろうか？　こうしたことは、それまで調査されたことがなかった。

着想は面白いが、データがない。データがなければ、考えていても始まらない。まず必要なのはデータだ。

データを求めて、アメリカ合衆国西部へ昆虫採集の旅に出よう。私たちは、シャベル、捕虫網、地図、採集ケース、携帯用顕微鏡、参考書類、アイスボックスなど、道具類一式を古ぼけたフォルクスワーゲンのキャンピングカーに積み込んで出発した。まず一番の目的は、当時、米国で知られていた二〇種余りのシュウカクアリのできるだけ多くを採集して、その毒液を研究室に持ち帰ること、それからコロニーを生け捕りにすることである。そのついでに、刺されたときの痛みや体の反応が、アリの種類によってどのように異なるかを比較してみよう。わざわざ刺されたくはないが、万一刺された場合に備えて、そのデータを記録する準備もしておこう。せっかくのデータ収集のチャンスを無駄にするわけにはいかない。

ジョージア州のシュウカクアリは、人情に厚い南部人に似ていて穏やかだが、同じシュウカクアリでも西部に生息している種は、もっとずっと荒々しいと聞いていたので、かなりの覚悟を持って西へ西へと車を走らせた。

ルイジアナ州北部は、コマンチ・ハーヴェスターアントの分布の東限である。このシュウカクアリは、攻撃性はそれほど強くないのだが、面白いことに刺針の自切を行なう。つまり、ミツバチと同じように、刺針を人間の皮膚に残したままにするのである。痛みの強さはジョージア州のフロリダ・ハーヴェスターアントと同程度だが、痛みの持続時間はもっとずっと長い。

テキサス州までやって来ると、うわさに聞いていた大型のシュウカクアリ（*Pogonomyrmex*

*barbatus*）に遭遇した。穀物を集めて餌にすることから、一八八〇年代末に、有名な自然活動家のH・C・マクックが「テキサスの農業アリ」と呼んだ種で、レッド・ハーヴェスターアント（アカシュウカクアリ）とも呼ばれている。しかし、この「レッド」という名前にはあまり意味がない。というのは、シュウカクアリ属のアリは、少数の例外を除いてみな赤い色をしているからだ。レッド・ハーヴェスターアントはちょっと変わった印象的な巣を作る。大きく円形状に地面がむき出しになっているエリアの真ん中に口がある巣で、その円形エリアをつねに地面がむき出しの状態に保つのである。このアリの大きな体や真っ赤な色を見ると、刺されたらどれほど痛いだろうかと思ってしまうが、じつは大したことはない。まったくのこけおどしというわけではないが、マリコパ・ハーヴェスターアント（もっと小さくてほっそりした種）に刺されたときほど痛くはない。痛みが軽いだけでなく、痛みの持続時間も短いし、刺針の自切も行なわない。

アリゾナ州南東部のウィルコックスというこぢんまりした町で出遭ったのが、マリコパ・ハーヴェスターアント。これこそが、今回のシュウカクアリ採集旅行のなかで最も強烈な印象を受けた種だ。このアリたちはウィルコックス・プラヤ周辺に広がる砂丘地帯を席巻していた。プラヤとは、流出河川のない盆地の中の乾湖のことで、ふだんは湖水が干上がっている地域である。付近の地下水面が高いせいだろうか、マリコパ・ハーヴェスターアントはこの砂丘地帯に二万超の個体が生活する巨大な蟻塚を形成する。

このウィルコックスのアリたちは、ふだんはおとなしく植物の種子を採集しており、すぐに刺してくることもない。ところが、シロアリの羽アリが大量に飛び出してくる時期になると、その行動が一変する。群飛するシロアリは、タンパク質と脂肪がぎっしり詰まった動く「種子」のようなものだ。しかも、乾燥していて硬い種子よりもはるかに食べやすい。シロアリの群飛が始まると、マリコパ・ハーヴェスターアントはその行動を劇的に変えて、貪欲な捕食者に変身する。この時期にサンダル履きは禁物だ。このアリの華奢《きゃしゃ》で繊細な体つきや、ひかえめな物腰にだまされてはならない。刺されると、本当に痛い。ズキンズキンという拍動性の痛みが八時間近く続くこともある。痛みがしつこい上に、刺針をすぐに自切して人間や獲物の皮膚に置き去りにしていくから実に厄介だ。

マリコパ・ハーヴェスターアントは、この夏の採集旅行で出遭った昆虫のなかで、刺されたときの痛みが一番強烈だった。しかも、痛みで脅すだけではない。ウィルコックスにいるこのアリの毒は、知られているハチ・アリ類の毒のなかで最も毒性が強く、ミツバチの毒の約二五倍、ニシダイヤガラガラヘビの毒の三五倍に相当する。

**昆虫が防御に用いる針は、**なぜこれほど痛いのだろう？　そればかりか、なぜこれほど高い毒性を備えている必要があるのだろう？　敵が攻撃の手を緩めて自分を放してくれれば、それで十分ではないのだろうか？

その答えを探すにあたって、まず、毒性の強い毒液は一種類ではないという事実に注目したい。これは、ハチ・アリ類において、高毒性が複数回にわたり、各々の種で独立に進化したことを意味している。ある類似した特性が何度も進化した場合、とくに、その特性を担う分子がそれぞれ異なる場合には、その特性が、単なる偶然ではなく、何らかの役割を帯びて進化したと考える必要がある。その毒性に託された役割とはいったい何なのか？　それを考えるにあたって興味深い事実がある。シュウカクアリの毒が捕食者に及ぼす毒作用は、獲物となる昆虫に及ぼす毒作用の八〇〇倍にものぼるということだ。

この謎を解くカギは、「広告の真実性」という言葉にある。痛みとは、組織損傷が起きてしまったか、今まさに起きつつあるか、これから起きようとしていることを知らせる広告である。実質が伴わなければ、口先だけのウソになってしまう。頭のいい動物はウソを見抜いたり、見抜き方を覚えたりするので、広告はその効力を失う。刺針を用いた防御では、痛みは広告であって、毒性こそが真実だ。実際の組織損傷や死をもたらすからである。毒性が伴っていなければ、賢い捕食者は刺針の痛みのウソを見抜き、その警告信号を無視するようになる。するとどうなるか。たとえば、数十カ所くらい刺されても大丈夫だと知っている養蜂家は、刺されてもかまわずにミツバチの巣を奪っていく。ミツバチの負けである。ちなみに、毒性が伴っているかどうかは、大型捕食者よりもむしろ、組織損傷の影響を受けやすい小型捕食者にとって大きな意味をもつ。体重二〇グラムのトガリネズミやマウスの場合だと、ミツバチに四カ所刺されただけで死に至る可能性があるので、刺針を用いた警告は非常に効果がある。

こうして、捕食動物たちが刺針の毒性の恐ろしさを知るようになると、刺針をもつ昆虫はもたない昆虫よりも、捕食者からの攻撃を受けにくくなり、全体として、生き残りをかけた勝負での純利益が増すことになる。体重五〇キログラムの養蜂家でさえ、ミツバチに一〇〇〇カ所刺されると死の危険にさらされる。[1] 昆虫の進化の過程で、痛みの警告信号が賢い捕食者に対して長期にわたって効果を発揮するためには、どうしてもダメージや致死性を伴う必要があったのだ。

痛みをもたらす毒成分と組織損傷や死をもたらす毒成分が、必ずしも同じとは限らない。まず初めに、痛み成分をもつ個体に選択圧が働いたのではないかと推測される。なぜかというと、痛みのほうが防御として即効性を期待できるし、また、刺針昆虫の祖先と近縁の現生種のなかに、痛い刺針をもつハチが存在するからである。刺されると痛いだけで毒性はほとんどない種として、ヒメバチのメガリッサ属（葉バチ類の幼虫に寄生する大きなハチ）、アリガタバチ（甲虫類の幼虫に寄生して成長し、最終的に宿主を食い尽くす単独性寄生バチ）、アリバチ〔ベルベットアント（第1章参照）〕（ハチ類に寄生する単独性寄生バチ）、クモバチ（クモ類に寄生する単独性寄生バチ）などが挙げられる。

こうしたハチ類のもつ痛み成分の化学組成はよくわかっていないが、おそらくハチの種類ごとに、痛みをもたらす化学物質も異なるのではないかと思われる。アリバチの痛み成分には、少なくとも生体アミンの一種であるセロトニン（別名5－ヒドロキシトリプタミン）が含まれている。これは発痛物質の一種で、皮下に注射すると痛みを生じることが知られている。セロトニンは、多種多様な社会性ハチ類の毒液の痛み成分でもある。やはり生体アミンの一種であるヒスタミンは、イエロージャケット、アシナガバチ、ホーネット、ミツバチ、一部のアリなどの毒液に幅広く見つかっている。ヒスタミンの主な効果は血管拡張作用なので、腫れ、発熱、発赤、痒みを引き起こすが、激しい痛みを起こすことはない。したがって、ヒスタミンは強力な痛み成分とはいえない。三つ目の生体アミン、アセチルコリンは激しい痛みを引き起こすが、ホーネットにしか見つかっていない。

以上のような分子量の小さな分子は、痛みの主な担い手ではない。毒液中で痛みの主な原因となっているのは、小さなペプチド類であり、その構造は生物種のグループごとに著しく異なる。たとえば、ミツバチの痛み成分は、メリチンという、五個の塩基性アミノ酸を含む二六個のアミノ酸からなるペプチドである。一方、スズメバチ類の焼けるような強い痛みの原因は、キニンという、九〜一八個のアミノ酸からなるペプチドだ。キニンは虚血状態の心筋に痛みを起こす物質として知られている。また、シュウカクアリの毒には、バルバトリジンという、三四個のアミノ酸からなるペプチドが含まれており、これが痛みの原因だと思われる。さまざまなアリの痛み成分はよくわかっていないが、アリ特有のキニンをはじめ、種ごとに多種多様なペプチドをもっている[2]。

以上のような痛み成分が進化したのちに、組織損傷を引き起こす毒成分が進化した。その毒成分が実際どのような物質なのか、ほとんどまだ明らかにされていない。最も研究の進んでいる昆虫毒、つまりミツバチ毒において、生体組織に対する毒性が最も強い成分はホスホリパーゼA2という酵素だが、これが皮膚に痛みを起こすことはない。ミツバチ毒のもう一つの重要な成分であるメリチンは、ホスホリパーゼA2よりも含有量は多いが、致死性は低い。メリチンは心臓毒であると同時に、神経細胞の膜などの細胞膜を破壊することによって、ヒリヒリと焼けるような痛みを引き起こす。私たちは最近、あのひどい痛みや皮膚反応を引き起こしたシュウカクアリの毒液から致死性の毒成分を分離することに成功し、目下、その特徴を明らかにしているところだ。

## 痛み評価スケール

アリを入れたバケツをいくつも車に積んで、西部での採取旅行から帰ってくると、早急に対処す

べき課題と、じっくり取り組むべき課題とが持ち上がった。

早急に対処すべき課題とは、採集してきたアリをどうするかということ。こちらは、どうにも面
白みに欠ける課題だった。答えはもう決まっているからだ。解剖して、大量の毒液を集め、今後の
研究用に凍結乾燥すること——それに尽きる。大量といっても、採集したシュウカクアリを種類別
に分けると、それぞれ、五ミリグラムちょっとにしかならなかった。ティースプーンの約一〇〇
分の一である。一ミリグラムの毒液を得るには、アリが四〇匹必要で、アリを一匹解剖するのに、
およそ三分かかる。シュウカクアリの毒液は、金よりも高価だ。

もう一方の、じっくり取り組むべき課題とは、刺針をもつ昆虫にとっての毒液の価値を明らかに
することだった。毒液が進化したのは、その昆虫自身にとって利益になるからだ。その利益とはい
ったい何なのか？　毒液はその昆虫の生態や生活史をどのように変えたのか？　こうした疑問に答
えるためにはまず、昆虫の刺針や毒液の特性を詳しく調べる必要があった。

虫刺されという現象の基本特性は二つ。痛み、そして、生体組織に対する毒性である。痛みと生
体毒性について、仮説を立ててそれを検証するためには、まず、それぞれの昆虫の毒液の特性を、
他の昆虫との比較によって明らかにする必要がある。その上で、それぞれの種の生活史を比較して、
毒液の特性と生活史との間に関連があるかどうかを確かめればいい。

80

毒液の二つの特性のうち、生体組織に対する毒性のほうは、生理学や毒性学の諸々の手法を利用すれば、各々の毒性を数値で表して、互いに比較することができる。生体毒性の比較は、理論的には難しいことではない。

しかし、もう一方の痛みの比較についてはどうだろう？　痛みを正確に数値化できるような生理学や薬理学の手法は当時存在しなかった。今日でもまだ、神経や脳の内部に電極を挿入して痛みの電気信号を記録し、それを正確に読み取れるような方法は実現していない。脳スキャンで痛みの度合を測定する技術に大きな進歩は見られるものの、測定結果の解釈法はまだ確立されていない。いつかそのうちに、痛みを定量的に測定する方法が開発されることだろう。しかし、それまでの間、虫刺されの痛みを数値化するにはどうすればいいのだろう？　何かいい方法はないものか？

痛みを測れるものさし（スケール）があればいいのだ。答えは簡単。だが、そのものさしを作るのは容易ではない。信頼性が高く、再現性があり、痛みどうしの比較ができるものでなければ役に立たないからだ。痛みスケールには、目的こそ異なるものの、すでに前例があった。「マギル疼痛質問表」と呼ばれるもので、患者が訴える慢性の痛みを評価するためにマギル大学のロナルド・メルザックが開発したものだ。この質問表は、患者自身が質問表にしたがって痛みの強さを評価する項目と、介護者が患者の表情やしぐさを見て評価する項目とで構成されている。

虫刺されの痛みは、こうした慢性疼痛とは違って、ほとんどが一時的な短期間の痛みであり、また、刺される側の人間や刺す側の昆虫の状況によってもいろいろと微妙な影響を受ける。同じように一回刺された場合でも、どれだけの量の毒液が注入されたか、体のどの部位が刺されたのか（たとえば、鼻、唇、手のひらを刺された場合には、下腿、腕、頭頂部を刺された場合よりもかなり強く痛みを感じる)、昆虫の齢(成長段階)、一日のうちのどの時間帯に刺されたのかなど、痛みに対する個人の感受性も含めた諸々の要因によって、感じる痛みの強さは違ってくる可能性がある。

そこで、異なる状況のもとでテストしても一貫性と信頼性が損なわれることのないよう、細かく等級分けするのはやめた。等級はレベル1からレベル4までの四段階とし、セイヨウミツバチ(*Apis mellifera*)に一回刺されたときの痛みの強さをレベル2として、これを評価の基準に据えた。ミツバチは評価の基準にしやすい。なぜなら、ミツバチは世界中のほとんどどこにでもいて、個体数も多く、たいていの人がミツバチに刺された経験があり、その痛みの強さが、ハチ・アリ類に刺されたときの痛みの範囲のちょうど真ん中あたりにくるからである。レベル0という等級(ほとんど痛みを感じない)も設定した。他の動物は刺せても、人間の皮膚は貫くことはできない昆虫もいるからだ。

等級分けの基準としたのは、上位等級の痛みは下位等級の痛みよりも十分に強いこと、そしてだれが評価してもその違いが明らかなことだ。評価者は、ミツバチもしくはすでに等級分けされている他種のハチに刺されたときの痛みを記憶しておいて、新たに刺された痛みをその記憶と比較して評価する。評価スコアには、1〜4の整数だけでなく、その中間の値をつけてもよしとする。下位等級の痛みよりも明らかに強いが、上位等級の痛みよりも明らかに弱いという場合である。

周囲のさまざまな人たちに試してもらったところ、評価スコアがほとんど一致したことから、これはいけるという手応えを感じた。ジョージア大学の大学院生のクリス・スターと私は、この評価方式について長い時間をかけて検討を重ねた。また、ジョージア大学のハチ目（ハチ・アリ類）研究室に属する研究者たちからも広く意見を聴いて議論を重ねた。その主な目的は、評価スケールの正確度と信頼性を吟味することだった。

この評価スケールでは、さまざまな種のハチやアリに刺されたときの痛みに、同じ数値が付けてある。これは、同じような感覚の痛みだという意味ではない。痛みの強さがほぼ同じ範囲にあって、捕食動物に対して同程度の抑止効果が見込まれる、ということを意味している。また、このスケールで評価したのは、刺されたそのときの痛みであって、その痛みが引いてから何時間も何日も経って、刺傷部位やその周辺に生ずる痛みは評価の対象としていない。なぜなら、その痛みは、毒液とその害に対する免疫反応や生理的反応によって引き起こされた痛みだからである。

痛み評価スケールを作成すると、昆虫の生活の裏側にまで踏み込んで、その武器が生存のチャンス拡大にどう関わったかを推測できるようになった。双方向からの予測が可能だった。つまり、ある昆虫の外観や行動や生活史から、刺されたときの痛みを予測することができたし、逆に、刺されたときの痛みから、その生活様式を推測することができた。たとえば、色鮮やかな単独性のハチは、地味な色のハチよりも強烈なパンチを繰り出してくることが予測された。なぜならば、派手な体色を進化させたことによって、「目立たなくする」という、大多数の昆虫が用いている防御法はもはや使えなくなったからである。なぜ、効果が実証されているこの防御法を放棄してしまったのだろう？　おそらく、そのハチの生活史にそうせざるを得なかった理由があるのだ。

アリバチの一種、カウキラー（*Dasymutilla occidentalis*）の生活史を見ていくと、そのあたりの事情がよくわかる。カウキラーは、他種の大型のハチの巣を見つけて侵入し、その幼虫の育房に卵を産みつける。卵から孵ったカウキラーの幼虫は、宿主（他種のハチの幼虫）を餌にして成長していく。カウキラーの親にとって大変なのは、宿主となる生物の数が非常に少なく、しかもあちこちに散在しているような環境のもとで、十分な数の宿主を見つけなくてはならないことだ。カウキラーの親は、日中の活動の大半をこうした宿主探しに充てなくてはならない。しかも、メスのカウキラーには翅がないので、地面を這い回って宿主探しをするほかない。こうした任務を背負ったカウキラーは、昆虫にしては大変長寿で、ひと夏中、ないしは一年半も生きる。この長い一生の間、トカゲや鳥類やその他、あまたの大型捕食者から丸見えの状態で、白昼堂々、活発に地面を這い回って過ごすのである。

美味しくて無防備なゴキブリやコオロギや芋虫だったら、このような状況のもとで一シーズンから一年以上も生き残れる確率はどれくらいだろう？　それほど高いはずはなく、すでに絶滅しているのではないだろうか。一方、カウキラーはどうだろう。アメリカ合衆国南部の農村地帯の人たちに聞いてみれば、絶滅には程遠いことがわかる。カウキラーが無事に生き延びてこられたのは、強烈な一撃を食らわせる能力があったからにちがいない。実際、カウキラーに刺されると本当に痛い。カウキラーの給餌中にうっかり刺されて医務室に運ばれた、うちの研究室の学生がその証人である。カウキラーに刺されたときの痛みは、評価スケールで、レベル２（注意を引きつけられるレベル）どころではなく、レベル３（記憶にしっかりと刻まれるレベル）である。

カクタスビー（サボテンの蜂）という名前のハチがいる。アリゾナソノラ砂漠では、このハチ

(*Diadasia rinconis*)が爆発的に大量発生しているのを見かけることがある。ミツバチほどの大きさで、くすんだ灰褐色のカクタスビーは、何万匹にもおよぶ大集団で営巣する。そして、ウチワサボテンやチョーヤサボテンの花が咲く頃になると、黄、赤、赤紫と、色とりどりの花が咲き乱れる中を飛び回って花粉集めにいそしむ。しかし、その姿をとらえるのはなかなか難しい。背景にうまく溶け込んでいて、突然、花の中から現れたかと思うと、瞬く間にどこかへ飛んで行ってしまう。電光石火のごとく動き回るこの忍者のようなハチは、鳥類その他の捕食動物にとっても、見つけて、追いかけて、捕えるのはとても難しい。

捕食者に対する防御という点でのもう一つの強みは、寿命が短いことだ。生きているのは、サボテンが開花しているわずか数週間のみ。その間だけ捕食者から逃げきれればいいわけで、カウキラーのように何カ月間も、場合によっては一年以上も、捕食者の攻撃をかわし続ける必要はない。

このような生活史を踏まえて考えるならば、カクタスビーにはそもそも毒針による防御は必要ないわけで、仮に刺されたとしても、痛みや毒性はそれほど強くないのではないかと予想される。私のまわりに、カクタスビーに刺されたという人はいない。捕まえようとした拍子に、強く押しつけたりすれば別だが、それでもなかなか刺してこない。多くの昆虫学者は、捕虫網の中に手を突っ込んでこのハチをつかみ、瓶の中にポトンと落としている。

スティーヴン・バックマンはカクタスビー研究の第一人者で、研究者仲間から「バズマン」と呼ばれている(「バズ」はハチの羽音)。その彼によると、カクタスビーに刺されても大したことはなく、痛み評価スケールでレベル1。取り上げるまでもないという。私自身が刺されたときも、スティーヴンと同じような感じだった。毒液採集用にたくさん捕まえて、捕虫網から広口瓶に移そうとしたときに、人差し指の側面を二カ所刺された。チクッとしたが、痛み評価スケールでレベル1の軽い痛みだった。

評価スケールでレベル4の痛みは、経験しなくて済むならばそれに越したことはない。体や感覚器系が痛みに支配され、ほとんどセルフコントロールが効かなくなってしまう。激痛なんてものではない。幸いなことに、レベル4の痛みをもたらす昆虫は数えるほどしかいない。このレベルの痛みについてはのちほど、オオベッコウバチとサシハリアリの章で詳しく述べる。

さらにいろいろなタイプの刺針昆虫について調べていくと、やはり予想がぴったり当たることがわかってきた。痛みを与えるこの武器が、その昆虫の生活に影響を及ぼしていることは明らかだった。それは、この武器が、実際に襲ってきた相手にも、襲おうと狙っている相手にも効果を発揮するからなのだ。

捕食者、寄生者、そして病気は、動物の生活を方向づける大きな力になる。二〇世紀のイギリスの偉大な理論生物学者、W・D・〝ビル〟・ハミルトンによると、捕食者や寄生者や病気はさまざまな環境要因とともに、性の進化の要因になっているという(3)。ひょっとすると私たちは、人類の祖先を襲った捕食者や寄生者に感謝しなくてはいけないのかもしれない。同じように考えるならば、刺針をもつ昆虫たちもやはり、その捕食者に感謝すべきなのだろう。もし捕食者がいなければ、刺針昆虫が手に入れたチャンスの多くは、刺針をもたない何か別の種に取られてしまっていたにちがいないからだ。捕食者こそが、刺針昆虫のような生物種に、生存のための適所(ニッチ)を切り拓いてくれたのである。

**カウキラーのような昆虫は、**痛くて効果のある刺針を備えているからこそ、目立つ場所で堂々と生活することができる。しかし、目立ちながら身を守る方法は、刺すことだけとは限らない。スパニッシュフライなどのツチハンミョウ類は、別の手を使って防御する。敵の皮膚や口や胃粘膜につくと水泡を生じるカンタリジンという猛毒をもっているのだ。そして、体に触られると死んだふりをして、体表面の弱くできている部分から、カンタリジンを含んだ体液をどんどん分泌する。たいていの捕食者は、ツチハンミョウの体液を味わったとたんに危険を感じ、何もせずにそのままツチハンミョウを振り捨ててしまう。

針で刺すにせよ、有毒な体液を出すにせよ、それには必ず何らかの負担が伴う。このような実質を伴う警告を与えなくても済むならば、それに越したことはない。というわけで、動物界全般にわたって、強くて優勢な動物は、弱い動物に対し、さまざまな牽制のサインを送っている。

実際の戦いになれば、当然、強いほうの動物が勝利するが、それは本当の勝利と言えるだろうか？　ハーレムを形成してメスを独占しているオスのトドが、ハーレムを守るために〇・五リットルの血液を失い、敗者が四リットルの血液を失った場合、本当の勝者はいるのだろうか？　そもそも戦いが起きていなければ、両者とも、得るものはもっと多く、失うものはもっと少なくて済んだはず。威嚇ディスプレイが進化したのは、そのような不毛な戦いを未然に回避するためなのだ。カウキラーだって、ツチハンミョウだって同じこと。トカゲの襲撃を未然に防ぐことができれば、貴重な防御資源を浪費したり、けがや死のリスクを冒したりせずに済む。

というわけで、刺針昆虫は捕食者に対し、「私に近寄るな、ちょっかいを出すな」と警告する方法を進化させることになった。赤と黒、オレンジ色と黒、黄色と黒、白と黒のように、目を引く色を組み合わせたり、派手な色どれか一色を体にまとって警告メッセージを送ることもある。あるいは、ガラガラ、パチン、キーキー、ギーギーといった音で警告することもある。こうした警告音は、周波数帯域が広くて（低周波音が多いが）、聴覚のある捕食者であればみな信号を探知できるだけでなく、同種個体間での特殊なコミュニケーションとは区別できるようになっている。また、鳥の求愛歌やキリギリスの求愛の羽音とも混同されないようになっている。

捕食者のなかには、カエルなどのように、色や音による信号にはあまり反応しない捕食者もいる。そのような場合には、あらゆる感覚のなかで最も原始的な感覚――味覚――に訴えればいい。いやな味は、食べたら大変な目に遭うぞ、というメッセージになる。

ナミケダニ（ベルベットマイト）という巨大なダニがいる。ずんぐり丸くて脚は短く、体が赤い毛に覆われている。初夏の雨が降ったあとなどに現れて、群飛するシロアリの羽アリを求めて歩き回る。しかし、カエルも、ツノトカゲも、その他の捕食動物も、このミツバチほどもある巨大なダニは絶対に食べようとしない。ナミケダニは真っ赤な体色といやな味とで、捕食者に警告メッセージを伝えているのだ。トカゲはこのダニを舐《な》めてみて、すぐにはねのける。一度舐めたら一生、その味を忘れないようだ。ときおり、このダニを一匹食べてしまうカエルもいるが、そのような反応の鈍い動物でさえ、次からは決して食べようとはしない。

ナミケダニはなぜこれほど嫌われるのだろう。私は知りたくてたまらなくなった。生物学的に見ると、人間は広食性の捕食動物であると同時に、屍肉食、植物食の動物でもある。ほとんど何でも食べ、多種多様な動物、植物、菌類を、生きていても死んでいてもメニューに取り入れる。人間の味覚はこの広食性を反映して、「食物」なのか「毒」なのかを教えてくれる多数の味物質に反応できるようになっている。私たちの味覚反応は、鳥やトカゲのような他の広食性捕食動物の味覚反応にかなり近い。トカゲやカエルにナミケダニの味の良し悪しがわかるのなら、私にだってわかるはずである。

子どもの頃、安全かどうかわからないものは口に入れてはダメと言われていたのを思い出しながら、慎重に行動した。ナミケダニには毒があるかもしれない。口の中が水膨れにならないとも限らない。いきなり食べるのはやめておこう。私は、丸々太ったナミケダニを舌の先端（喉から最も遠くて一番安全な部位）に置いて前歯で割り、何とか前歯だけで噛み砕いた。実にすばらしい味だった。気絶するくらい、と言ったほうがいいだろう。

二秒間ほどよく味わってから、その赤い汁を噛みタバコのように吐き出した。ところが、真っ赤な液体を吐き出しても、味は舌に残ったまま。とにかく苦い。キニーネよりも、以前に飲んだことのあるどんな薬よりも苦かった。ハバネロのように、口の中がヒリヒリと焼けるような感じもした。さらに悪いことに、ピリピリと痺《しび》れるような刺激と苦味が喉の奥を攻撃して、いつまでたっても治まらない。吐き出せばすぐに消えてくれる味ならば、どんなにいやな味でも平気なのだが、これは違った。いつまでたっても消えず、もう永遠に消えないのではないかと思ったほどだ。ようやくその味から解放されるまで、少なくとも一時間はかかった。

話をもとに戻そう。刺針昆虫としては、捕食者たちに対し、私は餌にするには不向きですよと伝えたい。その方法は何でもいい。時の試練に耐えてきた方法の一つに、得意げに気取って歩くという方法がある。「私は強いのよ。あなたが狙っていることは知っているけれど、ちょっかいを出すと後悔するわよ」というメッセージを発しているのである。オオベッコウバチをはじめ、クモバチ類の多くは翅を小刻みに動かしながら、地面をもったいぶって歩く。これは明らかに、「私をよく見ておきなさい。うっかり見間違えたりしないように、私の歩き方をしっかり覚えておくのよ」というメッセージだ。

人間をはじめとする脊椎動物の視覚系は、他の人間や、餌になりそうな動物、あるいは自分を狙う動物の歩き方の特徴をしっかり見分けられるようにできている。歩き方をとらえるのは、脳に古くから備わっている能力で、周辺視力がその役割を担っている。視野の中心でピントを合わせる必要はない。

私がよく調査に出かけるフロリダ州やアリゾナ州の砂漠地帯では、多数のシュウカクアリが貯蔵用の種子を探して地表を這い回っている。シュウカクアリは、色も大きさもアリバチによく似ている。アリバチ科の小型種の多くは、オレンジがかった色をしており、大きさもシュウカクアリとほぼ同じなのだ。地面にはたいてい、アリバチの一〇〇〇倍くらいのシュウカクアリがいる。それでも私は視野の隅のほうで、多数のシュウカクアリに混じっている一匹のアリバチの動きをとらえることができる。目にとまるのは、アリバチの歩き方であって、大きさや、色や、わずかな体形の違いではない（そういった特徴は周辺視野では見分けられない）。アリバチの歩き方は、シュウカクアリとはまったく違うのですぐにわかる。やはり強力な刺針をもつシュウカクアリはぎくしゃくした独特の歩き方をする。数歩歩いては突然止まり、また歩きだしては再び止まったり、速度を落としたりとランダムな動きを繰り返すのである。この歩きぶりは、私を襲うと「ピリッとくるわよ」という警告なのだろう。

警告信号にせよ、歩き方にせよ、その目的はすべて、敵の攻撃を抑止することにある。しかし、こうした警告信号、すなわち広告が効果を発揮するのは、真の防御力が備わっていればこそだ。（無毒の昆虫が毒をもつ昆虫に擬態する「ベイツ型擬態」という特殊なケースは、ここでは考えないことにする）。刺針という武器を装備した上で、警報を鳴り響かせることによって、普通ならば避けるほかない、砂漠の地面や開けた草原などにまで進出することが可能になったのである。スズメバチはピクニック広場にまでやってくるが、スズメバチに刺針がなかったら、サンドイッチのハムをくすねたり、桃の甘い汁を吸ったりはできないはずだ。また、刺針がなかったならば、社会性の進化は起こり得なかったであろう。とくに、ハチ・アリ類に見られるような高度な真社会性が進化することは絶対にあり得なかったはずである。

## 第6章 きれいな痛み、むき出しの敵意——コハナバチとヒアリ

何の変哲もない面白みに欠けるハチのように見えるが、このハチ〔コハナバチ〕の生活史をもっと綿密に調査したならば、驚きの事実がたくさん隠されているかもしれない。

——ウィリアム・モートン・ホイーラー『社会性昆虫』(*The Social Insects*) 一九二八年

小さいけれども獰猛なやつら。

——エドワード・O・ウィルソン『ヒアリ』(*Fire Ants*) 二〇〇六年〔ウォルター・R・シンケル著〕序文(ヒアリ(*Solenopsis invicta*)について述べている箇所)

**北アメリカの東部や中部で、**夏の蒸し暑さがピークを迎える時期になると、きまって裏庭や屋外パーティーの席に姿を現すのが、あの迷惑千万なコハナバチ(スウェットビー)である。それにしてもなぜ、こんな妙な名前が付いているのだろう？　汗《スウェット》をかくハチだから？　ノー。冷や汗をかくほど恐ろしいハチだから？　ノー。そもそもこの虫は花バチ(bee)なのだろうか？　イエス。それならば名前の「ビー」はわかるが、「スウェット」という言葉はどこから来たのだろう？　そ

れは、このハチのちょっと変わった習性に由来する。人間の肌にとまって汗を舐めるのだ。花バチの仲間には汗を集めるハチなどほとんどいないので、このコハナバチの習性はひときわ目立つ。

花バチ類は全世界で約二万種が知られているが、この二万という数は、地球上の恒温動物の種の数よりも多い[1]。コハナバチ科は、その花バチ類のなかでも大きなグループで四三八七種を擁するが、この数はコウモリを除いた哺乳類の種よりも多い。コハナバチは南極大陸を除くすべての大陸に生息しており、社会生活を営むかどうかも、生活史のありようも種によってまちまちで、他のどの昆虫グループよりも多様性に富んでいる。

コハナバチの多くは完全に単独性の種である。つまり、メスバチが単独で餌を集め、巣を作り、子育てをするというものだ。また、基本的には単独性だが、多くの個体が集まって巣を作り、その巣の中で各個体がそれぞれの仕事をするという種もある。さらに、半社会性の種もある。二匹以上のメスが同じ巣の中で一緒に働きながら仕事を分担するのだ。そして最後に、完全な社会性の種もある。つまり、産卵する女王バチと繁殖に関わらない働きバチとに分かれ、複数の個体が同じ巣の中で一緒に生活するというものだ。さらにややこしいことに、季節によって、あるいは場所によって、単独性になったり社会性になったり変化する種もある。

コハナバチの多くは、体長が三〜一二ミリメートルと小ぶりで、体色は黒、グレー、またはメタリックな緑や青〔口絵1〕。黄色や赤の斑紋が入っている種もある。たいてい地中に営巣する。地面から下に向かって掘り進んだら、立坑から数本の分岐坑を掘って、その先端に育房（幼虫が育つ部屋）をつくる（ちなみに、子育てをするのはメスだけで、オスはぶらぶらしているか、せいぜい巣の入口を見張っているだけ)。育房の準備が終わると、メスは花粉や花蜜を集めてきて花粉塊を作る(幼虫はこの「花粉団子」だけを食べて育つ)。そして、花粉塊を詰めた育房に卵を一つ産み付けると、育房に封をして、次の育房の準備にとりかかる。

面白いのは、コハナバチは「半倍数性」の生物だということ。ハチ目のほとんどのハチ・アリ類がそうなのだが、性染色体が存在せずに、染色体数によって性が決まる。つまり、受精卵からメスが、未受精卵からオスが生まれるのである。したがって、卵を産むメス自身がそれぞれの子の性別を選ぶことができる。男女の産み分けなんて、人間にはとうていできないことだ(まあ、そのほうがいいのかもしれないが)。実際、ハチのオスは貧乏くじを引くことになる。オスになる卵には母親が小さな花粉団子しか用意してくれないからだ。そんなわけで、ハチのオスはメスよりも小さくて痩せていることが多い。

さて、パン生地のような花粉団子の表面や近辺に産み付けられた一個の卵から、コハナバチの一生がスタートする。二~三日で卵が孵化して、透き通るような白い小さな幼虫になる。幼虫は花粉団子を食べて成長し、合計四回脱皮するが、そのたびに一回り大きくなって地虫のような姿になる。

コハナバチの幼虫は、中腸(胃にあたる部分)と後腸がつながっていないので、食べたものを排泄することができない。おそらくそのほうがいいのだろう。というのは、一匹ずつ狭い育房に閉じ込められた状態で、栄養豊富で腐りやすいものを食べているからだ。最後の食事を終えたところではじめて中腸と後腸がつながる。まるまる太った幼虫はここでようやく、最初で最後の、たぶんとても爽快な排泄行為を許されるのである。

花バチ類のなかには繭《まゆ》を紡ぐものもあるが、コハナバチの幼虫は繭を紡ぐことができない。その代わり、内壁に蠟が塗りつけられた居心地のよい育房の中で脱皮して蛹になる。蛹は成虫になるための準備期間だが、この状態は脆弱で傷つきやすいのでその期間は短い。脱皮して成虫になっても、寒さの厳しい冬の間は育房内に留まっていて、冬が終わるとようやく穴から抜け出して自由自在に飛び回る成虫となる。

コハナバチの成虫は、小さな昆虫にしては比較的寿命が長い。その結果として、多種類の花を訪ねることになり、たいてい訪ねる花の種類を順次変えていく。種によって一年間に二世代以上現れるものもあれば、年に一世代だけの種もある。いずれにしても、メスはオスと交尾したあと、体内に精子を蓄えておくことができるので、オスが死んでしまってからもその精子を利用することができる。

コハナバチの育房の内壁には、母バチが分泌した蠟物質が塗られている。(2) この水を通さないコーティングのおかげで、育房は雨で水浸しになることもないし、乾季にカラカラに乾燥することも、カビなどが発生することもない。この蠟物質は、デュフール腺という、なかなか興味深い機能をもつ分泌腺から分泌され、腹部末端と口器を使って育房の内壁に塗りつけられる。

この分泌腺の名前の由来もなかなか面白い。これはフランスの著名な医師で科学者だったレオン・デュフールにちなんで付けられた名前だ。デュフールは一八三五年に、ある種のハチの育房壁を覆っている「樹脂のような」物質は、腹部にある大きな腺から分泌されるようだと述べている。(3)
そして一八四一年には、この分泌液はメスが卵を覆うのにも使われると発表した。そうこうするうちに、この分泌腺は「アルカリ」腺だの「塩基」腺だのと妙な名前で呼ばれるようになった。分泌液がアルカリ性だと信じられていたのだ。アルカリ性ではないことが証明されても、「アルカリ腺」という言葉はそのまま残った。

それがどういう経緯でデュフール腺と呼ばれるようになったのかは謎である。デュフール自身はその腺に名前など付けておらず、その研究にちょっと首を突っ込んでからすぐに別のテーマに移っていった。この分泌腺はさまざまな名前で呼ばれていたが（セビフィク腺など）、一八四一年の発表の直後あたりに「デュフール腺」という名前が登場したようで、偉大な人物に敬意を表してか、その名前がずっと定着することになった。今日、この目立たない器官の名前の元になった人物として彼の名が知られているとしたら、何とも不思議な話である。

コハナバチ科には四〇〇〇種以上が存在し、そのなかには人間や動物の汗を舐める種もいるのだが、なぜ汗を集めたりするのかはまだわかっていない。意外なことに、その謎を解くための研究はほとんど行なわれてこなかった。現在わかっていることの大半は、一九七四年に当時カンザス大学の大学院生だったエドワード・バロウズが行なった研究の成果なのだ。

エドワードは、コハナバチが食塩水とただの水のどちらを多く摂取するかを測定する一連の選択試験を行なって、対照群よりも食塩水を好むことを証明した。(4) しかし、食塩は蒸発もしないし、臭いもしない。ハチを惹き付けているのはもっと別の物質のはずである。候補に挙がるのは、乳酸、二酸化炭素、オクテノール（1－オクテン－3－オール、蚊の誘引剤として用いられている物質）など、皮膚表面から出てくる物質だが、実際何がハチを誘引するのかはまったくわかっていない。

また、ハチが求めているのは何なのか、塩分なのか、水分なのか、それとも栄養源になるもっと別の汗の成分なのか、それもまだわかっていない。乳酸もオクテノールも二酸化炭素も、栄養源にはなるとは思えない。

さらに頭を抱えてしまうのは、汗を集めるのはコハナバチ科のハチだけではないことだ。アフリカ化ミツバチ（ミツバチ科ミツバチ属）も汗を集めに来ることがある。また、アジアでは、ハリナシミツバチ（ミツバチ科ハリナシバチ属）も汗を集めるので、スウェットビーと呼ばれることがある。さらに、アフリカの一部の地域でも、汗を集める針のないミツバチがよくスウェットビーと呼ばれ、研究者の間で「モパネフライ」などと呼ばれたりする。(5) しかし、これらはいずれも、本当のスウェットビー（コハナバチ）ではないし、ハエ（fly）でもない。アフリカの針なしミツバチは、その名のとおり針がないので、敵を刺すことができない。しかしだからといって無防備というわけではなく、鋭い大顎をもっており、大群で襲ってきて瞼《まぶた》や鼻や耳に咬みつくわ、耳や鼻や口に入り込んでくるわ、散々な目に遭わされる。

オーストラリア人のなかには、「スウェットビー」よりもずっと愛らしい「スウィートビー」というニックネームで呼ぶ人もいるが、夏になるとやってきて私たちを悩ませるこの小さなハチは、やはり「スウェットビー」と呼んだほうがしっくりくるように思う。このハチは、ハリナシミツバチのように咬んだりはしないが、針を使って刺してくる。

このハチに刺されるのはだいたいこんな場面だ。よく晴れた七月の午後、好みのドリンクを片手に屋外でのんびりとくつろいでいる。ハエが二、三匹ブンブン飛び回っており、ミツバチが時折、近くの花にやってくる。子どもたちは元気に遊んでいるし、言うことなしの午後、のはずだった。ドリンクのグラスを口に近づけようとして、イタタッ、何かに刺されたぞ！　肘の内側にいた黒い小さなハチのおかげで、穏やかな午後が台無しになる。

この小さなハチには、人に危害を与えるつもりなどまったくなかった。ただ、大好きな飲みもの、つまり前腕と上腕の間の肘のくぼみに溜まった汗を舐めていただけなのだ。人間がグラスを持ち上げるとき、ハチは皮膚と皮膚に挟まれそうになり、危険を感じたハチは、針で刺すことによって潰されるのを防ぎ、何とか身を守ろうとしたのである。この戦略はたいていうまくいく。無慈悲にも、刺したとたんに叩き潰されてしまうこともないわけではないが。

コハナバチに刺されても大したことはない。「小さな火花が散って腕毛が一本だけ焦げた」ような、混じりけのないさっぱりしたきれいな痛みだ。このくらいの痛みでは、刺されても本気で同情してはもらえないだろう。（幼い子どもなら話は別だ。抱きしめてなだめてもらうのに理由など要らないのだから）。痛みはすぐに消えて、刺された跡もほとんど残らない。痛み評価スケールでレベル1の痛みの典型なので、過去に刺された痛みや、今後刺されたときの痛みを評価する際に、比較の基準にするのに最適だ。評価スケールでレベル2の、ミツバチに刺されたときの痛みとはまるで比較にならないほど軽微な痛みである。

**さて次は、ヒアリという、**何ともおぞましい動物（火蟻、ファイアーアント）の話に移るとしよう。前述のコハナバチは、きれいな鑑賞用の花や、おいしい果物や野菜の花の間を飛び回って受粉を媒介してくれる。コハナバチにはまったく悪意がない。それと対照的なのがヒアリである。ヒアリは敵意に充ち満ちている。人間の側も、ヒアリに対しては敵意をむき出しにする。ウォルター・シンケルが次のように述べているが、まさにそのとおりと言うほかない。「ほぼすべての人間が、無条件に、反射的に、ヒアリを忌み嫌う。だれもが憎しみを募らせるようなこと、非難されて当然のようなことを平気でしてくるのがヒアリなのである[6]」。とにかく、ヒアリは人間の体に触れたとたんに刺してくる。いかにして人間と友好関係を築くかなんてまったく考えていないのだ。このヒアリとはいったい何者なのだろう？　どんな生活をしているのだろう？　そもそもどこから来たのか？　なぜこれほど嫌なやつなのか？　どうすれば退治できるのか？

ヒアリは体の小さな多形性のアリである（つまり、一つのコロニーの中にサイズのいろいろ異なる個体が存在する）。ハチ目アリ科のなかで、最も多くの属を擁し、最も繁栄しているグループがフタフシアリ亜科だが、そのフタフシアリ亜科のなかのトフシアリ属（*Solenopsis*）のアリを総称して「ヒアリ」と呼んでいる。トフシアリ属は一八五種を擁する大きなグループだが、このトフシアリ属については、カルロ・エメリー、ウィリアム・クレイトン、ウィリアム・ビュラン、ロイ・スネリングといったアリ学の権威たちがずっと頭を悩ませてきた。なぜか？　マイナーワーカーと呼ばれる小型の働きアリの形態が、種が異なっても、みな驚くほどよく似ているのである。アリの素人はもとより、アリ類分類学に人生を捧げてきたような専門家が見ても区別がつかないくらいそっくりなのだ。

一九一〇年に米国の昆虫学者、ウィリアム・モートン・ホイーラーが、アリ類全般について、「アリの種類を見分ける特徴は微妙でとらえどころがなく、言葉ではうまく表現できない場合が多い」[7]と述べているが、とりわけそれはヒアリにぴったり当てはまる。種の同定を行なうには、そのコロニー内のメジャーワーカー（頭の大きな大型働きアリ）を見つけるのが一番手っ取り早いのだが、なにしろメジャーワーカーは集団のなかにごくわずかしかいない。刺針をもったアリの大群がぞくぞくと湧き出してくるなかから最も大きなアリを探し出す場面を想像してみれば、その難しさがわかるというものだ。

ヒアリ類の分類と命名を難しくしているもう一つの原因は、長年にわたり、あまりにも多くの専門家が不必要な変更を加えて、すでに混乱していた状況をますます悪化させてしまったことにある。業を煮やしたロイ・スネリングは、ある著者を批判してこう述べている。「この本とつきあう最良の方法は、著者の主張を完全に無視することである」[8]

ヒアリには、大ざっぱに分けて、「真っ当なヒアリ」と「盗っ人ヒアリ」の二種類がいる。後者のグループに入る種のほうが圧倒的に多い。「盗っ人ヒアリ」は、他のアリからさまざまなものをくすねてくることで生計を立てている。この極小サイズのアリは、他のアリが巣を作っている隣で一緒に巣作りをしたのち、ものすごく細いトンネルを何本も掘って、それを他のアリの部屋につなげてしまうのだ。盗っ人ヒアリの働きアリたちは、これらのトンネルを通って隣の子どもたち（卵、幼虫、蛹）を襲って盗み、自分たちのコロニーに持ち帰って平らげる。そんなことができてしまう理由の一つは、トンネルがあまりに細くて、襲撃を受けた側のアリたちは通れないことだ。盗っ人ヒアリは人間を刺すことはできないし、よほど興味のある人でなければ目に入らないほど小さい。

もう一方のグループの「真っ当なヒアリ」は、盗っ人ヒアリよりも体が大きく、人間から寄せられる関心も大きい。どれもみな人を刺すし、どれもみな質《たち》が悪い。原産地が南北アメリカの温暖な地域という点も共通している。外観だけでなく行動様式もみなよく似ているので、どれか一つの種を見れば、全部のことがわかる。どの種もみな、数千ないし数十万匹からなる大きなコロニーを形成する。どの種もみな多形性で、カロリーのあるものに出会ったら、生餌でも死骸でも、種子でも花蜜でも甘露でもその他の植物質でも、ほとんど何でも食べる。どの種もみな、自分の縄張りを断固として守り、侵入してくる者を容赦なく攻撃する。どの種もみな、敵を針で刺して痛みを与える。ヒアリの巣が洪水に見舞われたら、コロニーの全個体が一つのイカダのようになって水面に浮かび、洪水を乗り切る。

北アメリカではヒアリは六種が見つかっている。そのうちの三種、サザン・ファイアーアント（*Solenopsis xyloni*）、ゴールデン・ファイアーアント（*S. aurea*）、およびソレノプシス・アンブリキーラ（*S.amblychila*［一般名なし］）は昔からいる在来種だ。トロピカル・ファイアーアント（*S.geminata*）は、アメリカ合衆国の在来種かもしれないし、何百年も前に自然にまたは人の手を介して移住してきた種かもしれない。残りの二種、ソレノプシス・インヴィクタ（*S. invicta*）とソレノプシス・リクテーリ（*S.richteri*）はいずれも、二〇世紀前半に南アメリカからアラバマ州に持ち込まれた外来種である。

私が初めてヒアリと出遭ったのは、ジョージア大学の大学院生だった一九七〇年代のことだ。南アメリカからやってきて米国南部で傍若無人にふるまっているという、侵略的外来種の恐ろしいうわさはなんとなくニュースで聞いて知っていた。しかし、予備知識はただそれだけ。間近でみる絶好のチャンスだ。ところが、初めて見た瞬間、拍子抜けしてわが目を疑った。何という小ささ。ふだんよく見かけるあの堂々としたアリとまったくの別物だ。うわさを聞いて、巨大なアリを想像していたのに。

しかしそんな第一印象をかき消してしまうようなことが起きた。巣の中をのぞこうとして地表の土を払ったとたん、アリたちがすばやく反応してきたのである。あれよあれよという間に私の両手、両腕に這い上がってきて、あちこち刺しまくりながら、大群はさらに上へ上へと移動を続けた。なんとおぞましいアリだろう。私が知っているアリはたいてい大顎でちょっと咬むだけだが、このアリは咬むだけではない。針を使って刺してくるのだ。「ファイアーアント（火蟻）」という名前は、このアリに刺されたときの感じをみごとに表している。数十匹が一斉に襲ってきて刺す習性があることは有名だが、そうやって刺された部分は火が着いたような感じになる。咬み傷のほうはたいしたことはない。咬まれたかどうかもよくわからない。咬まれた感覚など、刺された痛みにまぎれてしまう。

ヒアリの毒針攻撃は不快だが、ヒアリそのものは魅力あふれる生き物だ。ヒアリの生活史は、多くのアリ類と同様、翅をもつ未交尾のオスとメス（次世代女王）が、暖かくて晴れた春や夏の日に結婚飛行に飛び立つところからスタートする。この時期には無数のヒアリが結婚飛行を行なうが、それはまさに狂乱の儀式。オスとメスが空中で取っ組み合い、そのまま地面に墜落してそこで交尾する。激しい超高速のセックスで、目的を遂げるチャンスは一回きり。オスもメスも、一生に一度、一〇秒間だけ交尾する。とくにオスのほうはもたもたしてはいられない。オスは巣を飛び立ってから数時間のうちに死んでしまうか、生きていても働きアリに殺処分されてしまうからだ。

一方、交尾を終えたメスは、自分の翅を切り落とし（捨てられた翅は風に吹かれてどこかに消える）、巣作りに適した場所を探して歩き回る。ぐずぐずしてはいられない。アリの女王は、大小問わずほとんどの捕食者が好むデザートなのだ。営巣に適した場所が見つかったら、女王は、場合によっては他の女王たちと一緒になって、地中に浅いトンネルを掘る。そして、トンネルの入口を土で閉じて、その底に育房を作る。この部屋の中で女王は、数匹の小さな「ミニムワーカー」と呼ばれる働きアリを育てる。貯蔵脂肪と飛翔筋を分解して生み出したエネルギーだけで、この大仕事をやってのけるのである。

成虫になったミニムワーカーたちは、奇襲隊となって、他の女王たちから卵や幼虫や蛹を盗んでくる。その結果、多くの女王が死んだり殺されたりして、少数の小コロニーだけが生き残ることになる。ミニムワーカーたちは、餌を探し回って、最初の普通サイズの働きアリを育てるとともに、女王にも餌を与え、産卵以外のコロニーの仕事のすべてを担うのだ。こうして、コロニーはだんだんと形を成していく。

もう一度、ヒアリの交尾の話の核心に戻って詳しく見ていくとしよう。一匹の女王が一回の交尾で受け取れる精子の数は七〇〇万個程度にすぎない。女王は一〇秒間の交尾と七〇〇万個の精子から、何百万匹もの働きアリを育て上げなくてはならない。コロニーを長く存続させて、次世代へとつなげていくためには、この精子をうまく小出しにしながら使う必要がある。成虫にまで育った働きアリ、または女王アリ一匹当たり、どれだけの精子が使われたかを計算すると、わずか三・二個だった[6]（成虫になる前に食われたり死んだりする幼虫もいる）。人間の場合には、仮に毎回妊娠するとしても、子ども一人に約一億個の精子を使うことになる。それに比べると、ヒアリの女王がいかに効率よく精子を使っているかがわかる。

ひと握りの働きアリから出発したコロニーが、一年で約一〇〇〇匹、二年目には数万匹、三年目には一〇万匹近く、四年目には一五万匹を擁するコロニーへと成長する。五年ほどでコロニーは成熟期に達し、二〇万〜三〇万匹辺りで安定する。五年半から八年を経過したところでコロニーは寿命が尽きる。女王が精子を使い果たし、それ以上働きアリを産めなくなるからだ[6]。それにしてもこれだけ存続すれば、女王としても節約を重ねた甲斐があったというものだろう！

一匹のアリは、働きアリも、女王アリも、オスアリもみな、女王が産んだ小さな卵からスタートする。この卵は、女王が一生の間に産む二〇〇万〜三〇〇万個の他の卵と同じように、孵化して小さな幼虫になる。幼虫は白っぽい半透明のブヨッとした塊で、脚もなければ、排泄することもできない。しかし、働きアリが与えてくれる餌をせっせと食べて成長し、最終的には体重が一〇〇〇倍以上にもなる。それまでの間、幼虫は周期的に脱皮を繰り返す。小さくなった皮を脱ぎ捨てて、大きな皮に取り替え、もっと成長を続けるためである。いよいよ終齢に達したところで、幼虫は最後の食事をとる。

卵から孵ってここまで成長する間、幼虫はいっさい排泄をしていない。コハナバチと同様に、後腸とそれ以外の消化器系がつながっていないのだ。たぶん巣が汚染されるのを防ぐためにそうなっているのだろう。ようやく後腸と中腸がつながると、幼虫は蛹便《ようべん》と呼ばれる大量の糞を排泄する（幼虫はさぞかし気分爽快にちがいない）。このあとその蛹便はどうなるかというと、専門の働きアリが急いで集めてそのオイルを舐め、女王のもとにオイルを届けるのである。「因果はめぐる糸車」とはまさにこのことだ。干からびた蛹便は捨ててしまう。このオイルにはどうやら、幼若ホルモンという、女王の卵の発育を促すホルモンの前駆物質が含まれているらしい。

蛹便を排泄して小さくなった幼虫は、脱皮して蛹になる。ほとんど動くことのないこの蛹の間に成虫の体が作られる。蛹から出てきた成虫は、コロニーという「超個体」の一員としての役割を担う。働きアリの寿命は数カ月ほどだ。外で餌探しをしていて死ぬことが多い。一方、生殖担当のアリは、あの結婚飛行に飛び立つときが訪れるまで巣の中で待機する。

コハナバチと同様に、ヒアリの体にも謎めいた分泌腺、デュフール腺がある。コハナバチの場合は、このデュフール腺からの分泌液を、幼虫が育つ部屋の内壁に塗りつけて目張り剤として利用している。ヒアリの場合は、このデュフール腺が、化学物質を介して行なう情報交換（化学コミュニケーション）の要となっている〔口絵5〕。

外で餌探しをしていてご馳走を見つけた働きアリは、大急ぎで腹部を引きずりながらコロニーに戻ってくる。するとすぐに、新たな一群が巣を出発し、腹を引きずりながら戻ってきたアリの跡をたどっていく。そうやって跡をたどれるのは、餌を見つけたアリがデュフール腺からの分泌液で印を付けてくれているからなのだ。一センチメートル当たり〇・一ピコグラム程度でも巣の仲間には十分に伝わる。〇・一ピコグラムというのは、一グラムの一〇兆分の一である。このデュフール腺からの分泌液には、目印としての役割に加え、跡をたどっていくアリたちを奮起させる作用がある。馬の鼻先にニンジンをぶら下げるようなものだ。

**人間にとって一番の相棒は犬だろうか。**ヒアリでないことは明らかだ。ところが、ヒアリにとって一番の相棒は人間なのである。ヒアリ研究の権威であるウォルター・シンケルは、「もしもヒアリに宗教というものがあったら、人間は安住の地を与えてくれた神として祭り上げられるにちがいない(6)」と述べている。なぜ私たち人間は、この小さな生き物にとって神のような存在なのだろう? それを理解するためにヒアリの生活を詳しく見ていこう。

ヒアリは、やわらかい土壌、とくに穴を掘りやすい砂地を好む。また、暖かくて陽当たりがよく、ところどころに木が生えているような草地を好む。ヒアリにとっての理想の住処は、餌にする昆虫などの小動物や種子などの植物源が豊富にあって、しかも営巣場所や食料資源を奪い合う他種のアリがほとんどいない場所である。そのような場所は攪乱地《かくらんち》と呼ばれている。長期にわたって定着している生物種のいない、生態学で言うところの遷移環境である。このような攪乱地は、ヒアリなどの、隙あらば蔓延《はびこ》ろうとする雑草のような生物種にとって格好の生育場所になる。言ってみれば、ヒアリという生き物は脚が六本生えた雑草のようなものだ。

ところで、自然界での攪乱はそれほど頻繁に起こるものではない。山火事、洪水、強烈な嵐、病虫害の大発生、巨木の倒壊などが起こらないかぎり攪乱地は生まれない。ところが人間は、農作物を栽培し、家畜を飼い、庭や空き地に芝を植え、わざわざ野焼きまでして土地を破壊する。つまり、人間の営みが絶えず土地を攪乱しているのである。このような人為的な攪乱により、ヒアリと競合する在来種のアリが減ったり、完全に排除されたりして、ヒアリにとって理想の住処がつくられるというわけだ。

ヒアリなど、雑草のような生物種の多くに共通する特性がある。成長が速く、多産で、攪乱地を瞬く間に侵略し、他の生物種を徹底的に排除しようとすることだ。人間という生き物の営みはもともと、こうしたヒアリにとって願ってもない攪乱地を生み出す行為なのである。ところが人間は、それをさらに助長するようなスペシャルギフトを与えてしまった。殺虫剤である。私たちは殺虫剤を携えてヒアリに宣戦布告したわけだが、偉大な博物学者、エドワード・O・ウィルソンによれば、殺虫剤を用いたヒアリ撲滅作戦は「昆虫学におけるベトナム戦争[6]」だという。

その戦いが始まったのは一九四〇年代のことだった。最初はささやかな局地戦だった。アメリカ合衆国の政府機関がヒアリを駆除しようとして、蟻塚にシアン化カルシウムを撒いたのだ。その試みは失敗に終わった。そこで政府機関は、科学的根拠もないままに、驚異のパワーをもつ殺虫剤、クロルデンを武器弾薬に追加した。クロルデンは、毒性が強い上に分解されにくく、長期間残留して環境を破壊する有機塩素化合物である。しかしクロルデンを散布しても効果はなく、むしろ、ヒアリが山火事のごとく広がってしまった。そこで今度は、クロルデンに代わる新兵器、ヘプタクロルとジエルドリンというやはり毒性の強い有機塩素化合物を使って叩くことにした。これでもう、戦いに決着がつくはずだった。ところが、期待はまたしても裏切られたのである。科学的な根拠も十分な知識もないまま行なったことなので当然といえば当然だが、ヒアリはますます蔓延って、どんどん分布域を広げ、個体数を増やし続けていった。

ヒアリ以外の生物種に対する影響があまりにも甚大だったため、計画は修正を余儀なくされ、やがて中止に追い込まれた。もっともっと強力な武器でなければ太刀打ちできない。というわけで、マイレックス（有機塩素系殺虫剤）の投入と相成った。もうおわかりと思うが、この作戦はまたしても惨敗を喫し、ヒアリは繁栄を謳歌し続けた。一九七〇年代半ばには、マイレックスを用いた大胆な作戦もほとんど無力と化していた。

ちょうどその頃、この戦いの相手である「赤い」外来種ヒアリが、ウィリアム・F・ビューレンによって新種として記載された。なにごとも控えめな物言いをする温厚なビューレンが、この種にはソレノプシス・インヴィクタ（*Solenopsis invicta*）という名を付けた。「インヴィクタ」は「征服不能」を意味するラテン語である。ヒアリとの戦いに敗れたことを受けての命名であることは明らかだ。

私たちがヒアリとの戦いに勝ったことはあるのだろうか？　まったくなし。ヒアリ側が一方的に勝利している。米国南部の広大な地域に、有毒な殺虫剤を用いた大規模な空爆を行なったにもかかわらず、ヒアリを駆除することはできなかった。それどころか、むしろそれが、ヒアリと競合する他種のアリの排除を助けることになってしまった。他種のアリは、いったん大量に殺されると、ヒアリほどすばやくはコロニーを再形成することができないからだ。また、芝を刈り尽くしても、その中の見苦しい蟻塚や不快なアリを駆除することはできなかった。ただ単に泥を混ぜ返して、蟻塚を縮めたり広げたりしたにすぎなかった。さらに私たちは、ヒアリがアメリカ合衆国の他の地域にまで広がるのを食い止めることもできなかった。ヒアリは現在、南カリフォルニアにも生息している。ヒアリとの戦いのなかで、人間側が小競り合いに勝ったことならば多少なりともある。アリゾナ州のユマやフェニックスでは、足場を築きかけていた外来種ヒアリの撲滅に成功したが、おそらくそれは、ヒアリにとって苦手な高温で乾燥した気候が幸いしたのだと思われる。

ヒアリとの戦いに敗れた米国南部の住民たちは、自宅の庭に棲みついたアリをどうすることもできずにいた。そのころ、州都タラハシーにあるフロリダ州立大学のウォルター・シンケルが「ファイアーアント・リサーチチーム」という研究グループを結成した。州都を脅かす恐ろしげなヒアリを、「今日はフロリダ、明日は南部諸州《ディキシー》」という標語が取り囲んでいるシンボルマークに、このチームの気合いの入り方があらわれている。

このチームの仕事の一つは、ヒアリの包囲網に悩まされている住民の不安を取り除くことだった。とにかく少しでも安心してもらおうと、ヒアリのコロニー一つひとつを相手に、ささやかな勝利を重ねていった。その作戦は、単純・安全・無害で、コロニー殲滅《せんめつ》という満足のいく効果が得られるにもかかわらず、かかる費用はわずかな燃料代のみ。手順は簡単だ。まず一〇リットルの湯を沸かしたら、やっつけたい蟻塚を一つ選んで、その真ん中に一〇リットルの熱湯をゆっくりと流し込んでいく。こぼさないように慎重に注げば、蟻塚の奥深くにまで熱湯が入り込み、成虫や幼虫の大多数だけでなく、女王までも殺すことができる。この方法は成功率が高いので、すぐにひと安心できるし、自然環境に優しい方法で勝利したという、この方法ならではの満足感をもたらした。

ヒアリとの戦いの顚末《てんまつ》を紹介してきたのは、人間がなぜ、ヒアリの一番の相棒なのかをわかっていただきたいからだ。私たち人間は、日々の営みを通じてヒアリに大きな手助けをした上に、殺虫剤をふんだんに使うことによって、移住先での成功を確実なものにしてしまった。いったいなぜ、こんなことになったのだろう？

ヒアリのような、侵略した土地でコロニーを形成しようとする生物はみな、棲む場所や食物その他の資源をめぐって、現在の居住者たちと戦わなくてはならない。その集団が大きくて強力で、その土地にすっかり定着している場合には、侵略者側にはなかなか勝ち目がない。しかし、その居住者（この場合は他種のアリ）の数が減ったり、力が弱まったりすれば、侵略者側のコロニー形成の仕事ははるかに楽になる。殺虫剤を使った戦いで起きたことは、まさにこれだったのだ。

その土地に定住していたアリは（侵略を目論んでいたヒアリがいればそれも）、殺虫剤によってほとんど駆除されてしまった。それによって、ヒアリにとって戦いの条件は平等になった、かと思いきや、むしろヒアリ側に有利になったのである。在来種のアリがほとんどいなくなった土地に居を構えたヒアリの女王は、願ってもない成功のチャンスをつかんだのだ。なぜなら、このような争奪戦においてはヒアリのほうが優位に立てるからである。

もともとそこに定着していたアリは、生まれてくる生殖階級の個体数も少なく、結婚飛行の期間も短いことが多い。それに対して、侵入してきたヒアリは、隙あらば蔓延ろうとする種の典型で、生まれてくる生殖階級の個体数が桁はずれに多いし、結婚飛行の期間も長くて、温暖な季節の間ずっと続くのがふつうだ。

このような特徴を踏まえて考えれば、殺虫剤で個体数が激減し、白紙状態になった土地の争奪戦においては、ヒアリが在来種のアリに勝つであろうことは、もう初めからわかりきっている。殺虫剤を散布した区域は、たちまち、繁殖を続けるヒアリのコロニーであふれかえるようになる。人間を味方につけているヒアリはもう、競争相手のことで頭を痛める必要はないのだ。

ヒアリのために公平を期して言うならば、人間の最良の友になるのは無理でも、良き友くらいにはなれるかもしれない。人間は、人為的に攪乱した農地や牧草地で農作物を育て、家畜を飼っているが、そのような土地には農作物や家畜の害虫がいて、人間の労働の成果を奪おうとしてくる。そこに棲みついているヒアリをうまく利用すれば、こうした農地や牧草地の害虫を食べてもらうことができる。たとえば、ルイジアナ州のサトウキビに大打撃を与える蛾《が》の幼虫シュガーケーンボーラー、テキサス州の綿花の実を食い荒らすワタミハナゾウムシやピンクボールワーム、田んぼの水の中にいる蚊の卵、牛糞に発生して家畜の血を吸うノサシバエやサシバエなど。これらはヒアリが捕食してくれる害虫のほんの一部にすぎない。これだけでヒアリを讃えようという気にはなれないと思うが、こうして挙げてみると、新来者の良い面も見えてくるはずだ。

ヒアリかどうかを見分けるにはどうすればいいですか、とよく聞かれる。外来種のヒアリが闊歩《かっぽ》しているアメリカ合衆国南部では、顕微鏡も昆虫図鑑も検索便覧も必要ない。履きなれたテニスシューズがあればいい。テニスシューズと足を使って行なうテスト——私はこれを「ナイキ」テストと呼んでいる。疑わしい蟻塚のそばまで近づいて、靴のかかとでさっと蹴って蟻塚のてっぺんの土を払いのけたら、大急ぎで数歩逃げる。ただそれだけだ。もし一〇秒以内にアリがうじゃうじゃ出てきて蟻塚のてっぺんが元通りになったら、それはヒアリの蟻塚だ。そのときはさらに数歩退こう。このテストは危険を伴う。もたもたしていて、ヒアリが数匹靴に残ってしまうと、それが必ずくぶしまで這い上がってきて刺そうとするからである。それでも、踏みつけるか、さっと払い除けるかすれば、たいてい刺されずに済む。

テキサス、ニューメキシコ、アリゾナ、そしてカリフォルニア州を流れるペコス川の西側地域では、うちにはヒアリなんていないと思っている人が多い。本当にいないかどうかを確かめるには、家の庭でバーベキューテストをするといい。やり方は簡単だ。真夏の午後のバーベキューを終えたあと、食べかすのチキンの骨を一本か二本庭に放っておく。少し手をかけるなら、石ころや木の切れ端で骨を覆っておいてもいい。そして翌朝、太陽が東の空で輝いている時間帯にその骨を調べてみよう。色の薄い小さなアリがたくさん群がっていたら、在来種のヒアリである可能性が高い。外来種のヒアリに姿はよく似ているが、数はそれほど多くなく、ふだんはあまり目立たない。気温が高くて乾燥している西部では、日中はアリが地中に留まっていて出てこないので、人の目につきにくいのだ。また、個体数そのものも少ないが、それは在来種のヒアリの個体数と、他種のアリの個体数のバランスがとれているからなのだ。ここに、ヒアリが爆発的に増えてしまった南部との違いがある。南部では、在来種のほとんどが外来種のヒアリに駆逐されてしまった。

西部にいる在来種のヒアリも、外来種ほどではないにせよ、やはり穏和というにはほど遠い。好戦的ですぐに刺してくるところは、外来種のヒアリとまったくかわらない。バーベキューテストのあと、チキンの骨を指でつまんでどけようとした人ならよくわかるにちがいない。

**果たして、ヒアリは危険な生物なのだろうか？** その答えはイエスでもあり、ノーでもある。刺されれば腹立たしいし、平穏な生活がかき乱されることはあるにせよ、ほとんどの人はヒアリに刺されたからといって病気になるわけではない。その点では危険な生物とはいえない。翌日、ヒアリに刺された箇所に白いにきびのようなブツブツがいくつかできるが、それくらいで済んでしまう。ヒアリに刺されても普通は大事に至らずに回復する、ということがよくわかるのが、テキサス州ヒューストンの酔っ払いのケースだ。この患者を治療した医師がそのときの状況を次のように記している。

日曜日の未明、午前二時ごろ、酒に酔った四九歳の男性が当院に搬送されてきた。土曜日に昼夜を通して飲み続けたあと、友人の家に泊めてもらいに行こうとしたらしい。ところが、友人宅の前の掘り割りまで来たところで突然、激しい眠気に襲われ、暗闇のなか、ヒアリの蟻塚を枕にして眠り込んでしまったのだという。……顔面、胴、および四肢のあちこちを五〇〇カ所ほど刺されていた。呼気に強いアルコール臭があったが、診察結果に記してあるとおり、心拍数・呼吸数・血圧・体温ともに正常だった。その翌朝、患者は「いつもの二日酔い」の状態だったが、それ以外はとても元気だった。(9)

公正を期して言うならば、ヒアリは危険かという問いに対して、イエスという答えもある。それはヒアリに刺されてアレルギー反応を起こしてしまう人の場合だ。ごくまれに、アリ毒にアレルギーをもっている人が刺されると、全身の蕁麻疹《じんましん》などの皮膚症状や、呼吸困難、急激な血圧低下による意識障害や意識消失など、さまざまな症状を起こして病院に搬送されることになる。

興味深いことに、ヒアリに刺されてアレルギー反応を起こす人の割合は、実際には、ミツバチやスズメバチに刺されてアレルギー反応を起こす人の割合よりもはるかに小さい。ミツバチやスズメバチの毒にアレルギーのある人は、人口のおよそ一〜二%だが、ヒアリの毒にアレルギーのある人は、人口の一%にも満たないのだ。ミツバチやスズメバチの多い地域で一年間にこれらのハチに刺される人は住民の一割以下なのに、ヒアリが大発生している地域では毎年、住民の半数近くが刺されている。(10)それを考えると、ヒアリの毒に対してアレルギーをもつ人の割合が少ないことがますます意外に感じられる。その理由はよくわかっていないが、おそらく、刺されたときに注入される毒液中のタンパク質量が、ミツバチやスズメバチよりもヒアリのほうがはるかに少ないことが関係しているのだろう。とはいえ、少数ではあっても毎年何人かが、ヒアリ毒に対するアレルギー反応で命を落としているのは事実だ。しかし、私たちのほとんどは、罵り声を上げるだけで済んでしまう。

ヒアリの毒とその化学的性質にまつわる物語は、殺人あり、陰謀あり、捜査ありの、どんな推理小説にも引けをとらない謎解きミステリーである。

ヒアリの毒の主成分はピペリジンアルカロイドの一種である。ちなみに、ドクニンジンの毒の主成分であるコニインもピペリジンアルカロイドの一種だ。ドクニンジンといえば、古代ギリシャの哲学者、ソクラテスの毒殺刑に使われたことで有名だ。紀元前三九九年、ソクラテスは、古代ギリシャのアテナイで権力に逆らって民衆を煽動したとして有罪判決を受け、ドクニンジンで作った毒薬を飲まされた。

ドクニンジンに含まれるコニインは、水溶性のアルカロイドなので、煮出して簡単にまずい煎じ薬を作ることができる。それに対し、ヒアリのピペリジンは、水に溶けないし、何の味もしないので、殺人用の煎じ薬の原料にはならない。水に溶けないので、これが全身にどのような作用を及ぼすかもわからない。なぜなら、血流やリンパの流れに乗って、刺傷部位から心臓、肺、その他の重要な臓器へと移動しないからである。このアルカロイドは皮膚内にとどまったままなので、刺傷部位にしばらくして膿疱《のうほう》ができてくる。この膿疱形成は外来種ヒアリに刺された場合の特徴でもある。

これまた不思議なのだが、皮膚に膿疱を生じるのは、外来種ヒアリの毒だけなのだ。在来種ヒアリに刺されても膿疱はできない。したがってこれは、アメリカ合衆国にいるヒアリが在来種なのか外来種なのかを見分けるための、少々痛いが、便利な識別法になる。それにしても、このような膿疱形成の違いには何が関係しているのだろうか？　在来種ヒアリのアルカロイドは外来種ヒアリのアルカロイドよりも分子が小さいので、比較的水に溶けやすく、刺傷部位から運び去られてしまう、ということなのだろうか？　それとも、在来種ヒアリのアルカロイドは単に、局所毒性が弱いだけなのだろうか？

ヒアリの毒の化学的性質を理解するには十分な捜査活動が必要だった。かなり以前から、ヒアリの毒には奇妙な性質があることが知られていた。大多数のアリやハチの毒は、水溶性タンパク質とペプチドの混合物なのだが、ヒアリの毒はそれとはちがい、水に溶けずに小滴となって漂うし、タンパク質がほとんど含まれていないのである。この毒の化学的性質を調べようとしても、巧みにかわされてしまい、ようやく一九六〇年代半ばに捕まえたものの、誤認逮捕だったことが判明。その後、注目を浴びる報告書が提出されたが、それもやはり誤報だったことが明らかになった。[11] では、毒が「アミンの一種」だとされたところから話を始めよう。

一九七〇年代の初め、マレー・ブルムが挑戦を受けて立ち、ヒアリの毒問題に取り組む有能なチームを結成した。このマレーという人物、自分では吸いもしない喫煙用パイプのコレクションや、下手くそなスカッシュの試合でよく知られた人物だが、ジョージア州のヒアリの生息域のど真ん中に住まいがあり、その挑戦を受けるのにはぴったりだった。

多数回にわたる綿密な化学論文の中で、マレー率いるグループは、「ソレナミン」（ヒアリ毒の活性成分をこう呼んだ）は、炭素数一一〜一五のアルキル基をもつ2-メチル-6-アルキルピペリジンの集まりであることを明らかにした。このヒアリ毒のピペリジンの、2位のメチル基（炭素数一）をプロピル基（炭素数三）に置き換えて、6位の側鎖をすっかり取ってしまえば、あのソクラテスが飲まされたコニインになる。

ヒアリの毒にはまだまだ不思議で面白いことがある。どちらかというと原始的な在来種ヒアリは主に、側鎖（アルキル基）の炭素数が一一のピペリジンを持っているのに対し、外来種である二種は主に、側鎖の炭素数が一三と一五のピペリジンを持っているのだ。[12,13] 在来種と外来種の毒の主な違いはつまるところ側鎖の長さの違い（炭素数が一一か、一三または一五か）なのだとしたら、外来種に刺されると皮膚に膿疱ができるのは、外来種のほうが在来種よりもピペリジンの側鎖が長いからだと考えていいのかもしれない。

意外なことに、別の研究において、側鎖の炭素数が一一のピペリジンは、側鎖のもっと長いものよりも、真菌類やさまざまな細菌類に対して強い毒性を示すことが明らかになっている。ヒアリの毒は、病原真菌や病原細菌を抑えることでヒアリの巣の衛生に重要な役割を果たしていると思われるが、だとしたらなぜ、外来種ヒアリは、効果が低いばかりか、産生するのに多くの代謝コストがかかるような毒成分を進化させたのだろう？ ひょっとして、人間のような大型捕食者に対する防御力を高めるためなのだろうか？ その理由は謎に包まれたままだ。ヒアリには解明したい謎がまだたくさんあるが、ヒアリはなかなかその答えを教えてくれない。

ヒアリの被害の話に戻ろう。アメリカ合衆国に暮らす私たちの多くが、もうこれは最悪の事態だと思い込んで、居着いてしまったヒアリをひどく恐れている。だいじょうぶ。南米にはもっと恐ろしい種類のヒアリが潜んでいて、合衆国に連れて行かれるのを今か今かと待ちわびているかもしれないのだ。著名なアリ学者たちの報告によると、ソレノプシス・ビルレンス（*S. virulens*）やソレノプシス・インテルプタ（*S. interrupta*）は刺されるともっと痛いらしい。情報を聞き逃さないようにしよう。

でも、実を言えば、ヒアリに刺されても大したことはない。痛み評価スケールでレベル1。普通のミツバチよりも軽い痛みだ。ヒアリに刺されると、チクッとしたあと、すぐにそこがヒリヒリと焼けるように痛みだす。しかし、その痛みも二分ほどで和らいできて、「まあ、痛いけれど、騒ぐほどでもないな」という程度になる。

# 第7章　黄色い恐怖——スズメバチ、アシナガバチ

［イエロージャケットやボールドフェイスト・ホーネットは］主婦たちを恐怖におとしいれ、ピクニックを台無しにし、空高く巨大な巣を作って、世界中の俊足の少年たちに、さあ石を投げてみろとけしかける。
——ハワード・E・エヴァンス『ハチ』（*The Wasps*）一九七〇年

**イエロージャケット。**そう聞いてどんなイメージが思い浮かぶだろう。派手でよく目立つ、短気でケンカっ早い、うかつに手出しできない——これらはイエロージャケット〔スズメバチ科のハチの一種〕の特徴そのものだ。くっきりした模様が目を引くが、すぐに刺してくるので警戒する必要がある。ぼんやりしていて気づかなかったり、うっかりつかんでしまったり、巣にちょっかいを出したりした者は痛烈な一撃を食らうことになる。

イエロージャケットは、派手な黄色と黒の縞模様の上着《ジャケット》をまとうことによって、人間やそのほか、視覚をもつ大型動物に対して、「手出しをしたら痛い目に遭わせるわよ」とアピールしているのだ。視覚の弱い相手に対しては、別の方法で警告する。広い範囲にまで届く甲高い音で激しく羽音を立てるのである。このけたたましい羽音は、ハチやハエが飛ぶときの羽音とは明らかに異なる独特の

もので、ガラガラヘビが危険を感じて立てる音に近い。じつは、イエロージャケットの羽音と、ヘビが尻尾で立てる音の役割は同じで、聴覚をもつ相手に対して「近寄らないで、さもないとひどい目に遭わせるわよ」と警告しているのだ。

ハエは捕まると、ハチの甲高い羽音をまねて威嚇してくるが、これはただのこけおどしにすぎない。自分の音、色、におい、または行動を、毒や武器をもっている別の動物に似せることによって身を守ろうとする現象を擬態という。このハエのように、擬態が単なる見せかけにすぎなくて、その動物自身には毒も武器もない場合、これをベイツ型擬態と呼んでいる。この現象を初めて記載した、一九世紀のイギリスの著名な博物学者、ヘンリー・ベイツにちなんで付けられた名前である。それに対し、擬態がただの見せかけではなく、その動物自身も実際に毒や武器をもっている場合は、このタイプの擬態を初めて記したドイツの博物学者、フリッツ・ミューラーの名をとって、ミューラー型擬態と呼んでいる[1]。何種類かのイエロージャケットがみな似たような姿形をし、同じような羽音を立てるのはこのミューラー型擬態である。

何かしらきっかけさえあれば、子どもはだれでも博物学者になる。私もやはりそうだった。私の場合はなぜかたまたま、イエロージャケットに、そのなかでもとりわけ、一番大きなボールドフェイスト・ホーネットに夢中になった。暖かな陽射しの中を悠々と飛びから彼らの姿は実に魅力的だった。その大胆な色柄になんとなく好奇心を刺激してくるものがあった。どこへ帰っていくのか、どこに棲んでいるのか探してごらん、と私をけしかけてきた。ようやく巣の場所を突き止めると、ますます探究したいことが増えていった。ハチに気づかれずにどこまで接近できるだろうか？　一分間に出入りするハチの数はどれくらいだろうか？　難題に直面したらハチはどんな行動に出るのだろうか？

あるとき私は、人間対ハチの勝負のゆくえを、幼い胸をドキドキさせながら見守ったことがある。私の父は、実践的な知識に長《た》けていて、だれからも頼りにされているウィスコンシン州の森林監視員だった。わが家のポーチに通じる石段の下に、イエロージャケットの巣ができてしまったときのこと。父はその巣を駆除しようと策を練った。夜間に巣口からガソリンを注ぎ込んで殺すというのが、非公認ながら昔から使われてきた方法だったが、父はそれをしたくなかった。いやな臭いが残るし、庭が見苦しい状態になってしまうからだ。ガソリンに火をつけて燃え上がらせるという伝統的な駆除法は危険すぎるし、父の性格や生き方にもそぐわなかった。かといって、独特の悪臭がある上に、効果があまり期待できない殺虫剤スプレーを使うのもいやだった。

そこで採用したのが、巣の入口にモルタルを充塡してハチを閉じ込めてしまうという方法だった。父と私は、暗闇の中、赤いセロファンで覆った懐中電灯で照らしながら（赤い光はイエロージャケットには見えない）、巣口の穴をモルタルでふさいだ。あくる朝、そっと様子を見に行くと、イエロージャケットのコロニーに何の変化もなかった。夜のうちにまだ湿っているモルタルに穴を掘り、いつもどおりの生活を続けていたのである。

次の夜、今度は入口にスチールウールを詰めてしっかり塞いでからモルタルを充塡した。その間、イエロージャケットは巣の中で小さな羽音を立てていたが、私たちを襲うことはできなかった。ところが、またしても向こうの方が一枚上手だった。今度はどうしたかというと、通路の真下の地中に横穴を掘って、少し離れたところから出てきたのである。このハチとの知恵比べから学んだことは、ハチも人間と同じく、問題を解決するのが得意であり、困難な状況に直面してもそれにうまく対処していく能力があるということだ。

こうしたちょっと危ない作戦を実行するとき、父は刺されることのないように万全の策を講じた。イエロージャケットの痛さをよく知っている子煩悩な父としては、私を守ってやりたかったのだろう。だから私にとっては、楽しい学習体験ではあっても、すごい冒険というわけではなかった。わくわくする冒険を求めて、私は近所の少年たちとつるんで小川や原っぱや森に出かけては、ヘビやカエルや芋虫その他、面白そうなものを片っ端から探して遊んだ。私たち少年は、遠い昔アフリカに住んでいた祖先たちの血をひく狩人だった。もちろん狙うのは小さな獲物だけだったし、祖先たちのように捕った獲物を食べたりはしなかったが。

ある晴れた夏の日、年上の少年の一人が格好の獲物を見つけた。ボールドフェイスト・ホーネットの巣である。すぐさま、私たちはその巣めがけて石を投げ始めた。そして、果たせるかな、私は刺された。冒険のときはいつもキャーキャーワーワー大騒ぎで、このときもみんな絶叫していたが、めそめそ泣くことだけは許されなかった。私は黙って刺された傷を舐めた。

こうしたハチとの体験からいくつかのことを学んだ。第一に、自然は一方通行ではないということ。こちらが何かすれば、相手は必ず応酬してくる。第二に、自然界におけるこうした相互作用の結果は、人間には予測できなかったり、制御できなかったりする場合もあること。そして最後に、自然や昆虫、とりわけ刺す昆虫はたまらなく面白いということだ。

子どもは、まだ訓練を受けていない科学者であり、科学者とは、訓練を積んで大人になった子どもである。一二～一三歳頃を境に、若いおとな《ヤングアダルト》の仲間入りをすると、思い出だけを胸に子ども時代に別れを告げることを期待される。中学校では体系的に学科や実技を学ぶ。私の興味はまず初めに数学、とくに幾何学へと向かい、その次に物理学、そして最後に化学へと向かった。昆虫や生物学は捨て置かれていたが、決して忘れたわけではなく、私の中の少年がしっかりと覚えていた。

それから何年ものち、私は化学と昆虫学の研修のためにコスタリカへと赴き、そこでキラービーの生態や、遺伝的特徴、防御行動について研究することになった。キラービーというのは、遺伝学的に見れば、近親交配も、遺伝子組換えも、家畜化もされていない野生型のミツバチでしかない。

異彩を放つブラジルの遺伝学者、ワーウィック・カーが、ブラジル政府の要請を受けて、南アフリカ共和国のプレトリア地区からこのミツバチを輸入した。それがふとしたきっかけで巣箱から逃げ出してしまったのだが、それ以前に導入され飼育されていたミツバチよりもブラジルの熱帯性気候によく適応したために、生息域を北へ北へと拡げていき、コスタリカにまで到達したのである。キラービーは、野生種が本来もっている人間やその他の哺乳類捕食者に対する防御本能、言い換えると攻撃性を今もなお持ち続けているミツバチなのだ。

キラービーの仕事が休みの日、昆虫が出す音とその音響学の専門家であるヘイワード・スパングラーとともに、当時、ラセンウジバエの生態を調査していたフランク・パーカーを訪ねることにした。フランクは、独特の存在感を放っている長身の男性で、地元の人たちからは「マロ・グリンゴ・グランデ」(困った大きな外国人)と呼ばれていた。彼の気さくな人柄と、野外で見つけた昆虫・クモ類を、人間掃除機のごとく片っ端から集めていく止めどないエネルギーから付けられたニックネームだ。訪問客二人は、ユーモアたっぷりの彼のペースに乗せられて、たちまちフィールドに駆り出され、三日間放置されてドロドロに腐り悪臭を放っている豚レバーに集まってくるラセンウジバエの捕獲を手伝わされるはめになった。彼が腐ったレバーの山に白い捕虫網をピシャッとかぶせてラセンウジバエを一匹捕獲したとき、私たちの顔に浮かんだ表情を見て、彼はもう大喜びだった。

私たちがフランクを訪ねた日、彼はコスタリカのグアナカステ州にある山脈の西側中腹の草地に滞在していた。ヘイワードと私は、フランクをハエのところに残したまま、刺したり音を立てたりする何か面白いアリやハチはいないかと探しに出かけた。もう、すぐに見つかった。フランクのキャンプから一〇〇メートルほど斜面を登ると、ひどく密集した小さな茨の茂みの中にポリビア・シミリマ（Polybia similima）の巨大な巣があったのだ。これは、二〇世紀初めの博物学者フィリップ・ラウが、強烈に痛い毒針を装備していることを、さらにその後、O・W・リチャーズが、毒針を皮膚に残す能力があることを明らかにした熱帯のアシナガバチである。

チャンスは、ここぞという時につかまなければ、あっという間に逃げていってしまう。私はこのチャンスをどうしても逃したくなかった。フランクとヘイワードはいやがったが、私はベール付きの防護服に身を包み、アシナガバチの巣を仕留めに出陣した。ぜひとも解剖して、毒液を集め、毒成分を詳しく分析してみたい。

それまでにも何回か、熱帯に採集に来たことはあるが、こんな稀少種に遭遇するのは初めてでだっ

126

た。何としてもこのチャンスを逃すわけにはいかない。体色が黒くて刺針のある昆虫はみな、何らかのメッセージを発しており、近づくときには細心の注意を払う必要があることはすでに経験から学んでいた。この恐ろしげなアシナガバチもやはり、色は真っ黒で、凄まじい羽音を立てている。近寄れば、たちまち襲いかかってきて、皮膚に毒針を残していくかもしれない。でも、枝切りバサミと採集袋を持っていつもどおりの手順でやれば、このアシナガバチはこっちのものさ。そう思っていた。

ところがそうはならなかった。子ども時代にイエロージャケットから学んだあの教訓が蘇ってきた。このアシナガバチたちは、今起きた問題——巣を狙う昆虫学者——に臨機応変に対処する能力を備えていたのだ。方法は至って簡単。ベールの網の目からもぐりこんで刺してきたのだ。四、五カ所刺された私は、防護服を身に着けたまま、一〇〇メートルダッシュの新記録になるほどの猛スピードで坂の下にあるベースキャンプに逃げ込んだ。

顔を曇らせたフランクにいきなり、「あのハチをここまでもって来るな」と言われてしまった。もう少し優しくて理解のあるヘイワードは装備強化の手伝いをしてくれた。今度は、蜂防護用ベールの下に、緑色の蚊よけヘッドネットをかぶることにしたのだ。これで問題は解決するはずだ。ところが、またしてもそうはならなかった。イエロージャケットから学んだ教訓をさらに深く胸に刻む結果となった。今度は、黒々と美しいアシナガバチたちがベールを強行突破するや、すぐさま蚊よけネットの弾性ゴムの下からもぐり込んできたのである。またもや五、六カ所刺された私は、まるでデジャヴュのように、フル装備のまま悲鳴をあげながら一〇〇メートルダッシュでベースキャンプに戻った。
今回は二、三匹が私に付いて来てしまった。そのうちの一匹がフランクの周囲をブンブン飛ぶと、彼の表情が不安から苛立ちへと変わった。「もうここに戻って来るな。ハチと一緒にあっちへ行ってろ。俺は刺されたくないんだ」。そう言われてもくじけずに、痛みをこらえながら——このハチはイエロージャケットやミツバチよりもずっと痛い——ヘイワードの助けを借りながら再びトライした。今度は、要所要所にヘイワードが銀色のダクトテープを気前よく貼ってくれた。まず、防護服の下のスエットシャツと蚊よけネットのつなぎ目全体に。それから、ズボンが靴にかぶさっている部分に。そしてさらに、上着の袖口が外科用のニトリルゴム製手袋にかぶさっている部分にも、ぐるぐると巻いてくれた。フランクがぶつぶつ言うのを無視して斜面を登っていった。今度は大成功だった。戦利品は私のものとなり、刺針昆虫の毒液についてデータが欠落していた部分を埋めることができたのだった。

**これらのハチはいったい何者なのだろうか？** 昔から、ハチ目スズメバチ科のハチを総称して「ワスプ（wasp）」と呼んでいる。スズメバチ科には、ホーネットやイエロージャケット、アシナガバチ、その他いろいろなハチがいるが、そのほとんどが熱帯に生息する社会性のハチで、社会構造をもつコロニーで生活し、たいてい紙のような材質のもので巣を作る。そもそも「ワスプ」という言葉は、アングロサクソン語の語根「webh」（「織る」の意）に由来するもので、「木の繊維を織」

って巣材とするところから来ている。

今日、ヨーロッパで「ワスプ」と言えば、ホーネット（スズメバチ属［*Vespa*］）とそれよりひと回り小さいクロスズメバチ属（*Vespula*）およびホオナガスズメバチ属（*Dolichovespula*）のハチのことだ。ところが、アメリカ合衆国ではなぜか、クロスズメバチ属とホオナガスズメバチ属のハチを、「ワスプ」とは呼ばずに「イエロージャケット」と呼んでいる。さらに、頭を混乱させるにはまだ足らんとばかりに、アメリカ人は、イエロージャケットのなかでも一番大きな種だけを特別に「ボールドフェイスト」ホーネットと呼ぶのである。ちなみに、アメリカ人の医師はこれを「ホワイトフェイスト」ホーネットと呼びたがる。いずれにせよ、これらはあまり意味のない名前のように思われる。そもそもこの種（*Dolichovespula maculata*）はホーネット（スズメバチ属）ではないし、顔が「禿げている《ボールド》」わけでも、「白い《ホワイト》」わけでもないのだから。

本書では便宜上、「イエロージャケット」はクロスズメバチ属とホオナガスズメバチ属のハチを、「ホーネット」はスズメバチ属のハチを、そして「ワスプ」は、イエロージャケットやホーネットを含む、社会性の狩りバチ類を指すのに用いることにする。

イエロージャケットやホーネットは、黄色と黒または白と黒の縞模様のつやつやしたコートをまとった大きなハチだ。赤や橙《だいだい》や茶色の斑点が入っていることもある。ほとんどの種が一年周期で生命を次世代につないでいく。まず、交尾を終えた新女王バチがただ一匹でコロニーを創設するが、やがて、女王バチは産卵だけに専念し、コロニーの仕事のほとんどを自分の子どもである働きバチたちに任せるようになる――このサイクルが毎年繰り返されるのである。

このサイクルは、オスバチと若い女王バチの群れが巣から一斉に飛び出して交尾するところからスタートする。種によっても異なるが、交尾時間は短くて、だいたい一〇秒から一〇分程度。ヒアリの激烈セックスよりも不格好な交尾だ。オスが後方からメスの背中に乗って交尾器を結合したのち、たいていメスにぶら下がるようにして後ろに倒れる。オスもメスも複数回交尾する。二つの種について調べたところ、交尾回数は五~九回だった(2)。

交尾を終えた新女王は肥え太っていくが、哀れなオスはそのまま死んでいく(オスの運命はなかなか厳しい)。温帯に生息する種の場合には、メスは各自、樹皮の内側や、腐葉土の中、あるいは建物の裂け目といった隠れ場所を見つけて、春になるまでそこで「冬眠」する。その間に体に蓄えていた脂肪の八五%までを使い果たしてしまう(3)。こうして何カ月にも及ぶ越冬から目覚めたメスは、いよいよコロニーの創設にとりかかる。

新女王の初仕事は、巣作りに適した場所を探すことだ。齧歯類《げっしるい》が捨てた巣穴など地中に掘られた穴や、樹木の枝、樹木の洞《うろ》、家屋の壁の隙間なども利用する。営巣場所が決まると、かじり取った木の繊維を唾液のタンパク質などで固めた紙のような材質のもので、六角形の育房を作っていく。そして、各育房に一つずつ卵を産みつけたのち、巣の周りをやはり紙のような材質の外被で覆う。

最初の卵が孵化すると、女王は幼虫に与える餌を狩るために巣を離れるようになる。まだ初期の巣では、巣の付着部の柄のような部分に女王が体を巻きつけて巣を温め、幼虫の成熟を促している姿をよく見かける。すべてが順調にいけば、数週間ほどで若い働きバチが育ってきて、食料集めの狩りや、巣材である木の繊維や水の調達、さらには巣の拡張といったコロニーの仕事の大半を担ってくれるようになり、コロニーは急成長期を迎えることになる。

しかし、実際には、なかなか万事順調とはいかない。うまく出来上がった巣を見て横取りしたくなる女王も出てくる。他人の巣を盗んでしまえば、自分で作るよりもずっと簡単だ。よその女王が侵略しにやって来て、もとの女王のコロニーを乗っ取り、その女王を殺してしまうことも珍しくない。こうして女王の座を強奪するのは、同種の女王の場合もあれば、別の種の女王の場合もある。

よく研究されているのが、イースタン・イエロージャケット（*Vespula maculifrons*）とサザン・イエロージャケット（*Vespula squamosa*）の例である。体の大きいほうのサザン・イエロージャケットの女王は、イースタン・イエロージャケットの巣を乗っ取りたがる。決して自力で巣を作れないわけではない。作れるのに、他人の作品を盗みたがるのだ。簒奪戦《さんだつせん》は熾烈《しれつ》をきわめる。このような侵略が次々に起きて、多数の女王が刺され、その死体が巣の下や入口にごろごろ転がっていることもよくある。

新女王の生き残りを阻む敵はまだまだ他にもいる。自分では巣を作ることも、働きバチを産むことさえできない完全社会寄生種に侵略されることもある。じつは、このようなハチ類の「カッコウ」〔カッコウ科の鳥類は他の鳥の巣に托卵する〕は、本来の女王よりも攻撃力、防御力ともに勝っていて優位に立てる。外皮が硬いうえに、刺針が長くて鋭く湾曲し、しかも頑丈にできている。毒液の効力がとくに強いというわけではないが[4]、刺針で相手を仕留めやすいのだ。もとの女王には助かる見込みはほとんどない。

こうして、新女王の九割はコロニー創設期に死んでしまうが[5]、この時期を乗り切ることができれば、コロニーはいよいよ成長期に入る。この時期の活動の中心は、餌の調達や巣材集めである。すでに女王自らが育てた、産卵能力のない働きバチがこうした仕事の担い手になっており、コロニーから四〇〇〜一〇〇〇メートル圏内を飛び回って(6)、水、蜜類、植物繊維、餌動物などさまざまな資源を見つけてくる。水は、巣材となるパルプを作るのに欠かせないし、暑い時期には打ち水をして巣を冷やすのにも使われる。花蜜、甘露(樹の葉や茎から出る蜜や、アブラムシなどが排泄する甘い汁)、果実、ソフトドリンク(「コカコーラ」はスズメバチの好物)などは、成虫が飛翔するエネルギー源として不可欠であり、また、寒い季節には、筋肉を緊張させて発熱し、巣内を温めるのにも必要になる。

植物の繊維は、パルプ製の育房を増設したり、巣の外被を補強したりして巣を拡張していくのに欠かせない。繊維源として好むものは種によっていろいろ異なる。しっかり乾燥した木材を好む種もあれば、ぼろぼろに朽ち果てた木材を好む種もいる。当然ながら、後者から作られるパルプは脆いので、せっせと集めているハチには気の毒だが、弱くて崩れやすい巣材にしかならない。

餌の調達は、働きバチにとって最も困難な仕事だ。まず、餌になりそうな動物や、腐肉のようなタンパク質源を見つけるところから始まる。次に、それを捕り押さえ(腐肉の場合は必要ないが)、運搬しやすい形に処理したのち、戦利品の肉団子を携えて巣まで飛んで戻って来なければならない。大好物なのはハエ類(とくにイエバエ、サシバエ、ウマシラミバエ)の成虫や幼虫だが、昆虫類とクモ類はほとんど何でも餌にしてしまう。獲物リストを作成してみると、ガ、バッタ、ゴキブリ、セミ、甲虫の幼虫、花バチ、クモ、さらには、同種のイエロージャケットまで含まれており、まるで小動物目録のようだ。[7,8] 大型動物だってメニューから除外されてはいない。ウマの傷口が開いていると、イエロージャケットはそこから肉を漁ることで知られている。[9] ある豪胆な昆虫学者は、耳たぶに穴を開けられながらも、そこから滴る血液を口器に含んで飛び去ったイエロージャケットについて詳しく記している。[10]

狩りバチは、視覚と嗅覚の両方を使って狩りをする。その大きな複眼は、鮮明な像を結ぶのには不向きだが、動きを敏感に捉えることができる。獲物が動くと、その動きを捉えてすかさず飛びかかる。しかし、獲物が動かなくても、とにかく襲いかかるハチもいる。たとえば、納屋の壁面から突き出ている釘の頭をハエと間違えて、何度も飛びかかるイエロージャケットもいる。さすがにそのうちハエではないとわかって飛びかかるのはやめるが、そのそばに突き出ている釘の頭にはまたしても飛びかかる。毎回、この黒い点はハエではないと学習しなくてはならないのだ。[7]

においもまた、餌探しの重要な手がかりになっている。イエロージャケットが食物源のある風上に向かって飛んでいくのをよく見かける。食物源が大きすぎて一回では巣まで運びきれない場合、イエロージャケットがよくやるのがオリエンテーションフライト（記憶飛行）だ。食物源のほうを向いて、左右に弧を描くようにホバリングしながら、少しずつその場から離れるのである。大きなクモであれ、ネズミの死骸であれ、食べかけのジャムサンドであれ、こうやってご馳走のありかの景色を記憶しておけば、すぐにまた戻ってきてその残りを運ぶことができるわけだ。イエロージャケットは、餌のにおいを巣の仲間たちに嗅がせて、仲間をその餌場に駆り立てることもする。においの手がかりを得て飛び立ったイエロージャケットたちは、嗅覚を使ってその食物源を探し、視覚を使ってすでに集まっている仲間たちの姿を探す[11]。

イエロージャケットの女王が一匹で創設した小さなコロニーが、多数の働きバチを擁する大きなコロニーへと成長するにつれて、コロニーにある変化が生じる。産卵しない働きバチだけでなく、生殖を担うオスバチや新女王バチを育てるようになるのだ。このような変化はたいてい、晩夏から秋にかけて起こるが、この時期にはコロニーの個体数が最大に達する。次世代の生殖にたずさわる個体が生まれてくると、イエロージャケットのコロニーは、それこそ大騒ぎになる。異性のことしか頭にないティーンエイジャーが大勢いる家のような感じだ。彼らはまったく働かないのに、食欲は旺盛でパクパクよく食べる。

やがて、女王バチが姿を消し、産卵が停止すると、働きバチの数が減って、コロニーは衰退へと向かう。シーズンの終わりには、働きバチはすべて死に絶え、新女王バチが交尾を終えるとオスバチも死んでしまう。こうして一年のサイクルが終了すると、空になった巣は棄てられて、新女王たちは越冬のための隠れ場所を探しに出かける。

といっても、すべてがこのとおりというわけではない。温暖な地域に生息している種のなかには、コロニーで冬を越すものもある。また、産卵する女王バチが一つの巣に多数共存している多女王制コロニーの場合は、そのままずっと成長を続ける。なかには、一〇〇匹を越える女王バチを擁するもの[12]や、高さ三メートル、直径一メートルに及ぶもの[13]、重さが四五〇キログラムになるもの[15]もある。このような巨大な巣には絶対に石を投げつけたりしないように、子どもたちによく言い聞かせておこう。

**イエロージャケットにとっての「敵」は、**石をぶつけてくる子どもたちだけではない。イエロージャケットの捕食者には大小さまざまなものがいる。小型の捕食者として挙げられるのは、ムシヒキアブ、クモ、トンボなどだ。ムシヒキアブやトンボは、空中を飛行しながら、女王バチや働きバチやオスバチを一匹ずつ襲う。ムシヒキアブは、イエロージャケットを捕らえると、錐《きり》のような口器で頸《くび》や胸部上面に穴を開け、強力な毒液を注入して即死状態にしてしまう。トンボは、飛行中のイエロージャケットに襲いかかると、六本の脚を籠のように組んでこれを捕らえ、あっという間に噛み砕いてしまう。網を張るクモは、網にかかったイエロージャケットを捕まえる。網を張らないカニグモは、花の中で待ち伏せしていて、蜜を求めて花にとまったイエロージャケットに跳びかかる。

大型の捕食者にはさまざまな鳥類や哺乳類がいる。ハツカネズミ、トガリネズミ、モグラは、越冬中の女王バチを襲うことが多い。しかし、イエロージャケットにとって、ネズミやモグラ以上に深刻なのが大型哺乳類である。個体数の多い成熟したコロニーを丸ごと破壊してしまうからだ。イギリスでは、とくにアナグマが重要な捕食者となっている(14)。

イエロージャケットの専門家であるジェニー・ジャントとボブ・ジーンが、米国ウィスコンシン州の裏庭でイエロージャケットの巣を掘り出していたときのこと。ポーチに大きなアライグマがうずくまって、二人の様子をじっとうかがっていたという。掘り出したあとに残る巣の破片を期待していたらしい（ジェニーとボブは決して掘り残しなどしないことは知らなかったようだ）。結局、このアライグマは食事にはありつけなかったが、北アメリカ東部において、地中に巣を作るイエロージャケットの最も重要な捕食者はアライグマだと考えられている。アライグマはわき目もふらずに巣を掘り出すと、人間がトウモロコシの穂軸を残して粒だけ食べるように、巣を散らかして中の幼虫や蛹だけを漁る。(15) イギリスでは、オコジョやイタチなども、また、北アメリカのスカンク、アナグマ、アメリカクロクマが多数生息している地域では、こうした動物もイエロージャケットを狙う。

このような大型の捕食動物たちがどうやってイエロージャケットの毒針攻撃に耐えるのかは、よくわかっていない。私たち人間にわかっているのは、イエロージャケットに刺されるとものすごく痛いということだ。この動物たちは、強靭な皮膚や密な被毛で、攻撃を防ぐことができるのだろうか？　どうやらそうではなさそうだ。とくに目や鼻や口のまわりは、皮膚も薄いし毛も短い。以前に私は、ミツバチに襲われたジャーマンシェパードの刺し傷を数えたことがある。合計三三〇五カ所も刺されていたが、その九〇％が顔面、とくに目のまわりや鼻口部に集中していた。(16) イエロージャケットのやり方がミツバチよりも手ぬるいとはとうてい思えない。

漫画でも、蜂蜜に目がない動物として描かれているクマは、タンパク質が豊富なイエロージャケットの幼虫も大好物だ。一九二二年にN・K・ビゲローが述べているように、その嗜好の強さは、刺される痛みを超越するほどのものらしい。「大急ぎで土を掘って、地中にある巣をかき出そうとするのだが、怒ったイエロージャケットにあちこち刺されてたびたび中断するはめになる。そのたびに唸《うな》り声を上げて地面を転げ回っているが、それでも一向に懲りる気配はない。ひどい目に遭いながらも諦めなかったクマは、とうとう戦利品を手に入れた[17]」

クマ、アナグマ、アライグマ、スカンクといった動物たちは人間よりも、刺される痛みに対して忍耐強いだけなのかもしれない。つまり飢えているだけなのかもしれない。でもひょっとしたら、ハチ毒に対する耐性をもっていて、マングースがコブラの毒を中和してしまうように、ハチ毒を無毒化できるのかもしれない。実際はどうなのか、その答えはまだ出ていない。今後の研究に期待するとしよう。

鳥類もまた、イエロージャケットなどハチ類の重要な捕食者である。クロウタドリ、シジュウカラ、タイランチョウなどさまざまな鳥たちが、飛んでいるイエロージャケットに襲いかかる。飛行中のハチを仕留める技のみごとさから、ハチクイと呼ばれている鳥の仲間もある。その一種、ヨーロッパハチクイ（*Merops apiaster*）は、飛んでいるハチを捕らえると、まず木の枝に打ち付けて毒液を抜き、それから一気に食べる。捕まえたハチがオスの場合には、毒抜きの手順を省いてそのまま平らげる[18]。

ヨーロッパハチクマ（*Pernis apivorus*）は、細くて華奢な嘴を持っている大型の鳥で、イエロージャケットなどのハチ類を好んで食べる。ハチの巣を見つけると、幼虫や蛹をほじくり出してあっさりと食べてしまう。頭のまわりにイエロージャケットがうようよいても気にする様子はないし、刺されたような素振りもまったく見せない。自分を狙う捕食者を警戒しながら食事することに夢中で、ハチの攻撃などへっちゃらのようだ。

このように、大中小さまざまな捕食者から狙われているイエロージャケットにとって、刺針はどのような意味を持っているのだろうか？　また、この刺針は、獲物を殺したり麻痺させたりするのにも使われるのだろうか？

まず一つ目の問いだが、一言で答えるならば、刺針はどんな相手に対してもすばらしい防御効果を発揮している。まれに無効なケースもあるが、そうした例外は、捕食動物たちが進化によって絶えずその能力に磨きをかけていることを教えてくれるものだ。例外はまた、その防御法が通常はどれほど役に立っているかを再認識させてくれるものでもある。ある防御法の成功例に注目することは、失敗例を挙げるよりも面白味に欠けるが、その生き物を理解する上でとても重要なことなのだ。

では、イエロージャケットは獲物を針で刺すのかという二つ目の問いに移ろう。これについては、見間違いや、勘違いや、ただの逸話を記した文献がとても多い。世間の常識では、狩りバチは当然、獲物を刺すと思われているが、常識というものは疑ってかかったほうがいい。高校時代の物理学の先生の言葉を借りるなら、「正しい常識は、『非』常識。持ち合わせている人はほとんどいない」。

常識のせいで、私たちの観察眼はいとも簡単に歪められてしまう。獲物を針で刺すと述べている権威ある文献のなかには、一九一一年のF・M・ダンカンの陳述のように、あまりに軽率なものもある。「母バチは主に、子どもたちに必要な動物性の餌をとるためにその刺針を使う。……［ハエは］その針に何度も刺されて殺される」(7)

もう少し慎重に、刺針は大きくて強い獲物を狩るのに使われると述べている著者もいる。フィリップ・ラウもその一人だ。「もう一匹［のイエロージャケット］は、イナゴの成虫を刺したあと、苦しみながら飛行するイナゴを追いかけて、視界から消えるまで何度もしつこく刺していた[19]」

フィリップ・スプラッドベリーは次のように記している。「狩りバチが獲物と組討ちするときに刺針を使うのはごくまれで、相手がとくに大きい場合や、激しくもがいて逃げてしまいそうになる場合に限られる[14]」

早とちりや見間違いによるものであっても、いったん文献に掲載されると永久に残ることになる。獲物を刺し殺すイエロージャケットの武勇伝として、危険な獲物との戦いもよく取り上げられる。ミツバチとの対決もその一つだ。「[イエロージャケットは]ミツバチの頭を押さえて仰向けにしておき、ミツバチが疲れてくるといきなり攻勢をしかけた。脚でしっかり固定して、針を胸部に突き刺したのだ[20]」。さらにこんな記述も見られる。「[ミツバチの]体節の間を数回にわたって針で刺し、さらに激しく噛んだあと、ゆっくり食事できる場所へと運び去った[21]」

窮地に追い込まれた狩りバチが相手を針で刺すと述べている文献もある。クモの網にかかった狩りバチが、そのクモを針で刺すという報告[22]もあれば、トンボに捕らえられた狩りバチが形勢を覆してトンボを針で刺し、そのトンボを餌食にするという報告[23]もある。F・J・オルークは、ハエを捕らえるイエロージャケットについて目敏くも「刺針の使い方は一様ではない」と指摘し、さらに次のように述べている。「ハエを捕り押さえると、刺針を激しく動かしながら、同時に、ハエの頭部と胸部の間を噛み砕いた……結局、針を刺すことによってではなく、頭をちぎってハエを殺した[24]」

狩りバチは獲物を刺すのか否か。その判断を歪めているのが、狩りバチの動作の二つの特徴である。まずその一つ目。獲物を狩るのは、酸素を必要とするきつい仕事だ。イエロージャケットは、大多数の昆虫と同じく、アコーディオン状の腹部を伸縮させて、そのポンプ作用によって空気を気管内に取り込み、そこから各組織に空気を届けている。刺針は、尖った腹部末端の内側に隠れており、細くて黒いので、刺すときに一瞬露出してもよく見えない。つまり、刺したかどうかを目で見て判断するのは不可能に近い。それゆえ、狩りバチは獲物を刺すものと思っていると、腹部を前後に伸縮させる動作を見て、針を差し込んでいるのだと思い込んでしまうのだ。

獲物を狩るときの動作にもう一つ、誤解を生じやすい点がある。それは力学的に説明される。私たちは幼児や重い物を抱え上げるとき、無意識にそれを体にもたせかけて腰で支える。腰がもう一本の腕の役割を果たすのだ。イエロージャケットに腰はないが、私たちと同様、もがく獲物を捕り押さえるのに腕がもう一本必要になることがある。そのときすぐに使えて便利なのが腹部の先端なのだ。こうして腹部の先端が使われると、狩りバチは獲物を刺すはずだという期待にぴったり沿うことになる。

狩りバチは獲物を刺すという、事実とは異なる話が作られた背景には、さらに防御行動と捕食行動の線引きが難しいという事情もある。捕食者が攻撃をしかけてきたとき、イエロージャケットなどの狩りバチは、身を守るために相手を刺そうとする。狩りバチがクモやトンボと取っ組み合って戦うときにこうした防御行動が見られるが、もしそこで狩りバチが勝った場合には、刺すという防御行動がそのまま捕食行動となり、最初に襲ってきた相手は殺されて巣へと運び去られる。カール・ダンカンは、獲物を刺すという報告について、簡潔にこう述べている。「こうした主張は、正確な観察に基づいたものではなく、先入観からくる思い違いにすぎないと著者は考える」[7]

刺針が防御に効果を発揮していることは間違いない。エネルギーを食うだけで不必要な器官は、自然選択によってたちまち除去されてしまう。もし刺針が無用の長物であったなら、洞窟魚の眼球と同じような運命をたどっていたことだろう。洞窟魚の祖先は完璧な眼をもっていたが、暗闇で生活するうちに視覚を失っていった。あるいは、捕食者や競争者を刺してもそれほど効果がなかったならば、フォレスト・サッチング・アントのようになっていたかもしれない。このアリの刺針は、蟻酸を噴霧するノズルとなった。

刺針が進化を遂げたのは、ともかくも効果を発揮したからなのである。より多くの捕食者を倒せる強力な刺針をもった女王バチや働きバチは、非力な刺針しかもたない女王バチや働きバチよりも、その強力な刺針の遺伝子も含めて、自らの遺伝子を次世代に伝える上で有利だったにちがいない。言い換えると、捕食者たちが、刺針の遺伝子プールのフィルターとなって、刺針を維持、改善、進化させていったのだ。こうして、イエロージャケットの刺針が、より多くの敵に対し、より大きな効果をもつようになるにつれて、新たな生態学的ニッチが開かれていった。つまり、刺針こそがニッチ開拓の立役者だったのだ。そして皮肉にも、イエロージャケットを襲った捕食者たちこそが、その刺針の進化を駆動した張本人だったのである。今日、もはや丸腰のご馳走ではなくなった彼らには、隠れて暮らす必要などない。強力な武器を備えたイエロージャケットは白昼堂々巣から出て行き、咲き乱れる花から蜜を吸い、牧場の牛糞に群がるハエを仕留め、そして多くのベビーを産み育てている。

狩りバチの針は、単に敵を刺すだけの武器ではない。ある種の狩りバチは、フォレスト・サッチング・アントのように、毒液の噴霧も行なう。ただし、噴霧する物質は、蟻酸ではなく、細胞を溶かして痛みを起こすタンパク質性の毒素だ。私はそれを身をもって体験したことがある。イースタン・イエロージャケットのコロニーを刺激してハチを怒らせたときのことだ。何百匹もの働きバチが近寄ってきて、蜂防護用ベールの中に入って刺そうと飛び回った。すると突然、あたりが甘い香水のような匂いに包まれたのだ。匂いを楽しめるような状況ではないのだが、とにかく花のようないい香りだった。

この匂いの源はどこなのだろう？　何のための匂いなのだろう？　二つ目の問いの答えはすぐに明らかになった。匂いが漂ってきたとたんに、イエロージャケットの凶暴性が劇的に増したからだ。その匂いは、警告を発するとともに、さらに大勢の姉妹を戦闘に駆り立てるフェロモンの一種だったのだ。ではその源は？　おそらく毒液にちがいない。実験室に戻って新鮮な毒嚢をつぶしてみると、予想したとおり、あの匂いが漂ってきた。イエロージャケットの体のそれ以外の部分からは、その匂いはしてこなかった。フィールドでもう一つ気づいたことがあった。あの匂いが漂っている間、顔のまわりの空気に何やらヒリヒリと皮膚を刺激するような不快なものを感じたのだ。それは、働きバチが毒液の微小滴を噴霧していたからで、この微小滴からフェロモンが空気中に放たれたのである。

イエロージャケットの毒液は、空気中に噴霧されてもそれほど害はなかった。少なくとも私に直接の被害はなかった。しかし、熱帯に生息する社会性狩りバチ、パラカルテルグス・フラテルヌス（*Parachartergus fraternus*）の場合にはそんなわけにはいかない。体が黒々と光っていて、翅の先端が透けるように白いこの華奢で優美な狩りバチは、何とも美しい巣を作る。波打つような模様の入った薄いパルプ質の外被が巣全体を覆っていて、まるで芸術品のようだ。コスタリカでは、小径木の地上数メートルのところにこうした巣がよく作られている。しかし、このハチの真っ黒な体色は、注意せよ、というメッセージなのだ。

ある日、コスタリカのモンテヴェルデ自然保護区に向かって、助手と二人で急勾配の道路を車で走っていたときのこと。私たちは道路の左側の小径木にみごとなハチの巣を見つけた。深い谷底に張り出すように二〇度ほど傾いて生えている、直径一五センチメートルの木の、地上三メートルほどのところに、その巣はあった。これなら簡単にとれそうだ。蜂防護服を身につけ、採集袋をもって木によじのぼり、そうっと巣を包むように袋をはめ込んでから、巣が付いている枝を折れば、もう巣はこっちのもの。しかしハチたちは、そんなことされてなるものか、と思っていたらしい。

私が登り始めたとたん、振動を感じて警戒態勢に入ったハチたちは、じっと様子をうかがっているだけで、飛んで来ることも襲って来ることもなかった。巣の目の前まで近づいてもそうだった。ここまで登ってくる間、私はずっと息を止めてハチの大襲撃を防いでいたのだ（その点は大成功だった）。よしよし、すべて計画どおりだぞと、思っていたところに、突如、予定外の事態が生じた。出っぱった枝がじゃまをして、巣を袋ですっぽり覆いきれなかったのだ。

厚かましいにもほどがあるとばかりに、巣の中からハチの大群が私めがけてどっと飛び出してきた。さすがに防護用ベールを通り抜けて来ることはできなかったが、ハチたちはちゃんと別の秘策をもっていた。ベールの網目を通して、私の両眼に直接、毒液を吹き掛けてきたのである。毒液の一発目を食らった私は、すぐに両眼をしっかり閉じて、それ以上のダメージや痛みを防いだ。断崖に突き出した樹上三メートルのところにしがみつき、中途半端に巣を包んでいる採集袋を持ちながら、当然、眼を閉じているので何も見えない。それでも、どうしてもこのチャンスを逃したくない私は、何とか巣をすっぽり袋に収めて、枝を断ち切り、目をつむったまま木を滑って降りて、ついに戦利品を手に入れたのだった。助手が私を車まで連れていって、車を出してくれた。それから数分間、眼の痛みと涙が続いた。幸いなことに、その毒液は水溶性だったので、涙がすっかり洗い流してくれた。

**私たち人間は、**イエロージャケットを親友などとは思っていない。ハワード・エヴァンズとメアリー・ジェーン・ウェスト゠エバーハルトはこう述べている。「ハチは人に好かれる動物ではない。私たちは防御手段を備えた生き物は苦手なのである」[25]。ハリー・デーヴィスも同様のことを述べている。「だれもが自宅の庭にハチが来るのを嫌がった。とにかく刺されたくなかったからだ[26]」

ハチに関する最古の記録は、長期にわたって古代エジプトを統治した初代ファラオ、メネス王について述べた文書中にしたためられている。王を殺した下手人としてである。その記録によると、メネス王は紀元前二六四一年頃、ブリテン方面への遠征途上でハチに刺されて死亡したという。ハチ愛好家やアレルギー専門医が想像をふくらませて喜びそうな話だが、実際には、メネス王はハチに殺されたのではなく、ナイル川を航行中にカバに殺されたらしい。ではなぜ、このような伝説が生まれたのだろう。本当のところはわからないが、もしかするとこれは、ハチが私たちに与える不安や恐怖の強さを物語っているのかもしれないし、私たちがカバ以上にハチを恐れているということなのかもしれない。

アリストテレスは、今から二三〇〇年ほど前にイエロージャケットやホーネットについて初めて記した科学者で、その毒針攻撃はミツバチ以上に強烈だと述べている。アリストテレスは、これらのハチの生活について正確な事柄を多数書き記している。オスバチには刺針がないことに注目し、群れの首領（女王バチ）には刺針があるのかどうかについても考察している（女王バチには刺針があるはずだが、それが使われることはないというのが彼の下した結論だ）。

アリストテレスの没後、無知と迷信の時代が長く続くことになる。ローマ人たちは、イエロージャケットは死んだ馬から、ホーネットは死んだ軍馬から、ミツバチは死んだ雄牛から生まれると信じていた。一六世紀のヨーロッパでもまだ、このような珍説が信じられていた。一七一九年に至ってようやく、鋭い観察眼をもったフランス人の昆虫学者、レオミュールによって、ハチについて科学的に解明していく礎が築かれた[27]。

このような伝説や歴史から見ても、人間対ハチの勝負における勝者はイエロージャケットやホーネットのほうではないだろうか？　現在でもなお、ハチの側が勝利しているように思われる。今日、アメリカ合衆国において、刺針をもつ昆虫（各種スズメバチ、ミツバチ、ヒアリなど）に刺されて死亡する人は、すべて合わせても年間五〇名ほどにすぎない[28]。一方、糖尿病で死亡する人はその一〇〇〇倍、喫煙がもとで死亡する人はその一万倍にも及んでいる。だとしたら、パーティーで話題になるのは、煙の充満した部屋から何とか脱出したとか、コーヒータイムに砂糖と脂肪たっぷりのドーナツの誘惑に勝ったとか、そういう類の話かというと、そうではない。ハチに遭遇して命からがら逃げたといった話のほうが、はるかに受けるし、盛り上がる。そうなのだ。ハチたちは、恐怖心を利用した心理戦に勝利しているのである。人間は、喫煙や糖尿病その他、何倍も危険で予防可能な事柄には無頓着なのに、ハチのことはやたら恐れる。現代の科学技術の力で駆除できるようになるまで、人間側に勝ち目はほとんどなく、ハチのやりたい放題にさせておくしかなかったのだ。

ずっと昔から人間とハチは興味深い心理戦を繰り広げてきた。私たちは単にハチを恐れるだけではなく、ハチを恐れる気持ちそのものを楽しんだり、尾ひれをつけて話をさらに面白くしたりもする。

もっと最近では、古くから知られる世界最大のスズメバチ、マンダリン・ホーネット（*Vespa mandarinia*、オオスズメバチ）が中国の各紙に取り上げられたことがある。その見出しには「殺人蜂が中国各地で猛威を振るう」、「巨大殺人蜂により国内で四二人が死亡、一六〇〇人以上が負傷」、「次々に中国人を襲う巨大殺人蜂が大量増殖中」などと書かれていた。ある記事に添えられた写真には、翅を広げた大きさが人間の手のひらほどもあるハチが四匹写っていた。見たとたん、「うわぁ、なんて巨大なんだろう」と思った。たぶんそういう印象を与えようとして載せたのだろう。しかしその瞬間、私の直感がささやいた。何かおかしいぞ。

たまたま、机のわきにある標本キャビネットに、このオオスズメバチの女王が二匹収納されていた。女王バチはオオスズメバチのなかで最も大きな個体である。ということは、どんなスズメバチよりも大きいはずだ。その二匹を左手に乗せてみた。手の幅の半分よりもやや大きい程度でしかない。私の手は、大人の手としては平均より小さめなのに、これはどういうことだろう。この二匹の女王バチは、中国杭州の云栖《ユエンシー》竹林で捕まえたものだ。竹林の林床をハチドリのごとくゆっくりと飛翔していた。これらは正真正銘のオスズメバチの女王である。

そういえば、この記事には手の主の年齢が書かれていないし、写真には手だけしか写っていない。ためしに一一歳の息子の手の上に乗せてみたところ、ぴったりだった！　おそらく、実際のサイズよりも大きく見せないと、私たちが抱いている巨大なイメージに合わないということなのだろう。

ヒアリの場合と同様、人間はイエロージャケットを相手に、ずっと敗北に甘んじてきたわけではない。もともと嫌いな上に、経済的損失まで被ったのでは、戦いを挑むしかない。イエロージャケットの被害はさまざまな方面にまで及んでいた。果物農家は収穫前の熟した果実をかじられてしまい、公園やリゾート施設の経営者は営業の停止や縮小を余儀なくされた。また、樹木伐採業者は操業停止に追い込まれ、消防隊員は山火事の消火活動を阻まれ、養蜂家はミツバチの巣箱をイエロージャケットに襲撃された[29]。とにかく何らかの手を打つ必要があった。

まずヒ酸鉛に救いを求めた。だが、それではコロニーの駆除はできなかった。そこで次は、奇跡の殺虫剤――DDTやクロルデン――を馬肉に加えた毒餌で退治を試みた。集中的に毒餌を設置することで働きバチの個体数を減らせた地域もあったが[30]、殺虫剤が環境に有害な影響を及ぼすことになった。ヒアリ用に開発された驚異の殺虫剤マイレックスも、毒餌剤としては有効だったが、環境への影響を考えると許容できるものではなかった。

イエロージャケットを惹きつける餌を見つける研究も盛んに行なわれた。当初は、マグロなどの魚ベースの毒餌が好まれ、とりわけ「プスンブーツ」の魚風味のキャットフードがよく使われていた。[31,32] やがて、キャットフードに取って代わるものが現れた。パデュー大学の研究教授、ジョン・マクドナルドらが地元の動物園を訪ねたとき、イエロージャケットがさかんに何かを漁っているのに気づいた。それは「ネブラスカブランド」の、飼い猫用ではなく、動物園の大型ネコ科動物用の餌だった。それがイエロージャケットを強く惹きつけていたのだ。嗜好性の試験をしたところ、この馬肉をベースにした餌は、「プスンブーツ」やその他四種類のキャットフードのどれよりも、この小さな肉食動物に対する誘因効果が高かった。[33]

その二年後、「ネブラスカブランド」の馬肉ベースの餌よりも、ボイルドハム（茹で豚）のほうが誘因効果が高いことがわかった。[34] さらに一九九五年、E・B・スパーが九種類の魚肉と七種類の獣肉でニュージーランドのイエロージャケットの嗜好性を試験した。[35] 最も好まれたのは鹿肉で、その次が野ウサギの肉と馬肉だった。牛肉は最も人気がなく、魚類はどれも馬肉と牛肉の中間だった。ピクニックに出かけるときは、鹿肉やウサギ肉のサンドイッチはやめて、ビーフサンドにしたほうがいいのだろうか？

侵略的外来種であるジャーマン・イエロージャケットの爆発的増加に苦しめられたニュージーランドでは、コロニー形成を阻止するために、女王バチ一匹ごとに捕獲報奨金を支払うことにした。もくろみは大成功で、子どもたちが（大人たちも）夢中になって女王バチを捕まえ、三カ月間で一万八〇〇〇〇匹もの女王バチを届けてくれた。だれもがこの報奨金付きの捕獲体験を楽しんだが、結局、翌シーズンのイエロージャケットの個体数にはまるで変化が見られなかった。キプロスでも冬の間、同じような報奨金プログラムが実施され、やはり大勢の人たちが捕獲に挑んだ（もちろん、多額の報奨金が支払われた）のだが、その翌年、イエロージャケットの個体数は過去最悪のレベルとなった。(14) またしてもイエロージャケットにしてやられたわけだが、このような撲滅作戦が環境に優しかったことだけは確かだ。

イエロージャケット戦争の司令官は、新戦法を導入する必要があるとの結論に達した。毒餌で誘き寄せる方法には問題点が二つあった。有毒物質を含んでいること。それから、すぐに腐敗または乾燥して不味《まず》くなることだ。そこで、イエロージャケットが巣に持ち帰る毒餌でコロニーをつぶすのではなく、餌集めをしている働きバチを直接やっつければいいではないか、と考えたのだ。結局、問題になっているのは、餌を漁りに来る働きバチであって、そのコロニーではない。働きバチを罠にかけて、その場で取り除いてしまえばいい。というわけで、イエロージャケットの制圧方法として、無毒の誘引物質をトラップに仕掛けておく方法が好まれるようになっていった。

この課題に真正面から取り組んだのが、実践的アプローチを重んじ簡潔明瞭な文章を書く男、ハリー・デーヴィスだった。ハリー率いるグループは、数年間にわたり、イエロージャケットに対して無数の誘引物質を試したのち、最終的に二九三種類の誘引物質について大規模スクリーニング試験を行なった。(36) その結果、まず2，4－ヘキサジエニルブチレートの、次にヘプチルブチレートの、最後にオクチルブチレートの誘因効果が確認された。これらの誘引物質を使ったところ、餌集めをしているイエロージャケットを四日間で二〇万匹もトラップ内へ誘い込むことができ（手押し一輪車がいっぱいになるほど）、その結果、八ヘクタールの果樹園の桃を守ることに成功した。こうして、私たちはイエロージャケットとの小競り合いに勝つことができたのだった。それくらいで十分ではないかと思う。

イエロージャケットとの小戦に勝つためには、接近戦に持ち込むのも一つの手だ。刺されるのはたいてい巣に近づきすぎるからだが、刺されたら仕返しをすればいい。まず、自宅の庭など、近くにある巣口の場所を突きとめよう。突きとめたらどうするか、長年にわたってさまざまな方法が考案されてきた。たとえば、夜間に巣穴の入口に、さまざまな種類の有毒な殺虫剤を吹きかけたり、噴霧したり、流し込んだりしてから入口を封じるという方法だ（その際は、必ず防護服を着て、赤色光で照らすこと。それから、巣の近くでは息を止め、決して巣に息を吹きかけたりしないように）。

有毒な殺虫剤の代わりに、別の物質を使う方法もいくつか考案されてきた。ところがなぜか、たぶん法律上の理由からだろうが、きわめて有効な方法がアメリカの文献ではまったく言及されていない。農村部の子どもならだれでも知っているように、ガソリン（または灯油）を使えば一瞬のうちに片付けることができる。しかし、ガソリンはイエロージャケットなど昆虫の駆除剤として登録されていないので、専門家はその使用を勧めるわけにも、認めるわけにもいかないのだ。私もお勧めはしないが、この民間に伝わる方法、ときに危険を伴う方法について若干記しておこうと思う。

私がガソリンを使ったイエロージャケット退治をじかに体験したのは、太平洋岸北西部の森林地帯で、伐採業者のための消火用道路を作っていたときのことだ。伐採区域の周囲に生えている立木や雑草を取り除いて、地面を露出させ、その区域をぐるりと囲む二メートル幅の道を作るのである。

そうしておけば、伐採機から火花が散って火事になったとしても、その消火用道路がバリアとなって延焼を食い止めてくれるというわけだ。

消火用道路を作る作業は、四人でチームを組んで行なった。チェンソーを持った二人が、行く手をふさぐ倒木や若木をぶった切り、あとに続く二人が大きな鎌でザクザクと下草を刈りながら進んでいった。チェンソー係はしょっちゅうイエロージャケットの巣を刺激してしまう。そのたびに緊急指令が飛ぶ。「ガソリン缶だ」。するとだれかが、チェンソーの補充用に持ってきたガソリン缶をひっつかんで、雁首《がんくび》形の注ぎ口を巣口に突っ込み、ガソリンをたっぷりと注ぎ込む。それで終了。ひとことふたこと文句を言い放って、また仕事に戻る。チェンソー係は決してガソリンに火を点けることはしなかった。火とガソリンを一緒にしたら大変だ。爆発が起きてしまう。そもそも火事を防ぐために道を作っているのに、火事を起こしたら元も子もない。

ところが悲しいかな、人間は燃やすのが大好きだ。野を焼き、道端の草を焼き、庭の残渣も焼く。燃え盛る火には人を魅了するものがある。そして人はなぜか、イエロージャケットを焼くと、非常に興奮して満足した気分になるようだ。イエロージャケットの巣にガソリンを注ぎ込んだあと、ガソリンに火を付ける人がどれほど多いことか。しかし、そんなことをしてもただ危険なだけで、何の効果もない。なぜなら、イエロージャケットのいない地上部分が火の海になるだけで、巣の内部で殺傷効果を発揮するはずのガソリンが、その熱でどんどん蒸発してしまうからだ。絶対に火はつけないこと。

一七七〇年には、すんでの所まで追い詰めながら、勝利のチャンスを逃すことになってしまう。「濡れた」火薬を入れて火をつけると、有毒ガスが発生してイエロージャケットを殺してくれるというのだ。[37] 私たちはなんと物騒な時代に生きているのだろう。

私たちは「汝の敵を愛せよ」と教えられている。もしイエロージャケットが敵であるとしたら、その教えどおり、彼らを愛すべきではないのだろうか？ この教えの根本にあるのは、敵のなかにも何かしら善きものが宿っているという思想である。はて、イエロージャケットの美点とはいったい何だろう？ スリルと興奮と話のネタを提供してくれること。せいぜいそれくらいではないのだろうか？

いやいや。たしかに怒りっぽいヤツではあるが、良き仲間になれる相手なのだ。イエロージャケットの大好物には二種類あるが、そのうちの一つはハエ類で、病原体を媒介するハエも食べてくれる。そしてもう一つは、農作物を食い荒らしてしまう芋虫・毛虫類である。農村で暮らす子どもたちは、雨ざらしの板壁にとまっているサシバエに、ボールドフェイスト・ホーネットやイエロージャケットが飛びかかる様子を見て楽しんでいる。ブライソンは、今から一五〇年前にハエが大発生した事件について次のように述べている。

サー・トーマス・ブリスベーン準男爵のお屋敷では、狩りバチを根こそぎ退治した結果、ハエが異常発生するようになり、それから二年もすると、お屋敷じゅうがエジプトのようにハエだらけになってしまった。……私たちは、狩りバチの営みから間接的に受けている恩恵をあまりよく理解していない。やはり頼まなくても助けてくれている肉食獣たちにろくに感謝していないのと同じだ。ネコやイタチやキツネは、食べて美味しいわけではないが、農民にとってはウサギよりもはるかに歓迎すべき仲間だといえる[38]。

もし、生まれ変わってパラグアイのウシになったら、あるいはその牧場主になったなら、やはり社会性狩りバチであるポリビア・オキシデンタリス（*Polybia occidentalis*）が強い味方になってくれるだろう。なぜなら、驚異的な数のサシバエを、とくにウシの目のまわりのサシバエを捕まえてくれるからである[25]。

芋虫・毛虫類はまさにイーティングマシンのようなもので、むしゃむしゃ食べた葉をソーセージ型の体にノンストップで詰め込んでいく。食われる植物の側にしてみたら、あるいはそれを栽培する側にしてみたら、こんなことをされてはたまらない。芋虫・毛虫類を専門に食べてくれるアシナガバチは農民たちから大事にされている。

ノースカロライナ州では、栽培したタバコの葉の多くがタバコスズメガの幼虫に食われてしまう。この巨大な芋虫は、タバコに含まれるニコチンを堪能しながらぐんぐん成長していき、脱皮してジェット戦闘機型のスズメガになる（最近、昆虫の生理学や神経生物学の実験動物としてよく用いられているガ）。その一五グラムほどの芋虫は、体重の何十倍もの瑞々しい一級品のタバコの葉をいとも簡単に平らげてしまうのだ。ノースカロライナ州の昆虫学者たちが、アシナガバチ用に小さな木製のシェルターをいくつも作ってタバコ畑の付近に設置したところ、タバコスズメガの個体数が大幅に減って、タバコ栽培の経済的損失をくいとめることに成功した[39]。タバコ愛好家の皆さんは、アシナガバチを叩く前に今一度考え直してみてほしい。

しかし、駆除をやめれば、どうしても、イエロージャケットやボールドフェイスト・ホーネットに刺される場面も増える。それはヒアリに刺されるよりも明らかに深刻なので無視するわけにはいかない。刺されるとひどく痛い。イエロージャケットやボールドフェイスト・ホーネットに刺されたときの痛みはいずれも、痛み評価スケールでレベル2。ミツバチとだいたい同じで、かなり痛い部類に入る。ボールドフェイスト・ホーネットとイエロージャケットを比較すると、意外なことに、体がはるかに大きくて恐ろしげなボールドフェイスト・ホーネットに刺されても、イエロージャケットとほぼ同じか、むしろ痛みがやや弱いくらいなのだ。ボールドフェイスト・ホーネットは脅しのテクニックに長けているということだろうか。

いずれにせよ、どちらに刺されても、刺されたとたんに、熱く焼けるような複雑な痛みに襲われる。頭の中は痛みに占拠されて、他のことはもう何も考えられなくなる。およそ二分間は、痛みはまったく衰えず、そのあと二、三分かけて徐々に和らいでいくが、赤く腫れてカッカする感じはずっと続くので、刺されたことを何度も思い出してしまう。家族や恋人に話して聞いてもらうだけの価値は十分にある。

# 第8章 昆虫最強の毒――シュウカクアリ

ポゴノミルメクス・カリフォルニクス（*Pogonomyrmex californicus*）は、ソノラ砂漠に生息しているアリのなかで最も獰猛で、大胆で、怒りっぽいアリであることはまちがいない。さらに、刺してくるすばやさや痛みの強さでもこれにまさるアリはいない。

――ジョージ・C＆ジャネット・ホイーラー『深い谷のアリたち』（*Ants of Deep Canyon*）一九七三年

**ウィリアム・スティール・クライトンは、**一九五〇年に次のように述べている。「西部がまだ未開の地だったころ、インディアンたちは生贄《いけにえ》として捧げる人間をシュウカクアリの巣につなぎ止めたと伝えられている。もしそれが事実だとしたら、これ以上に残酷な死は想像しがたい[1]」。それより何十年も前に、ウィリアム・モートン・ホイーラーは一九一〇年出版の名著『アリ』（*Ants*）の中で、これに似た話を取り上げている。「古代メキシコ人は敵の捕虜をアリの巣に縛りつけて拷問にかけ、死に至らしめることもあったというが、もしそれが事実だとしたら、この残忍な行為に用いられたのはアカシュウカクアリ（*Pogonomyrmex barbatus*）だったにちがいない[2]」。このような口頭伝承には何らかの真実が含まれているのか、それとも単なる作り話にすぎないのかは定かでないが、ジェフリー・ロックウッドは二〇〇九年の著書『六本脚の兵士たち』(*Six-Legged Soldiers*)の中で、こうした話には何らかの事実の裏づけがあることを示している(3)。また、カリフォルニア州中部に暮らす北ミウォク族の男たちは、四、五人のうちでだれが最強かを決めるために、刺激したシュウカクアリの巣の上に自ら進んで立ったり横たわったりした。そして、蟻塚の上に最も長く留まっていられた男に酋長《しゅうちょう》から褒美が与えられたという(4)。

文字をもつ人々がシュウカクアリに出遭って以降も、このアリは大勢の人々の興味を惹きつけ、想像力をかき立ててきた。このアリはよく目立つ印象的な蟻塚を築き、知育玩具「アント・ファーム」にも登場するだけではない。このアリに刺されたときの尋常ならざる痛みは、北アメリカに生息するハチ・アリ類のなかでも最高レベルのものだ。

ミツバチ、イエロージャケット、ボールドフェイスト・ホーネット、マルハナバチ、コハナバチ、ヒアリと、さまざまなハチ・アリ類に刺された経験のある人は、虫刺されなんて、どれもみな似たり寄ったりで、違うのは痛みの強さだけさ、と言いたくなるかもしれない。しかし、シュウカクアリに刺されたことのある人は、決してそんなことは言わない。

シュウカクアリは、温帯性のアリにしては大きい、性質の穏やかなアリで、ふだんは控えめにせっせと食料用の種子集めに精を出している。ヒアリのように威張った態度はとらないし、こちらから手を出さなければ危害を加えてくることもない。しかし、押さえつけられたり、挟まれたりすると、ミツバチどころではない痛烈な一撃を放つ。激しい痛みが波のように押し寄せて、内臓にまで響いてくる。それが四〜八時間にわたってずっと続くのである。ミツバチの場合は四〜八分ほどで治まるので、それとはまったく比べものにならない。

種子を集めて食料にするアリは、シュウカクアリ属（*Pogonomyrmex*）のほかにもいろいろいる。聖書の時代から智恵者とされているクロナガアリ属、世界で最も多くの種を擁するオオズアリ属、砂漠に生息している脚の長いアシナガアリ属のアリ（*Aphaenogaster cockerelli*）、そしてヒアリの一部などである。こうしたさまざまな種子採取アリの典型のように思われているシュウカクアリは、どの地域においても一番よく目立ち、私を含めて無数の人々の興味をかきたててきた。

面白いことに、今挙げたアリのなかで、敵を針で刺すのはシュウカクアリとヒアリだけなのである。それ以外のアリは、針は持っていても刺さない。このような繁栄を謳歌しているアリの種がなぜ刺す能力を失ったのかはよくわかっていない。他のアリとの競争関係や、捕食−被食関係の中で武器として役に立たなかったから、というのが最も有力とされる説である。ヒアリの場合は、独特の毒液を備えることによって役立たずの針という問題を免れた。その毒液を他のアリに塗ったり吹きつけたりすると、体を保護する外表皮の蠟層を突き破って浸透するため、相手は死ぬか、まったく動けなくなってしまうのだ。(5) それに対し、シュウカクアリの場合は、その毒液を他のアリの体に塗ってもまったく無害なのである。こうした毒液のハンデを考えると、図体が大きくて動きがのろく、米国南西部の砂漠地帯で地味にこつこつ暮らしているこのアリは、本当によくやっていると思う。

「シュウカクアリ」（ハーヴェスターアント）という、せっせと働いてばかりいるような名前からは、面白みのない退屈な一生がイメージされる。しかし、つまらないものが輝きを放つこともある。シュウカクアリは、自然界に確固たる生態的地位（ニッチ）を築くとともに、人間の心に強烈な印象を刻みつけてきた。漫画によく描かれる、巣を荒らされて怒ったアリたちが裏庭の噴火口から湧き出してくる光景もその一つだし、蟻塚の周囲を裸地にしてしまうこのアリのせいで、地肌を醜く傷つけられた米国西部の風景もその一つだ〔口絵2〕。地平線の彼方まで広がる大草原にプツプツと蟻塚の傷跡が残されている様は、まるで地球が天然痘に感染してしまったようで、それを見れば、人間がシュウカクアリの全コミュニティに対して「よもぎ戦争」を挑んだのも当然のように思えてくる〔「よもぎの反乱」は、一九七〇〜八〇年代に西部諸州が連邦政府に対して公有地を州に譲渡するように求めた運動〕。そして、その戦争の首謀者たちの手荒なやり口を振り返るにつけ、大きな赤いシュウカクアリを大きな黒いシュウカクアリの巣口に落としてみたくて赤と黒の両方を探す子どもたちを咎めることはできないと思ってしまう。

クリスマス用の包装紙の売上げから、やがて到来するショッピングシーズンの売上げが予測できるように、昆虫の一般名からは、私たちがその昆虫をどのように認識しているかが見てとれる。昆虫の一般名は非常に重要なものなので、アメリカ昆虫学会が昆虫の一般名の登録簿を管理している。会員数七〇〇〇名のこの学会には、一般名の調査、承認、監督だけを専門に担当する常設委員会が設けられている。一般名とはそれほど重要なものなのである。

一般名をみれば、人間がその昆虫に対してどのような関心を抱いているかが大体わかる。一般名には、あまり聞き慣れない「シュガービートルート・エイフィッド（砂糖大根アリマキ）」や「チキンダング・フライ（鶏糞ハエ）」といったものから、お馴染みの「ハニービー（蜜バチ）」まで、じつにさまざまなものがある。

アリ科のなかで、一般名をもつ種の数を競ったならば、トップに輝くのはシュウカクアリ属だ。一般名をもつ種が六種もある。これに僅差で迫るのが、ヒアリの仲間（トフシアリ属）の五種。この両グループは、アリ科のなかで最大の属、オオズアリ属をはるかに引き離している。シュウカクアリ属に一般名をもつ種が多いということは、それだけ人々から強い関心を寄せられているということだ。札付きのワルである、クロスズメバチ属のイエロージャケットでさえ、一般名をもつのはわずか四種にすぎない。ちなみに、マルハナバチ属には一般名をもつ種がなんと三六種もある。どうやらアメリカ人はマルハナバチが大好きらしい。

シュウカクアリの一般名を並べてみると、カリフォルニア、フロリダ、マリコパ、レッド、ラフ、ウェスタン（・ハーヴェスターアント）といったぐあいに、ほのぼのとした名前ばかりが並ぶ。それに対して、アリを直接扱っている分類学者がつけた学名（の種小名）には力強い名前が多い。アパッチ、コマンチ、マリコパ、ピマなど、先住民であるアメリカインディアンの部族に敬意を表する名前だったり、デゼルトルム、ビッグベンデンシス、フアチュウカヌス、アンゼンシスなど、その種が生息している過酷な環境を表わす名前だったりする。たとえば、「アンゼンシス」はカリフォルニアのアンザ・ボレゴ砂漠を指している。

名前の選択をしくじったケースもある。たとえば、ポゴノミルメクス・ビコロル（*Pogonomyrmex bicolor*）は、最初に発見されたときに体の前側が赤くて後側が黒かったことから付けられた名前だ

（「bicolor」は「二色の」の意）。しかし、メキシコのロス・オヒートスに採集旅行に出かけたとき、妻と私が見つけたこのアリはほぼ全身が赤かった。体色だけで命名するとこういうことも起きてしまう！

最後になったが、シュウカクアリのなかで最も有名なのはおそらくポゴノミルメクス・バルバトゥス（*Pogonomyrmex barbatus*）だろう。「あごひげを生やしたアリ」という意味だ。このアリの一般名はもちろん「レッド・ハーヴェスターアント」（アカシュウカクアリ）である。

シュウカクアリは新大陸のアリの代表的存在で、南北アメリカに六〇種余りが生息している。北から順に見ていくと、カナダの西部三州からアメリカ合衆国、メキシコ、グアテマラへと分布し、そこから一気に南米にとぶが、南米では、アルゼンチンやチリの南部に至るまで、ほとんどすべての国に分布している（スリナム共和国や仏領ギアナなど北部の小さな国々は除く）。また、カリブ海を渡ってイスパニョーラ島にまで生息域を拡げている。

シュウカクアリがまとっている上着の色は、真っ赤であったり、さまざまな色調の褐色や黄色であったり、黒一色であったりと、種によってまちまちだ。総じて体は大きめで、体長が八ミリメートルほどのものが多いが、最大のものは一三ミリメートルにも及ぶ。

どの種もみな、生活史は未交尾のメスとオスからスタートする。たいてい親コロニーから大群で飛び出して交尾集団を形成し、そこでオスとメスが束の間の熱狂的な饗宴《きょうえん》を繰り広げる。原則としてオス・メスともに多重交尾だが、例外もないわけではない。また、種によってはコロニー内で交尾を行なうものもある。

米国西部のアリゾナ州とニューメキシコ州の州境付近の、個体数が乏しい地域のシュウカクアリは、ちょっと変わったグルーピングを行なう。この結婚の儀式には、ラフ・ハーヴェスターアント（*Pogonomyrmex rugosus*）とレッド・ハーヴェスターアントのオスとメスがまぜこぜになって参加するのである。

どちらの種のメスも、繁殖を成功させるためには、二時間そこそこの間に、自分の種のオスとはもちろんのこと、別の種のオスとも交尾しなくてはならない。どちらか一方の種のオスとしか交尾しなかった場合、そのメスの将来は悲惨なものになってしまう。もし、自分の種のオスとしか交尾しなかったらどうなるか？　そのメスは生殖担当の個体しか産めないので、労働力を確保することができず、コロニーを創設してもすぐに衰退して滅びてしまう。では、別の種のオスとしか交尾しなかったらどうなるか？　そのメスは働きアリを産むことはできても、女王アリを産むことができない。つまり、生殖を担当する個体は、未受精卵から生まれるオスアリだけになってしまうのだ。

というわけで、新女王としては、別の種のオスとはなるべくたくさん、自分の種のオスとは一匹か二匹とだけ交尾するのが理想だ。そうすれば、別の種のオスから豊富な精子を受け取って多数の働きアリを産み、自分の種のオスからは若干量の精子を受け取って次世代女王を産むことができるからである。

一方、オスの関心はまったく逆の方向を向いている。オスが別の種のメスと交尾した場合、その精子は生殖能力のない働きアリのために浪費されてしまい、彼の遺伝子をもつ次世代女王は産まれてこない。したがって、その遺伝系統は途絶えてしまうことになる。それに対し、オスが自分の種のメスと交尾した場合には、自分の遺伝系統を引き継いでくれる娘を生み出すことに成功するわけだ。

かくして、オスとメスの間で激しいバトルが繰り広げられることになる。メスのほうは、別の種のできるだけ多くのオスと交尾することを望み、オスのほうは、自分の種のメスとだけ交尾することを望んでいるのだから。ここでひとつ問題が起きる。短時間の熱狂的な交尾集団のなかにあって、オス、メスともに、相手がオスなのかメスなのか区別できないのである。区別せずに行為に及んで、初めて相手が異性なのか同性なのかがわかる、という次第だ。

この至福の行為の真っ最中、オスとメスはそれぞれ何を心がけているか？　メスのほうは、自分の種のオスと交尾するときは、別の種のオスと交尾するときよりもすばやく交尾を終わらせようとする。それに対し、オスのほうは、自分の種のメスと交尾するときは、別の種のメスに精子を注入するときよりも、精子の注入速度を上げるようにする。このオスとメスのバトルは結局のところ、おあいこ。双方がとりあえず自分にとって必要なものを手に入れて終了となる。どちらかが一方的に成功してしまえばコロニーの崩壊を招くことになるわけだから、おそらくそれが一番いいのだろう。[6]

こうして交尾を終えて新女王となったメスは、コロニー創設に向けてさっそく自分の仕事にとりかかる。一方、オスは、一日か二日、交尾アリーナ周辺をうろついていたのち息絶える。新女王は、どの種のアリも大概そうなのだが、非常に興味深いことをやってのける。交尾後すぐに自分の翅を切り落として新生活に入るのである。オスはそんなことはしないし、そもそも翅を切り落とせるようにはなっていない。メスの翅は、オスの翅とは構造がやや異なっており、もともと翅の基部に弱くできている部分があるので、女王がうまい具合に下に曲げるとポキンと折れるのだ。体が空中に舞い上がるほど勢いよく羽ばたいても折れることはない翅が、折りたいときには簡単に折れる——いったい、どんな工学技術を用いたら、こんなことができるのだろう？

翅を失った新女王は、一生のうちで最も過酷で危険な時期を過ごすことになる。だれかの餌にされたり、太陽の熱でトーストになったりする前に、大急ぎで新しい営巣場所を見つけてトンネルを掘り、その底に安全な部屋を作る必要がある。ほとんどの種は、それぞれの女王が単独でこの仕事をこなす。しかし、カリフォルニア・ハーヴェスターアントの場合は、数匹の女王が力を合わせて新しい巣を作り、それを共同で使うことが多い。複数女王によるコロニー創設というこの例外的な方式は、女王たちの前に立ちはだかる過酷きわまる環境や競争への適応と見ていいだろう[7]。

巣のトンネルと部屋ができあがったら、女王はトンネルの入口を閉じて、巣の中に籠《こも》ったまま、第一世代の働きアリを育て始める。数個の卵を産み、孵化した小さな幼虫たちを自分の体の蓄えだけで育てるのである。結婚飛行に飛び立つ前に、女王は貪欲に餌を食べて高エネルギーの脂肪を大量に蓄えておく。脂肪が体の乾燥重量の四〇%を越えることも珍しくない[7]。それから、女王には以前、翅があったのを覚えているだろうか？　あの翅を動かしていた大きな胸筋は、翅なしの女王にはもはや不要だ。その筋肉のタンパク質や、体に蓄えてある脂肪とタンパク質を分解しながら、女王は何とか一〇〜一二匹の小さな働きアリを育て上げる。この間、女王が自分で作った部屋から外に出ることは一度もない。ここでもまたカリフォルニア・ハーヴェスターアントは例外だ。不運な女王が一匹、巣から外に出されて、幼虫に与える餌集めの仕事をさせられるのである。

小型働きアリ（ミニムワーカー）が生まれて、その体がしっかり硬くなると、産卵とフェロモン分泌以外のコロニーの仕事はすべて、このミニムワーカーたちがやってくれるようになる。ミニムワーカーは、閉じてあった巣の入口を開け、巣から外に出て食料集めを開始する。また、巣を下方へと掘り進め、女王や幼虫や貯蔵食料のための新たな部屋を作って巣を拡大していく。この第一世代の小型働きアリの寿命はそれほど長くはないが、普通サイズの第二世代の働きアリを何とか育て上げるまで生きる。

コロニー創設一年目の終わりには、コロニーはまだ小さくて、少数の働きアリと女王アリだけしかいない。二年目から三年目にかけてコロニーは急成長を遂げ、個体数が増えるとともに、巣も大きくなる。たいてい四年目くらいにコロニーは成熟期を迎え、次世代を担うオスとメスを育て始めるようになる。(8)

小学校の子どもたちに、「いちばん長生きの動物は何かな？」と尋ねると、たいてい「カメ」あるいは「サメ」という答えが返ってくる。「じゃあ、いちばん長生きの昆虫は何かな？」と尋ねると、物知りの子どもたちはだいたい「シロアリの女王」と答える。人間は幼いころから長寿の動物に興味がある。子どもと昆虫学者は当然ながら、長寿の昆虫に関心があるが、アリ類もそのひとつだ。

最も長寿のアリは何だろう？　これまでの研究によると、アリ類すべてのなかで長寿第一位に輝くのはシュウカクアリのようだ。ちなみに、長寿第二位はミツツボアリである。砂漠に生息するこのアリは、餌の乏しい季節に備えて体内に花の蜜をたっぷり貯めこみ、ブドウの粒のように膨らんだ体になる。自らがコロニー内の生きた食料貯蔵庫となるのである。

シュウカクアリのコロニーの中には、何十年も前からずっと同じ場所に存在しているものもある。しかし、シュウカクアリの巣であることはわかっていても、コロニーの寿命を突きとめるのはなかなか難しい。研究の結果はまちまちで、実験室内でコロニーを育成したところ、平均一五～一七年だったという報告もあれば、二二～四三年間、さらには二九～五八年間存続したという報告もある。(9)

シュウカクアリの長寿が知られるきっかけになったのは、著名なハチ研究者、チャールズ・ミッチェナーが一九四二年に発表した論文だった。ミッチェナーは現代のハチ類研究に大変革をもたらした人物で、二〇一五年に九六歳で他界するまでその姿勢は変わらなかった。その彼が研究対象をハチ類に絞ったのは二六歳のときのことで、一六歳で研究人生を歩み始めてからそれまでずっと、アリ類を含めた昆虫全般に関心を寄せていた。

一九四二年に発表した論文でミッチェナーは、六歳のときからずっと見守ってきた、自宅の裏庭にあるカリフォルニア・ハーヴェスターアントのコロニーについて詳細に報告した。それまで一六年間にわたって観察してきたコロニーが、アルゼンチンアリの攻撃やら冬の悪天候やらで、とうとう滅びてしまったのである。それでミッチェナーは、コロニーの存続期間を一六年と記録した。(10) さらに、細字で書かれた有名な脚注部分に「その土地の所有者の話では、コロニーの一つは少なくとも四〇年前から存在していたという」と付記した。その後、何人かの論文著者が、ミッチェナーが事実に基づいて記した「一六年」という数字でなく、隣人から伝え聞いた「四〇年」という数字のほうを取り上げた。

では、本当のところはどうなのだろう？　シュウカクアリのコロニーの寿命、すなわちシュウカクアリの女王の寿命は実際どれくらいなのだろう？　まだはっきりした答えは得られていないが、もっとも参考になりそうなのが、ウェスタン・ハーヴェスターアントの蟻塚五六個を一五年間にわたって詳細に調査したネブラスカ大学のキャスリーン・キーラーの研究である。ウェスタン・ハーヴェスターアントは、シュウカクアリ属のなかで最も長寿と考えられている種だ。調査した五六のコロニーのうち、最後まで残るコロニーは四四・九歳まで生きるだろうとキーラーは推定した。(9)今のところ、これ以上の答えはまだ得られていない。だれか長期の研究に挑戦する人はいないだろうか？

キーラーの研究でもまだ解明できていないのは、シュウカクアリのコロニーの寿命が尽きる原因である。女王が一度きりの結婚飛行で得た精子が尽きると、コロニーは消滅するのだろうか？　それとも、単に女王の体が衰えてくるからなのか？　あるいは、もっと別の要因が絡んでいるのだろうか？　こうした疑問に答えるための手段がいろいろ考えられてはいるが、今のところわかっているのは、シュウカクアリのコロニーは長寿であるということだけだ。

**それにしても並大抵の安全対策では、**四五年間も生きられるはずがない。シュウカクアリの女王はいったいどんな防御態勢をとっているのだろうか？　まず、自分の周囲を、刺したり咬んだりできる大勢の働きアリでかためている。さらに女王は、単独で巣を離れることは決してせず、もし離れる場合には、たとえば巣が洪水に見舞わるなどして引越しを余儀なくされた場合には、働きアリ軍団に囲まれながら、すでに準備されている新居へと移動する。しかし、このような物々しい態勢でさえ、地下深くに構築された女王の城の堅牢さと比べると見劣りがしてくる。

大学院生時代に私は、シュウカクアリをコロニーごと捕獲して、分布域の端部にいるアリと、中心部にいるアリとを比較しようとした。フロリダ・ハーヴェスターアントの最西端のコロニーは、ルイジアナ州東部のアミテという小さな町にある（アミテは、ナショナルフットボールリーグのラインバッカー、ラスティー・チェンバーズの出身地だ）。仲間の大学院生二人とともに、成熟したコロニーを丸ごと掘り出して、女王アリを含めたすべての個体を捕獲することに挑戦した。幸い、アミテの土はサラサラの砂なのでとても掘りやすかった。一人がシャベル一杯分の土をアリもろとも掘り上げて、近くの地面に落とすと、別の二人が吸引器を使ってアリを捕獲するという手順で作業を進めていった。

吸引器は、アリ研究者にとっての必須アイテムである。容器本体から、アリを吸い込む銅管と、フィルター付きの管が出ており、フィルター管に接続されたゴム管を口にくわえて使用する。吸引器を使いこなすには、ちょっとしたコツをつかむ必要がある。十分に強く吸って、アリを容器内に吸い込まないといけないが、かといって、あまり強く吸いすぎると土も一緒に入ってきてしまう。その加減がなかなか難しい。それともうひとつ、ゴム管から出てくる空気を舌に向けて当てるようにするのがコツだ。そうすれば、土が喉や肺に入らずに舌にくっついてくれるので、うまく吐き出すことができる（お上品な方々がいるときは、アリの吸引捕獲はやめておこう）。シャベルで数回掘り上げて砂の山を作ったあと、その山を崩すとアリたちが出てくるので、そこをすかさず捕まえるのだ。

作業を始めて数時間、何千匹ものアリを採集した時点で、穴の深さは一・八メートル、直径は九〇センチメートルほどになっていた。それでもまだ女王は見つからず、多数の働きアリが出てくるばかり。そろそろ普通のシャベルの限界なので、アリ研究者のもう一つの必須アイテムである軍用シャベルを使うことにした。この年代物の軍用シャベル（第二次世界大戦期のもの）が優れているのは、単に頑丈というだけでなく、シャベルの刃と持ち手の角度を九〇度に固定できる点だ。一人が穴の中にしゃがんでシャベルに砂を山盛りにしたら、フードトレーを高い所に載せるような感じでシャベルを持ち上げ、その持ち手部分を地上にいる人につかんでもらうのである。二・四メートルの深さまで掘ったところでようやく、女王アリと最後の働きアリたちが見つかった。これならば女王は安全にちがいない。ツチブタ（アフリカに生息しアリを常食とする動物）がルイジアナ州にいたとしても、これほど深くまで掘ろうとはしないだろう〔口絵4〕。

私たちは半ズボンに薄手のシャツという無防備に近い服装だったが、それでも三カ所刺されただけで済んだ。シュウカクアリのコロニーを丸ごと頂戴した代価としては安いものである。少なくともこの日、フロリダ・ハーヴェスターアントは南部のもてなしの心《サザン・ホスピタリティ》を示してくれた。

一つの成果を手にして次に向かったのは、ルイジアナ州北西部の村、ラッキー。ここはコマンチ・ハーヴェスターアントの分布域の最東端である。人口三〇〇人に満たないこの村は、オーディション型リアリティ番組「アメリカズ・ネクスト・トップモデル」に挑戦したジョスリン・ペニーウェルが住んでいる村として有名だ。ジョスリンには出遭わなかったけれども、アリはちゃんと見つかった。同じような手順で掘り進んでいくと、女王アリはやはり、ちょうど地下二・四メートルのところにいた。あまりにも楽しい時間だったものだから、刺されたかどうかはだれも覚えていない。その場を去るときには、掘った穴に廃タイヤを二つ投げ入れてから隙間を砂でうずめた。こうしておけば、小さな子どもが穴に落ちる心配もないし、廃タイヤに雨水が溜まってボウフラが湧くこともない。

掘り出すのがこれほど大変なことからもわかるように、シュウカクアリの巣はとても深く、アリの巣のなかで最も深い部類に入る。しかし、シュウカクアリの巣の深さを測るのは容易なことではない。そのほとんどが、掘りやすい砂質土にではなく、乾いた軟岩質の土のなかに掘られているからである。ワイオミング大学のボブ・ラヴィーンは、硬い土の奥深くにあるシュウカクアリの巣を掘り出すために革新的な方法を用いた。建設機械のバックホーを持ち込んで三三個の巣を掘ったのである。[11] 一方、手作業でこつこつと掘り続けるビル&エマ・マッカイ夫妻は、ビルがカリフォルニア大学リバーサイド校の博士学位論文を執筆するにあたって、さらにすごいことをやってのけた。機械類はいっさい使わずに、二人で合わせて一二六個のシュウカクアリの巣を掘り出したのである。そのうち最も深くまで伸びていた巣は、地下四メートルにまで達しており、女王アリは地下三・七メートルのところにいた。[12] おそらくこれがコロニーの最深記録ではないかと思われるが、一九七〇年にH・C・マクックは「切土工事によってたまたま露出した巣を調べてみると、通路や部屋は地下四・六メートルにまで達していた」[13]と記している。

何か極端な特徴をもつ生き物が見つかったときは、突っ込んだ調査してみるチャンスだ。というのは、尋常ならぬ特徴は、尋常ならぬ適応や行動の結果として生まれたものだからである。シュウカクアリの巣が極端に深いのはなぜか。長年にわたっていろいろな説明がなされてきた。凍えるような寒さや焼けつくような暑さから巣を守るため、あるいは、山火事から守るため、乾燥から守るため、捕食者から守るためなど諸説ある。

凍えるような寒さから守るため、という説明は成り立たない。なぜかというと、まず第一に、米国南西部の砂漠地帯やメキシコ、さらにはルイジアナ州やフロリダ州など、生息地の多くは冬もそれほど寒くなく、氷点下になるのはせいぜい地下数センチメートルまでだ。それなのに、コロニーは最低でも二メートルの深さまで掘られている。第二に、ワイオミング州キャスパー周辺の標高一六〇〇メートルの草原地帯など、分布域内で最も寒冷な地域でさえ、地下六〇センチメートルより深くまで凍ることは決してない。ところがそれでもやはり、シュウカクアリのコロニーは二メートル以上の深さまで掘られているのだ。

強烈な真夏の太陽や地表面の熱から守るためという説明も、コロニーをこれほど深く掘る理由にはなりにくい。私はこれまで何年にもわたって、アリゾナ州ウィルコックスの砂質の土地でさまざまな深さの地温を測定してきたが、地下三〇センチメートルで三二℃以上を記録したことはこれまで一度もない。この程度の深さでも十分に、致死温度の四〇℃を下回っているのである。

同様に、コロニーを山火事から守るためにこれほど深く掘る必要もなさそうだ。土は優れた断熱材なので、山火事になったとしても、地下数センチメートルよりも下まで致死温度に達することはない。めらめらと燃える木が倒れてきて巣を直撃すれば別だが、その場合でも、致死温度に達するのは、せいぜい地下二メートル辺りまでだろう。ある研究によれば、山火事が起こると、焼死した昆虫類が通常の餌に加わるので、ラフ・ハーヴェスターアントにとってはむしろありがたいことらしい[14]。

シュウカクアリのコロニーの極端な深さを説明する理由としてまだ残っているのは二つ、乾燥からの保護と捕食者からの防御である。この二つは互いに相容れないというわけではない。おそらく、両方の要因が関与しているのではないかと思われる。手がかりを与えてくれるのは、砂漠というやはり極端な環境で暮らすアリたちだ。メキシコミツツボアリやベロメッソル・ペルガンデイ（*Veromessor pergandei*、聖書に登場するアリと近縁で、やはり種子を採取するアリ）はいずれも地下に深い巣を作る。前者は四メートル以上、後者は三・四メートル以上の巣を掘るのである。

これら三種類のアリには、熱くて乾燥した砂漠地帯に生息し、非常に深い巣を作るという共通点がある。三種類のうち、シュウカクアリとメキシコミツツボアリの二つには、女王アリがきわめて長寿だという特徴もある。三つ目のベロメッソルの寿命はよくわかっていないが、長寿だとしても驚くには当たらない。深く掘れば掘るほど、土壌の湿度は高くなる。こうしたことからやはり、極端に深く掘られた巣は、女王アリを捕食者から守るとともに、長寿の種を土壌水分の季節変動や年変動から守るという二重の役割を果たしていると考えられる。

**シュウカクアリは、**その名が示すとおり、植物の種子を収穫するアリである。シュウカクアリは種子を見つけるのがじつにうまい。太陽が照りつけ、風が吹き荒れる砂漠地帯であろうとも、飢えた牛に草木を食い尽くされて裸地同然になっている土地であろうとも、シュウカクアリは種子を求めて長く広い道をさっそうと突き進む。なかには、巣口から三〇メートルほど先まで幅広い道を作ってしまう種もある。こうしたアリのアウトバーンは、人間社会の高速道路とまったく同じで、穴だらけのでこぼこ道を舗装して物資運搬のスピード化を図る働きをもっている。餌を探しに巣から出ていくアリは、まるでスポーツカーのように、なめらかな路面を高速で移動することができる。その帰り道、自分の体重の数倍にも及ぶ種子を背負ったアリは、まるでトレーラートラックのように、障害物のないアウトバーンをずんずん進むことができるのだ。

ものの名前は、現実を見る目を曇らせてしまうことがある。「シュウカクアリ」という名前を聞いてまず思い浮かぶのは、穀物の収穫に勤しむ、ひたむきで穏和な菜食主義者のイメージだ。一八七九年にH・C・マクックは、レッド・ハーヴェスターアントに関する一般向けの本の中で、このアリを「農業アリ」と呼んだが、[15]私たちはこの農業活動が本業のアリ、という見方を知らず知らずのうちに受け入れてしまっている。そして、それ以外の行動は、頭の片隅にでも入れておけばよい例外、くらいにしか思っていない。

じつをいうと、シュウカクアリは、昆虫の死骸を利用する腐肉食者であるばかりか、活発な捕食者にもなるのだ。しかし、乾燥地域では、一年の大半は生きた昆虫などほとんど手に入らない。そこで、シュウカクアリは種子探しに専念するようになったのである。その活動のほうを私たちはよく目にしているというわけだ。

夏の到来とともに雨期が始まり、多数の昆虫が姿を現すようになると、それまで種子集めをしていたシュウカクアリたちが突然、攻撃的な捕食行動を開始する。踏みならされた幹線道路はもう使わずに、どんな場所でもどんどん狩りをする。昆虫に出遭えば、すかさず攻撃をしかけ、獲物が小さければそのまま巣に持ち帰る。相手が巨大な場合、たとえばアリの何百倍も大きい芋虫を仕留めようとする場合には、何匹ものアリが寄ってたかって捕り押さえて巣まで引いていく。

夏の間、ウェスタン・ハーヴェスターアントは、まったく異なる二種類の性格を見せる。昼間はたいてい、通常の種子採取アリとして行動している。ところが夜になると、獰猛な捕食動物に変身し、昆虫を狩ることに専念するようになる。これはじつに理に適った行動なのだ。日中、四〇〜六〇℃以上の高温になる地表面に、昆虫の姿はほとんどない。地表にいるのは他のアリたちだけ。ところが、夜になって温度が下がってくると、多数の昆虫が地表に出てくるのである。

北アメリカの南西部に広がるソノラ砂漠では、夏のモンスーン期に入って大量の雨が降りだすと、それまで干上がっていた居住者たちに――野生動物にも人間にも――活気がみなぎってくる。なにしろ昆虫の数が爆発的に増える。さまざまな甲虫類が飛び交い、翅のあるアリ類の生殖虫（女王アリとオスアリ）が群飛を始め、昆虫を狙うクモ形類などが隠れ家から姿を現し、そして、シロアリが大量に飛び出してくる。シロアリの群飛が始まると、捕食動物たちはみな騒然となる。翅のある雌雄のシロアリは、わずかでも捕食活動を行なうあらゆる生物種の狙いの的になるのだ。飛翔中のシロアリに飛びかかる鳥もいれば、地面を走るシロアリめがけて舞い降りてくる鳥もいる。トカゲは地面を這い回って片っ端からシロアリを捕らえ、クモはシロアリに急撃をしかける。そして、巣から溢れ出てきた多種多様なアリたちがシロアリに群がる。

シュウカクアリは、不眠症なのかと思うくらい、昼も夜もずっと休まずにシロアリの捕獲を続ける。なぜそれほどまでシロアリを追いかけるのだろうか？　シュウカクアリにとってシロアリは、脂肪とタンパク質がたっぷり詰まった動く種子なのである。しかも、その「種子」は、乾いてカチカチで噛み砕きにくい普通の種子とはちがって、柔らかくて食べやすい。シロアリはちょうど、大きめの種子くらいのサイズで、しかも、おびただしい数が存在する。種子の収穫に適応しているシュウカクアリにとって、これほど完璧な餌はないのである。

モンスーンが雨を運んでくると、スリルと危険に満ちた季節が始まる。昆虫学者はだれでもそうだが、私もこの季節が大好きだ。仕事をすべてほっぽり出して、ときに妻の機嫌をそこねながら、フィールドへと向かう。雨が降って齧歯類が繁殖し始めるのに伴い、それを餌にするガラガラヘビが増えてくることも危険のひとつだが、シュウカクアリもそれに劣らず危険な存在となる。

ふだん私は、サンダル履きで砂漠をあちこち歩き回り、立ち止まっては、アリやそのコロニーを調べているが、それでも刺される心配はほとんどない。もし刺されるとしたら、うろついていたシュウカクアリが足に這い上がってきて、サンダルと足の裏の間に挟まってしまったときくらいだ。私の足の裏はそれほど硬くないので――イタタッ。そんなことがなければ、しょっちゅう素足に這い上がってはきても、刺そうとすることはほとんどない。

ところが雨季になると、この状況が一変する。地表面のどこを見てもシュウカクアリがいるし、ふだんよりも動きが俊敏で、人の足でも何でもすぐに這い上がってくる。そして、動物らしきものに出遭うと、すかさず咬んだり刺したりする。どんなに用心していても、必ず刺されてしまう。シュウカクアリを好きになってしまった以上、もうこれはどうしようもないことなのだ。

シュウカクアリは、種子を集めるという習性を持つがゆえに、人間の敵呼ばわりされるはめになった。一九世紀から二〇世紀末にかけて、米国西部で牧畜業を営む人々の間に、こんな考え方が広まったのだ。牧草の収穫量が減ったのは、シュウカクアリに種子をさらっていかれて牧草の種子が足りなくなったせいである、と。さらにそこに、無数の蟻塚のせいで美しい景観を「きずもの」にされたという恨みも重なって、人間はシュウカクアリに対して戦いを挑むことになった。

この論争で見落とされていたのは、シュウカクアリに関する基礎的なデータだった。実際、種子の何パーセントがシュウカクアリに奪われているのだろうか？ 調査してみると、予想とはまるで異なり、実際にシュウカクアリに奪われているのは驚くほどわずかな割合でしかないことが明らかになった。大幅に高く見積もって一〇%とした研究もあるが、種子に目印をつけるなど、周到な対照実験から二%という正確な数字を出した研究もある。[16]

仮に、最も高い推定値を採用したとしても、過放牧やそれに伴う土壌侵食によって起こる牧草地の破壊に比べたら、シュウカクアリの影響はきわめて小さなものでしかない。ところが、シュウカクアリを敵視する人々は、戦う理由は種子の損失だけにあらずとばかりに、深刻な被害をいろいろ述べ立てた。蟻塚のまわりの草木がなくなった、作物の苗が抜かれた、馬や牛が襲われた、農作業中に刺された、さらには、盛り上がった蟻塚にぶつかって草刈機などの農機具が壊れた等々。しまいには、地中に掘られた穴のせいで滑走路や道路が破損したという訴えまで飛び出し、シュウカクアリは厳しく追及された。

シュウカクアリだって、少しはいいことをしてくれる。たとえば、蟻塚の周囲では土壌の通気性が増すとともに窒素やリン酸が豊富になって、植物が青々と生い茂るのだが、そういった良い点はとかく無視されがちなのだ。それから、やはり忘れ去られているのが、ツノガエルと遊ぶ子どもたちの喜びだ。ツノガエルの主な餌はシュウカクアリなので、シュウカクアリがいなくなるとツノガエルも生きてはいかれない。

ユタ州立大学の爬虫両生類学の大家、ジョージ・ノウルトンは「本来ならば、牧草が生えて家畜が飼えるはずの、米国西部の広大な放牧地が裸地になっているのはシュウカクアリのせいである」と述べ、シュウカクアリは「ユタ州において最大の経済的損失を招いているアリ」だと断じた。[17] シュウカクアリを駆除しようという試みが始まったのは、現代の殺虫剤が登場する何年も前のことで、当時は、毒性の強い非特異的な毒物しかなかった。一九〇八年の詳細な研究によって、殺傷効果が最も高いのは二硫化炭素であることが証明された。二硫化炭素は引火しやすい揮発性の液体で、空気の二・五倍の重さの気体を生じる。二硫化炭素が駆除に一番効果があったのは、密度が高くて重いため、有害ガスがコロニーの奥深くまで入っていき、女王を含めたアリたちを殺したからだった。この論文の著者はさらに詳しい説明を加えている。それによると、シアン化水素ガスが効かなかったのは、空気よりも軽いために、蟻塚の奥には入っていかず、女王や多数の働きアリを殺せなかったからであり、ガソリンや灯油が効かなかったのもやはり、蟻塚の奥まで入っていかなかったからだという。こうして二硫化炭素の有効性を確認したあと、論文著者は最後に「火をつけたりしないこと」と忠告している。「爆発を起こしても……蟻塚の奥までガスが吹き込むわけではないからである」[18]

シュウカクアリの駆除に熱心な人々のなかには、各種のヒ素化合物を使おうとする者も現れた。アニリン染料を合成するときの副産物であるロンドンパープルもそのひとつだ。しかし、二硫化炭素よりも後退したこのような重金属を用いた駆除法は、無残にも失敗に終わる。それからまもなく、工業化学者たちが奇跡の殺虫剤を生み出した。ＤＤＴ、クロルデン、アルドリン、ディルドリン、ヘプタクロル、トキサフェン等々である。たしかにこうした殺虫剤は有効ではあったが、またしても、コロニーが深すぎて殺虫剤がなかなか女王アリまで届かないという問題が生じた。結局、マイレックス、キーポーン、あるいはアムドロを投入するという、ヒアリとの対戦の手引きが力を発揮する。アムドロは現在もなお、シュウカクアリの駆除に使用されている。

ようやく、戦いに勝つための物資が手に入ったわけだが、どれだけの牧場主や農場主がそれを使いたいと思ったのだろうか？　こうした努力は本当に必要だったのだろうか？　疑問に思えてならない。

**シュウカクアリは刺す。**なぜ刺すのだろう？　防御のため、つまり女王と巣の仲間たちを守るためである。シュウカクアリはどうも、他のアリよりも多くの捕食者から狙われているらしい。彼らの生活様式をのぞいてみよう。そうすれば、なぜ刺すのかが見えてくるはずだ。

個体数も多く、繁栄を謳歌しているシュウカクアリが生息しているのは、広々とした裸地である。敵から丸見えで、しかも他の餌動物がほとんどいないような場所だ。そんなところに多数の個体を擁する巨大なコロニーがあれば、あらゆる捕食者の垂涎《すいぜん》の的となる。さらにまずいことに、シュウカクアリは毎年、いつも同じ場所にある同じコロニーで生活していて、そう簡単には安全な場所に引っ越せない。しかも、シュウカクアリは比較的大きなアリなので、大型、小型いずれの捕食者にとっても注目すべき重要な栄養源になる。そんなシュウカクアリにとっての武器が毒針だけのはずはなく、敵に咬みつく強力な大顎も備えている。多様な防御行動も行なうし、警報を発して仲間を動員するためのフェロモンも用いる。

さまざまなタイプの捕食者への対応を迫られたシュウカクアリは、捕食者のタイプに応じて、その時々の状況を見ながら、各種防御法を組み合わせて用いるようになった。あるタイプの捕食者には効果抜群の防御法が、別のタイプにはあまり効かなかったり、まったく無効だったりするからだ。たとえば、毒針攻撃は、人間に対してはきわめて効果的だが、網を張って待ち伏せするタイプのクモ類にはあまり意味がない。咬みつき防御は、攻撃してくる他のアリには効果があるが、羽毛で覆われている鳥類にやってても意味がない。とはいえ、おおよその傾向が見てとれる。毒針は一般に、脊椎動物の捕食者には有効だが、昆虫やその他の節足動物の捕食者には効果がない。一方、大顎による咬みつきは概して、昆虫など節足動物の捕食者や競争者には有効だが、大型の脊椎動物にはほとんど効果がない。

もちろん、生物学の原則に例外は付きものだ。私はシュウカクアリの針に刺されて死んだサソリモドキを二度ばかり見たことがある。サソリモドキは、鉤爪のような脚鬚《きやくしゅ》（口の近くの付属肢）で獲物を粉砕してしまうが、その体節間膜にシュウカクアリの毒針がみごと命中したのである。また、大型脊椎動物にはほとんど意味がない咬みつき防御も、ツノトカゲに対しては効果を発揮する。

社会性昆虫は「超個体」の典型である。つまり、コロニーの構成員が別々に行動しながらも、コロニー全体が一つの個体のようにふるまう。人間の細胞や組織が体全体のために働くように、社会性昆虫の各個体は、コロニー全体の利益のために行動するのである。私たちの皮膚の細胞が、皮膚以外の部分を守ろうとするように、働きアリたちは、女王や自分以外のコロニーのメンバーを守ろうとする。

シュウカクアリの超個体は、小さな昆虫などの外敵にはびくともしない。私たちがトコジラミに刺されるくらい何ともないのと同じだ。トコジラミに刺されればもちろん不快だし、血液細胞をいくつか殺されることにはなるが、被害はせいぜいそれくらいで済み、命に別状はない。同様に、シュウカクアリの働きアリが数匹、小型の捕食者に殺されたとしても、コロニーの存亡にはほとんど影響がない。要するに、無脊椎動物の捕食者は、コロニー全体の脅威とはならず、そのメンバーである働きアリを脅かすにすぎないのである。

働きアリを待ち伏せして捕らえることで有名な無脊椎動物が、ウスバカゲロウの幼虫、アリジゴクである。さらさらした砂地に漏斗状の窪みを作り、その底に隠れて獲物を待っている。通りかかったシュウカクアリが、崩れやすい窪みのわきから滑り落ちると、待ってましたとばかりに、氷つかみのような大顎で串刺しにしてしまう。アリのほうも本能的に危険を察知するのか、急いで穴から這い上がろうとする。するとアリジゴクは、砂をはじいてアリに砂のシャワーを浴びせかけ、どんどん地滑りを起こして、砂もろともアリが落ちてきたところを大顎で捕らえてしまう。幸い、シュウカクアリのほとんどは体が大きくて動きもすばやいので、砂の激流を切り抜けて穴から逃げ出すことができる。狙うなら、もっと小さなアリのほうがいいかもしれない。

節足動物の捕食者には種々様々なものがいるが、その中核をなすムシヒキアブ類、サシガメ類、クモ類は、待伏せしたり罠をしかけたりしてシュウカクアリを捕らえる。このうち、重大な結果になるのは数種のクモだけだが、クロゴケグモとカガリグモはとても厄介な敵だ。

カガリグモはあつかましくも、シュウカクアリの巣口の真上に網を張り、地上数センチメートルのところで待ち伏せしていて、働きアリが巣から出てきたところをかっさらう。このクモの強みは、絹のような糸の抜群の強靱さと粘着力、そして、一段高い安全な網の上に構えていられることだ。クモが一日に捕獲するアリは六匹程度なので、コロニーの個体数にはほとんど影響がない。しかしそれでもアリたちは断固応戦し、巣口の位置を変えたり、何日間も巣外活動を全面停止したりして、クモを飢えさせて退去に追い込む。なぜここまで敢然と戦うのだろうか？　餌集めをすることができず、むしろ経済的損失のほうが大きいのではないかと思うのだが、全体的に見たとき、そうした理屈とは別の何らかのメリットがあるのだろう。

こうした造網性クモ類などの捕食者が巣口付近に居座ることのないように、ウェスタン・ハーヴェスターアントはコロニー周辺の草木を一掃するのだと考えられている。草木を取り除いておけば、カガリグモなどのクモ類が網を固定する場所がなくなるし、クモ類などの捕食者が、それをまた狙う捕食者から丸見えの状態になる。こうしたアリの捕食者たちは、自らの命を危険にさらしてまで、わずか数匹のアリを捕ろうとはしないものだ。(19〜21)

大自然はつねに、びっくりするような発明品を作り出す。じつは、ジガバチの仲間のクリペアドンとシュウカクアリの間には驚くべき秘密が隠されている。クリペアドン属（*Clypeadon*）の数種のハチは、シュウカクアリの働きアリだけを餌にしている。アリの巣の近辺に働きアリがいればそれを捕まえるし、もしいなければ、巣の中に侵入して地下にいる働きアリを襲う。いずれの場合も、アリは、ハチに刺されて完全に麻痺した状態で、ハチの巣穴に運び込まれる。アリにだって、ハチの体を簡単に切り裂いてしまえる強力な大顎があるのに、どういうわけか、激しく反撃に出ることはほとんどない。その理由はよくわかっていない。

アリがハチを攻撃しないのは、ハチのにおいを嗅ぎ取れないからなのかもしれない。暗闇に黒い物体があっても、人間の目には見えないように、アリにとってにおいのないハチは、存在しないも同然。脅威がすぐそばまで迫っていても、見えなければ、あるいは嗅ぎ取れなければ、探知することはできないのだ。人間のように視覚に頼って生きている生物には信じがたい話だが、アリ類の多くは、外界を認識する上で視覚はほとんど何の役割も果たしていない。相手の「体臭」に頼っているのである。

さて、クリペアドンは一六〜二六匹のアリを麻痺状態にして巣に運び、各育房に蓄える。そして、麻痺しているアリのどれか一匹に卵を産み付けて育房を閉じる。卵から孵化した幼虫は、すべてのアリを食べ尽くして蛹になり、やがて成虫となって現れる。これだけ見ると、クリペアドンの生活史は他の多くのジガバチとそれほど変わらないようだが、じつは、麻痺させたアリの運搬方法が、普通のジガバチとはまったく違うのだ。

普通のジガバチは、獲物を大顎でくわえるか、一対の中脚で保持するか、あるいは、逆さ棘のある針に突き刺すかして運搬する。クリペアドンはそのいずれでもない。大顎も、六本の脚も、刺針もすべてを空けたまま、腹部の先端にアリがくっついたような姿で飛び去るのである。じつは、クリペアドンのメスだけが、「アリ固定用クランプ」とでも呼べそうな独特の機構を備えているのだ。腹部の両凹形の上部と、二葉に分かれた可動式の下部がぴったりかみ合うようになっていて、これでアリの脚の基節をしっかり固定する。

このクランプは、足手まといならずにアリを運搬するのには理想的な構造といえる。しかし、いいことばかりとは限らない。寄生バエが電光石火のごとく飛んできて、ハチの後ろにくっついているアリに小さな蛆《うじ》を産み付けるのにも、これは好都合なのだ。その蛆は、ハチの育房内のアリをちゃっかり横取りして成長し、成虫のハエになる。[22] まったく、自然界の生き物はありとあらゆる手を考え出すものである。

シュウカクアリのコロニーを食い物にできる動物は、鳥類にはごくわずか、哺乳類にいたっては皆無だ。ユタ州立大学のジョージ・F・ノウルトンは人生の大半を、シュウカクアリなどの昆虫を捕食する脊椎動物の研究に捧げた人物だが、その研究によると、シュウカクアリをたまにでも食べた鳥は、イワミソサザイ、ウタイマネシツグミ、ニシマキバドリ、テリムクドリモドキ、コクテンシトドモドキ、キジオライイチョウ、アカハシボソキツツキなどだった。[23]これらの鳥たちがどうやって毒針攻撃や咬みつき攻撃をかわしたのかはよくわからない。すばやく機敏な動きや、つるつるすべる羽毛、相手を粉々にする硬い嘴でかわしたのだろうか？

現在、絶滅危惧種に指定されているキジオライイチョウは、ウェスタン・ハーヴェスターアントをたまに食べたあと、なかなか無礼なことをやってのける。キジオライイチョウのオスは、蟻塚をちゃっかり求愛行動のステージに利用し、そのてっぺんで気取って歩いてメスを惹きつけようとするのだ。[24]

アカハシボソキツツキは、ウェスタン・ハーヴェスターアントに対してなかなか興味深い行動をとる。午前中、アリの幼虫や蛹が日向の暖かい場所に移される時間帯に蟻塚を訪れると、円錐形の蟻塚の表面をおおう土を剥ぎ取って、白い幼虫や蛹をむきだしにしてしまうのだ。アカハシボソキツツキの一番のお目当ては、タンパク質や脂肪が豊富で線維質の少ないこの白いご馳走だが、ついでに、タンパク質や脂肪に乏しく線維質だらけの働きアリも平らげてしまう。[25]

トカゲは、シュウカクアリにとって最大の脅威となる敵だ。シュウカクアリなどの働きアリを捕食するトカゲには、ワキモンユタトカゲ、ナガハナヒョウトカゲ、フサアシトカゲなどがいる。メキシコハリトカゲのアリ好きはかなりのもので、どの個体を調べても、たいてい胃の中にシュウカクアリが収まっている。

ツノトカゲ属のトカゲは極端なまでのアリ食いだ。リーガルツノトカゲの餌の八九パーセントまでがシュウカクアリなのである。[26]ツノトカゲは、ずんぐりと丸っこいトカゲで、頭の後ろにトゲトゲの襟をまとっており、昔から人々の人気者だった。ところが、丸々としていてあまりにも足がのろく、簡単に捕まえられるので、ペット愛好家に好まれ、地域によっては絶滅にまで追い込まれてしまった。特異な性質のひとつが、体重の一三・四%もの食物が入る大きな胃袋をもっていることだ。[26]こんなトカゲは他にはいない。体重九〇キログラムの人間が一二キログラムの食物を胃袋に収めるようなものだ。日本の相撲取りが短距離走やマラソンレースに挑戦するのは難しいように、ツノトカゲも速く走ったり長い距離を走ったりする能力を失っている。シュウカクアリをたらふく食べていたツケなのだからしかたがない。

太っていて動作がのろいツノトカゲが、遮るものが何もない場所で、これだけのアリを捕って食べるためには何らかのワザが必要だが、実際、このトカゲはすばらしいカムフラージュのワザをもっている。相手に気づかれないように身を隠しておいて、いきなり跳びかかるのである。体の色や模様が周囲の地面にそっくりな上に、扁平な体形をしているおかげで、影をつくらずにすむ。種によっては、鱗がふさ飾りのようになっていて体の輪郭をぼかしてくれるので、周囲にすっかり溶け込むことができる。そして、のろりのろりとゆっくり慎重に動くので、捕食者からもアリからもほとんど気づかれることはない。一日に一〇〇匹ものアリを食べなくてはならないツノトカゲには、それなりの作戦がある。コロニーの入口での正面攻撃は避けて、アリを一匹ずつ狙える幹線道路の脇や、コロニーを囲む裸地の周縁部で待ち構えているのだ。舌をさっと出すと、もうアリは消えている。

シュウカクアリの毒は、知られている昆虫毒のなかで、人間や家畜に対する毒性が最も強いと言われている。当然、疑問がわいてくる。ツノトカゲが毒をものともせずにシュウカクアリをむしゃむしゃ食べられるのはどうしてなのか？　シュウカクアリ一匹分の毒液があれば、ツノトカゲと同じ大きさのマウスを何匹も殺すことができる。それなのになぜ、ツノトカゲはシュウカクアリを一〇〇匹食べても死なないのだろう？　ツノトカゲ研究でトップを行く生物学者、ウェード・シャーブルックと私たち夫婦は知恵を出し合って、この謎を解明する方法について考えた。

ウェードは当時、ツノトカゲが背景に合わせて体色を変化させるメカニズムについて博士論文を書いている最中だった。どのようにして調べるのか、尋ねてみた。

「トカゲを殺して、その皮膚の細胞を培養し、ホルモンやその他の成分を分析するんです」

「トカゲのそれ以外の部分はどうするのですか？」

「ああ、捨ててます」

「ええっ！　捨てるなんて、残りを全部無駄にしているんですか？　そんな。血液を私にゆずって下さい」

こうして、このプロジェクトが始まった。ウェードからツノトカゲの血液を提供してもらう。シュウカクアリの解剖の達人である妻が、何千匹ものアリを解剖してその毒液を採取する。そして私は、ツノトカゲがなぜアリ毒に耐性をもっているのか、その生理学的メカニズムを解明することに専念した。

まず知りたかったのは、ツノトカゲにはそもそもシュウカクアリの毒に対する感受性があるのか否かということだ。調べてみると、マウス一〇〇匹を殺せる量の毒液を投与しても、ツノトカゲにはまったく影響がなかった。つまり、ツノトカゲにはアリ毒に対する感受性がないのである。よし、シャベルとバケツの出番だ。調べたいことがある。

アリゾナの灼熱の太陽のもと、バケツ何杯分ものマリコパ・ハーヴェスターアントを採集した私たちは、研究室に戻ってさっそく大量の毒液を集める仕事に取りかかった。そして、その集めた毒液を用いて、ついに、ツノトカゲの半数致死量を求めることに成功した。ツノトカゲを一匹殺すためには、マウスを一匹殺すことのできる量の一五〇〇倍以上の毒液が必要だった。それは、アリ二〇〇匹分の毒液量に相当する。

ツノトカゲと類縁関係にあるジャローズ・スパイニー・リザード（ハリトカゲの仲間）は、ツノトカゲよりもはるかに毒に弱かった。一方、ツノトカゲは、シュウカクアリのいない地域に棲む生まれたての個体であっても、アリを常食にしているツノトカゲと同等の耐性をもっていた。これらの調査結果からわかるのは、ツノトカゲのアリ毒耐性は生得的なものであって、免疫力によって後天的に獲得されたものではないということだ。つまり、ツノトカゲは、せっせとシュウカクアリを食べて抵抗力をつけていたわけではなく、もともと血液中に解毒成分があるおかげで、シュウカクアリを平気で食べていられたのである。

このことは毒素中和試験によって裏づけられた。致死量の三・六倍の毒液にツノトカゲの血漿《けっしょう》を混ぜてからマウスに注射したところ、マウスにはまったく有害反応が現れなかった。昆虫毒に対する生得的耐性を進化させていることが明らかになったのは、脊椎動物ではこのツノトカゲが初めてだった。(27)

シュウカクアリとツノトカゲの話はこれで終わりではない。ツノトカゲも、シュウカクアリも、びっくりするようなワザをまだまだ持っている。ツノトカゲは、ツルツルネバネバした特殊な粘液を分泌し、その粘液で口や消化器の内面を覆っている。だから、アリを食べてもデリケートな喉や胃に針が刺さることはなく、たいていそのまま通り過ぎてしまう。シュウカクアリの側も防御策を二つ用意している。刺されても平気なトカゲも、咬みつかれるのは大の苦手なのだ。そこで、アリたちはトカゲに気づくと、大顎の基部にある分泌腺から警報フェロモンを出して仲間のアリたちを呼び寄せ、集団で攻撃をしかける。

アリの集団攻撃を受けたトカゲは、ただ追い払われるだけでは済まない。すごすごと退却する姿を、ミチバシリのような、トカゲ自身の捕食者にさらすはめになるのだ。さらにむごい仕打ちが待っている。アリは、トカゲの指や柔らかい腹部に咬みついたら離れないので、そのアリが死んでからもずっと頭部はくっついたままになり、否応なくアリの凄さを思い知らされることになる。

シュウカクアリ属の一種、ポゴノミルメクス・アンゼンシス（*Pogonomyrmex anzensis*）は、ツノトカゲが棲めないような過酷な環境に生息している。カリフォルニアのアンザ・ボレゴ砂漠で得られた単一の標本をもとに新種記載されたこのアリは、その後四五年間、当時の第一線のアリ学者たちが懸命に探しても見つからなかった。この「幻のアリ」が再び発見されたのは、一九九七年、ゴードン・スネリングが何年もかけて丹念に探し続けた末のことだった。そのアリの巣は、硬い岩山の南斜面の強烈な日光を受けて熱く乾燥している、想像を絶するほど過酷な場所にあった。そこにはツノトカゲなど一匹もいなかった。それどころか、ゴードンはアリを捕食する動物など一匹も見つけることができなかった。

ここで疑問がわいてくる。脊椎動物の捕食者がまったくいない環境に生息しているシュウカクアリの毒液はどうなるのだろうか？　そこで、ゴードンにこのアリを集めて送ってもらい、比較試験を行なった。これらのアリの毒嚢はぺしゃんこにつぶれていて、中身はほとんど空っぽ。本来の量の六分の一の毒液しか入っていなかった。毒嚢そのものは普通の大きさで、毒液量が極端に少ないだけだった。また、ゴードンの観察によると、そのアリたちは大変おとなしく、刺すように仕向けてもなかなか刺そうとしなかったという。毒性を分析してみて驚いた。毒性は、シュウカクアリ属のなかでも最強レベルで、ホイーラーズ・ハーヴェスターアント（北米のシュウカクアリのなかで最も大きく、攻撃性も最大級の種）の約三倍だった。生息環境の過酷さから、主要な捕食者がいなくなったポゴノミルメクス・アンゼンシスは、毒液の活性を失うのではなく、毒液の産生量を減らすことで、それに要するエネルギーを節約する方向に進化していったらしい(28)。

**何百匹ものシュウカクアリを一気に食べ尽くす動物はトカゲだけではない。** 歴史を振り返ると、人間も同じようなことをやっていた。一九九四年のある晴れた日の午後、私のもとにカリフォルニア大学ロサンゼルス校の修士学生、ケヴィン・グロークから電話がかかってきた。ケヴィンは、白人が大挙して押し寄せる前のカリフォルニア先住民の伝統文化を研究していた。当時は、多くの部族が若者たちに「ビジョン・クエスト」と呼ばれる苦行を課していたという。苦しみに耐えながら、人生の質を高め、力を与えてくれる「夢の導き」を乞うのである。若者たちはまず、数日間の断食をして胃を空にしてからビジョン・クエストに臨んだ。この儀式はたいてい冬季に行なわれたので、飢えと渇きに苦しむ若者に寒さが追い討ちをかけた。いよいよ準備が整うと、年長の女性たちがワシの羽毛にくるんだシュウカクアリを持ってくる。若者たちはこのシュウカクアリを食するのである。

ケヴィンが知りたいのは、アリ毒がまわって幻覚を起こす可能性があるかどうかだった。幻覚を起こしている間に霊的なものが体に入ってきて、導きやエネルギーを与えるのではないかと考えたからだ。

「まさか。それはないですよ。人間の場合、シュウカクアリに一〇〇〇回近く刺されないと中毒症状は起きません。激痛だけでトランス状態になるんでしょう」と私は答えた。

「でも大量のアリを食べるんですよ」ケヴィンは言い返してきた。

「大量ってどれくらい?」

「三五〇匹ほどです」

「うわぁ。亜致死作用を起こしてもおかしくない量だ。儀式のさまざまな要素が加わると、幻覚を起こす可能性は十分にありますね」

どれほどの痛みなのか、私には想像もつかないし、どのような覚悟でそんな儀式に臨むのか、その心中はますます計り知れない。初期の人類学者たちの綿密な調査記録や証拠標本から、その儀式に用いられたアリは、カリフォルニア・ハーヴェスターアントであることが明らかになっている。(4)

このビジョン・クエストでさえ、それほどでもなく思えてくる儀式がある。一部のアメリカインディアン部族が若者を「鍛える」ために、かつて行なっていた思春期の通過儀礼である。一九三三年にジョン・ハリントンがその様子を紹介している。思春期の少年を「イラクサの鞭《むち》で打ち、アリまみれにすることによって、逞《たくま》しい青年に成長させようとする儀式である。この苦行はかならず、イラクサが生い茂る夏場の七～八月に行なわれた。……少年が［鞭で打たれて］ついに歩けなくなると、近くにある気性の荒いアリの巣まで運ばれて、そのど真ん中に横たえられる。友人たちが棒切れでアリたちをつつくので、アリはますます凶暴化していく。どれほどの痛みに耐えればいいのだろう！　まるで地獄の拷問ではないか！　しかし、信心篤い少年たちは、声ひとつ漏らさずに黙ってすべてに耐え、まるで死んだようになっていた」(4)。現在のカリフォルニアではもう、このような通過儀礼は行なわれていない。アリにとっても幸いなのではなかろうか。

どんな観点から見ても、シュウカクアリは特殊なアリだ。そのなかでも並はずれてユニークなのが、その刺針と毒液である。初めて刺された瞬間から、私はこの二つの特殊性にすっかり魅了されてしまった。一目惚れならぬ、一刺し惚れである！　シュウカクアリに刺されたときの状況は、アリ類の文献でもよく取り上げられ、詳しく記録されている。

H・C・マクックは一八七九年に次のように記している。「子どもたちはシュウカクアリに健全な恐怖心を抱いているし、大人たちもこのアリには手を出したがらない。……巣の発掘を手伝ってもらうために彼［聡明で頑健なある青年］を雇おうとしたのだが、きっぱり断られてしまった。怯えたような妙な表情を浮かべながら『一日五ドル［二〇一四年の八四五ドル相当］もらっても絶対にやりませんから！』と言うのだ[15]」。その後、シュウカクアリに刺されてしまったマクックは次のように綴《つづ》っている。

鋭く激しい痛みが襲った。ミツバチに刺されたときのような痛みだった。そのあと、立て続けに二度、ゾクッと神経にさわるような感覚に襲われた。毛根部分がやたら敏感になっていた。それは一種独特の感覚で、警報機が突然鳴り響いて全身に戦慄が走ったときの感じにそっくりだった。そのあと、刺された部位が絶えず激しく痛み、多少とも強まったり弱まったりしながら、激しい痛みが三時間続いた。ややしびれるような感じも伴っていた。……まったくひどい目に遭ったものだ。二四時間以上たっても痛みは治まらなかった[15]。

D・L・レイは一九三八年に、自分がフロリダ・ハーヴェスターアントに刺されたときの反応を次のように記している。「刺されたところが真っ赤になり、みるみる皮膚から粘っこい分泌液が出てきた。大粒の汗のように噴き出した分泌液が、腕を流れ落ちていく。刺された部位はほてって熱くなり、凄まじい痛みが一日中続いて、夜になっても治まらなかった[29]」

クライトンは一九五〇年に出版された名著『北アメリカのアリ類』（*Ants of North America*）のなかで淡々と冷静にこう述べている。「シュウカクアリ属のアリはどの種も、刺されると非常に痛い。ミツバチに刺されたときのような局所的な痛みではなく、痛みがリンパ管に沿って広がっていく。そして、刺された部位の痛みが治まってからもずっと、腋窩《えきか》や鼠径部《そけいぶ》のリンパ節に強い不快感をもたらすことが多い(1)」

アーサー・コールは一九六八年出版の『シュウカクアリ』(*Pogonomyrmex Harvester Ant*)の序文で、刺されたときの反応を詳述している。「刺されたときに強い痛みが走ることもある。そのあと、刺傷部位がどんどん腫れて赤くなってくる。それからまもなく、ズキンズキンと脈打つように痛みが始まり、それが鼠径部、腋窩、頸部など、近くのリンパ節へと広がっていく。この拍動性の痛みが数時間続くこともある。刺傷部位のまわりの皮膚がひどく湿り気を帯びてくることが多い」

最後に、強力なタッグを組んでいるジョージ&ジャネット・ホイーラー夫妻は一九七三年に次のように記している。

[筆者は]上唇の下縁の真ん中を刺されて、あわててアリを払いのけた。……それから一〇分間、痛みは起こらず、なんとなく焼けるようにヒリヒリしているだけだった。一時間後、上下唇と前歯およびその近くの顎に鈍痛が現れた。上唇の真ん中三分の一がやや腫れて赤くなった。……刺されてから六時間経つと痛みは引いて、上唇の焼けるような感覚だけが残った。翌朝(刺されて一〇時間後)、上唇下縁の真ん中五五ミリがまだ少しヒリヒリしてむくんではいたが、赤みは消えていた。ただし五五ミリのうちの中ほど一〇ミリは、触っても感覚がなかった。一二時間後、感覚が戻り始めたが、下縁はまだ麻痺しており、腫れとヒリヒリ感もまだ少し残っていた。二四時間後、腫れはほとんど消えたが、上唇がこわばるような感じがした。痛みはなかった。……刺されてから二日後、唇の内側が過敏になっていて、こすると火照るような感じ

がした。……二六日後、上唇の中央部はまだ過敏な状態だった。[30]

このような記述を読むと、シュウカクアリに刺された人たちはみな、大変な目に遭っていることがわかる。そしてだれもが、特異な反応を経験していることがわかる。

シュウカクアリに刺されたときの反応は、少なくとも五つの点で、他の昆虫に刺されたときとは異なっている。まず一つ目は、刺される側にとって困るのだが、刺された瞬間には何の反応も起こらないことである。稲妻のような痛みが走ることも、皮膚が焼けるように痛むこともない。しばらくしてから痛いと気づくと、そのあとはもう、どんどん容赦なく痛みが増していくばかりだ。この最初の「無痛」期が、刺された瞬間からどれくらい続くのかは知るのがなかなか難しい。刺されたことに気づかなければ、ストップウォッチを押せないからである。刺されたと気づいたときにはもう手遅れで、組織損傷がすでに起きてしまっている。私の経験だと、下肢の場合、刺されたと気づくまでに三〇秒くらいかかるような気がする。

痛みが遅れて始まることには何か意味があるのだろうか？　もし、刺したとたんに痛みだしたら、シュウカクアリにとって何か不都合なことがあるのだろうか？　その答えは、刺したアリとそのコロニーにとっての、短期的および長期的利益にありそうだ。シュウカクアリの毒液注入スピードはかなり遅い。したがって、注入を始めたとたんに痛みだしてしまうと、刺された人はさっとアリを振り払って、すぐに組織損傷を食い止めることができてしまう。しかし、痛みが少し遅れて出てくれば、アリは振り払われることなくたっぷりと毒液を注入し、長期的ダメージを最大にすることができる。

他の昆虫に刺されたときとの違いの二つ目は、刺傷部位のまわりに局所性の発汗が起こることである。通常の汗よりもべたつく粘っこい汗で、刺し傷のまわりだけに限られる。刺された辺りを指で左右にそっとなでてみると、汗が出ているのがすぐわかる。発汗していないエリアをすべってきた指が、発汗エリアに入ると摩擦を感じ、それからまた滑らかにすべるエリアに出て行く。テストの感度を上げるために、私は指ではなく上唇を使ってみることもある。シュウカクアリ以外で、刺し傷のまわりの皮膚に発汗が起きることはない。というわけで、気づいたらもう犯人に逃げられていたというときには、この発汗の有無を調べればシュウカクアリだったかどうかがわかる。

他の昆虫に刺されたときとの違いの三つ目は、刺傷部位のまわりに局所性の立毛反応が起こることである。刺し傷のすぐまわりの毛が、怯えた犬の肩の毛のように逆立つのだ。また、毛の根本にある立毛筋が収縮して「鳥肌」になり、その部分の皮膚がブツブツした感じに見える。発汗と同じく、この立毛現象も刺し傷のまわりだけに限られる。シュウカクアリ以外では、局所性の立毛反応は起こらない。したがって、これもまたシュウカクアリに刺されたのかどうかの判定に利用できる。

他の昆虫に刺されたときとの違いの四つ目は、リンパ節に痛みが生じることである。刺し傷に最も近いリンパ節――たとえば、腕を刺されたら腋窩のリンパ節、脚を刺されたら鼠径部のリンパ節――にしこりができて、さわると痛い。耐えられないほどの痛みではないのだが、どうにも不快でたまらない。何とも表現しがたいので、私はこれを「いやみな痛み」と呼んでいる。心の平穏をかき乱すからである。シュウカクアリ以外では、リンパ節の痛みや違和感は起こらないので、これもまた、シュウカクアリに刺されたのかどうかの判断材料になる。

他の昆虫に刺されたときとの違いの五つ目は、痛みの持続時間としつこさである（シュウカクアリに匹敵するものが一つだけあるが）。刺されてから五分ほどで本格的に痛みだすと、もう何時間も痛みが引くことはない。歯を食いしばって堪えるほかない激痛が押し寄せたかと思うと、何とか耐えられるレベルになり、それからまた新たなピークが押し寄せるといったことが繰り返される。残念ながら、痛みはなかなか引いてくれない。持続時間は、シュウカクアリの種類や、注入された毒液量、刺された人の痛みに対する感受性によっても異なるが、だいたい四～一二時間ほど。ラフ、レッド、あるいはウェスタン・ハーヴェスターアントに刺された場合は四時間程度だが、マリコパ、カリフォルニア、あるいはフロリダ・ハーヴェスターアントに刺された場合は八時間近く持続する。そこで私は、痛みのしつこいマリコパ・ハーヴェスターアントとフロリダ・ハーヴェスターアントに的を絞って研究を進めることにした！

シュウカクアリに刺されたときの反応がこれほど独特だということは、その毒の化学成分も、他の昆虫毒とはまったく異なるにちがいない。そう考えたのだった。しかし、私が初めてシュウカクアリに刺された一九七〇年代当時、シュウカクアリの毒の化学的性質に関する知識はまったくの空白地帯だった。

ちなみに、毒の化学的性質が初めて明らかにされた昆虫は、ホースアント（別名イングリッシュ・レッド・ウッド・アント）（*Formica rufa*）だった。リンネがアリ類に学名を付けるよりも九〇年前の一六七〇年、ジョン・レイがこれらのアリには蟻酸が含まれていることを突きとめたのだ。(31)

まだ名前のない酸だったので、「アリ」を意味するラテン語「フォルミカ」をとって、「フォルミカ・アシッド」（蟻酸）と命名された。レイの発見は科学界で大きな話題となり、一般の人々の間にまで広まった。それ以来、世間の人々や多くの科学者が、昆虫毒といえばみな蟻酸だと思ってしまうようになり、その傾向は今もなお続いている。蟻酸神話のような都市伝説は、なかなか消し去ることができないのである。

一九世紀末から一九三〇年代にかけて、ドイツの科学者たちが、ミツバチの毒には高活性の固体の毒素が含まれていることを明らかにした。それは、蟻酸とは異なるものだった。蟻酸ならば、揮発性液体なのでにおいですぐにわかるが、ミツバチの毒はそのにおいがしないのだ。同様に、刺針をもつアリを採集して瓶に入れておいても、蟻酸のにおいはまったくしてこない。蟻酸を出すアリというのは、刺針がなくて敵を咬むことしかできないアリたちなのである。昆虫毒の蟻酸にまつわる話は、これからも巷《ちまた》の知識として私たちを楽しませてくれそうだ。

シュウカクアリの毒については、刺されたときの痛みに関する記述以外、データがまったくなかったので、私の仕事は、化学的、薬理学的解析に必要な毒液を集めるところからスタートした。アリを捕まえること自体は簡単なのだが、なにしろ、毒液がごく微量しか含まれていない。アリ一匹から採取できるのはわずか二五マイクログラム程度。したがって、一オンス（四五〇グラム）の毒液を得るためには一〇〇万匹以上のアリが必要で、毒液の採取に一匹あたり三分かかるとすると、昼も夜も休まずに作業を続けたとしても、六年半の歳月を要する計算になる。どう考えても大量の毒液など集められそうにない。しかし幸いなことに、ごく微量の毒液でもさまざまな解析を行なうことができた。

毒液の作用の一端を担っているのが一群の酵素である。こうした酵素は化学結合を切断することによって、体の組織に生化学的な大混乱を引き起こす。フロリダ・ハーヴェスターアントの毒液は、他のどの昆虫の毒液よりも多様な高活性の酵素を含んでいる、酵素の宝庫といっても過言ではない。その酵素群が、刺針を通して足などの皮膚に注入されると、そこでさまざまな悪事をしでかすことになる。

二種類のホスホリパーゼ（A1とB）が、細胞膜の主要な構成成分であるリン脂質を分解してしまう。すると細胞膜が破壊されると同時に、リン脂質の分解生成物の一つ、リゾレシチンが痛みを引き起こす。イタタッ！　さらに被害を大きくしているのがヒアルロニダーゼである。ちょうど肉叩きのような働きをする酵素で、皮膚の結合組織をやわらかくして、他の毒液成分の浸透を促すのだ。エステラーゼや酸性ホスファターゼなども皮膚や生体内の分子を分解して他の毒液成分の働きを助長する。しかし、こうした酵素それ自体に毒性があるどうかはわかっていない。最後にもうひとつ、気になる酵素がある。脂質を分解するリパーゼだ。[32,33] 他の昆虫毒には見つかっていないもので、その働きもよくわかっていないが、おそらくエステラーゼとともに作用して、イラクサに刺されたときのようなチクチク感やヒリヒリ感をもたらすのではないかと私は考えている。

直接的な薬理作用や毒作用をもたらすこともシュウカクアリの毒液の特徴である。[34] この毒液には強い溶血作用があって、赤血球の細胞膜をどんどん破壊する。破れた赤血球からへモグロビンが漏れ出すので、酸素運搬機能が損われると同時に、腎臓での血液濾過機能も妨げられてしまう。腎機能の低下が進行すると、数日のうちに死に至ることになる。溶血は死の間接的な原因になりうるのである。

キニン類は、心臓に影響を与えて血圧を低下させると同時に、痛みを起こすことで知られる高活性ペプチドである。ハチ毒に含まれるキニン類は、イエロージャケットなどの社会性狩りバチに刺されたときの痛みの主な原因になっているようだ。シュウカクアリの毒液にもキニンに似た薬理作用が認められるのだが、その作用のもとになっている分子の正確な化学構造はまだ明らかにされていない(35)。その物質が、刺したときにどんな反応を起こすのかもわかっていないが、おそらく短時間の痛みを引き起こすのではないかと思われる。

シュウカクアリの毒液の作用のなかで最も深刻なのは直接的な神経毒性である。この神経毒性が、皮膚、脊髄、脳、そしておそらく心臓の神経を直撃する。その結果、ほぼ即死状態のこともある。小さな脊椎動物は、シュウカクアリに二、三回刺されただけでも危険な状態に陥ってしまうが、幸いなことに、人間の場合は、二、三回刺された程度の毒液量では神経毒性は現れない。さらに、人間の皮膚は厚くて、毒液がゆっくりとしか放出されない仕組みになっている。つまり、毒液はいったん皮膚内に留まってから、体には影響が出ないくらいのスピードで放出されるのである。

では、どれくらいの量の毒液が注入されたら死に至るのだろうか？　毒液の致死量は、刺された動物の半数が死亡する「半数致死量」で示される。ヘビ毒の致死量はよく知られていたが、昆虫毒のうちで致死量が判明しているのはミツバチだけだった。ミツバチの毒は非常に毒性が強く、多くのヘビ毒にもまさるほどだ。シュウカクアリの毒を分析してみたところ、驚いたことに、そのミツバチをも凌ぐ効果を持っていた。平均的なシュウカクアリの毒液は、ミツバチの毒液の六倍も毒性が強く、アリゾナ州ウィルコックスで採取されたマリコパ・ハーヴェスターアントにいたっては、およそ二〇倍もの毒性をもっていた(36)。

現在のところ、シュウカクアリの毒は、知られている昆虫毒のなかで最も毒性が強い。さらに、オーストラリアに生息する一部のヘビやウミヘビを別にすると、どんなヘビ毒よりも毒性が強い。もし、シュウカクアリがウミヘビと同じくらい大きかったならば、シュウカクアリの毒液についてもっともっと多くのことが解明されていたのではないだろうか。

コロニーの防御という使命を果たすために、シュウカクアリ属のなかには、さらなる手品のタネを用意している種もある。刺針を用いる多数の昆虫にとって、大きな制約要因となっているのが毒液の注入スピードである。アリ類やハチ類には、一瞬のうちに毒液を注入できるような強力な仕掛けは備わっていない。敵に気づかれて、はたかれたり殺されたりする前に、すばやく大量の毒液を送り込んでしまうことができないのだ。しかし、カリフォルニアやフロリダに生息するシュウカクアリのなかには、この注入スピードの問題を回避できるみごとな仕組みを備えているものがいる。敵の体に刺し込んだ針を、自ら切り捨ててしまうのだ。その間に、アリ自身は払いのけられたり、潰されたり、食われたりするかもしれないが、切り離された毒針は敵の体にそのまま残って、搭載している毒液を全量、ひそかに注入し続けるのである。

この毒針の自切は、ミツバチでよく知られており、刺した相手がミツバチかどうかの判断材料になるとされている。皮膚に針が残っていればミツバチだし、残っていなければ何か別のもの、というわけだ。しかし必ずしもそうとは限らない。シュウカクアリも針を皮膚に刺したままにするし、熱帯性の狩りバチのなかにも針を残していくものが何種類かいる。

毒針を自切した個体は死んでしまうが、毒液が全量注入されれば、女王や幼虫、蛹、他の成虫を含めたコロニーという超個体を守るのに貢献できる。シュウカクアリの働きアリは、もともと産卵能力がないので、自殺してもコロニーの繁殖力が直接損われることはない。むしろ、全量注入戦略をとることによって、女王、兄弟、生殖に携わる姉妹など、自分の一族やそのコロニーが子孫を殖やして繁栄するチャンスを高めることに大きく貢献できる。

そのおかげで、私たちがその毒針の犠牲となるわけだ。シュウカクアリの毒針は強烈で、ミツバチなんて大したことないように思えてしまうほど。シュウカクアリの毒針は質《たち》が悪いし、ものすごく痛い。刺されてからしばらくは、大したことはなく、歯科用の注射器で少量の水を注入されている程度の感じかもしれない。ところが、その感覚がほどなく、肉をえぐられるような鋭い痛みに変わるのである。鉛を詰めたブラックジャック（円筒形の革袋に砂などを詰めた棍棒）でズシンと殴打されたように感じることもあれば、魔術師が皮膚の奥深くまで手を伸ばして、筋肉や腱や神経を引き裂いているように感じることもある。しかも、一度引きちぎられておしまいではない。引きちぎられては、少し和らぎ、そしてまた引きちぎられ、という具合に波状攻撃が繰り返される。この拷問が数時間にわたって延々と続くのだ。四〜八時間は続くと覚悟しておこう。

シュウカクアリに刺されたときの痛みは、痛み評価スケールで、非常に高いレベル3。ミツバチに刺されたときよりも、格段に痛いし、質が悪い。シュウカクアリに刺されたら、家族や友人に心配したり気遣ったりしてもらわずにはいられない。

# 第9章　孤独な麻酔使いたち――オオベッコウバチと単独性狩りバチ

歴代の哲学者たちに愛されてきた、あのミツバチに刺されるくらいなら、ジガバチに一〇〇回刺されるほうがいい。
――ハワード・エヴァンズ『ジガバチ飼育場』（*Wasp Farm*）一九七三年

**ピリピリッと電気が走る。**まるで雷に打たれたよう。オオベッコウバチに刺されたときはそんな感じだ。他のハチに刺されたときとはまるで違うが、なぜこれほど違うのか。科学の世界では「なぜ」とは問いにくい。その背後に何らかの目的を想定することになるからだ。目的論は科学的方法にはなじまない。しかしここではとりあえず、そういった制約は無視して、「なぜ」という問いを手がかりに、観察される現象について考えていこう。もしかすると、オオベッコウバチの刺針がこれほど痛い理由がわかるかもしれない。

刺されると痛い理由を探っていく前に、まず、オオベッコウバチをはじめとする「単独性」狩りバチの生態を見ておこう。ハチが「単独性」であるとはどういうことかというと、社会生活を営んでいないということ、つまり、姉妹、兄弟、母親、赤ん坊たちとともにコロニーで暮らしているわけではないということだ。単独性の狩りバチは、メス一匹だけで生きているので、自分の子どもたちが無事に生き延びられるよう、自分の血統が途絶えることのないよう、何から何まで独力でこなさなくてはならない。単独性狩りバチは正真正銘のシングルマザーなのである。オスは出産・育児の手伝いなど何ひとつしない。メスと交尾して必要な精子を提供したらそれでおしまい。メスにとってオスは、精子の提供者というその一点を除くと、しつこく求愛行動を続けてくる迷惑な存在でしかない。

花バチのなかには、オスがメスの手助けをしてくれる種もある。巣の入口の見張りをしたり、自分の頭で巣口を塞いで、寄生生物や乗っ取りを狙うメスの侵入を防いだり、体を張って巣を守ろうとするのだ。しかし、単独性の狩りバチは、メス同士で巣を共有することもなければ、オスに砦を守ってもらうこともない。

単独性の狩りバチは、そのほとんどが、狩りをして獲物をしとめる捕食動物である。それに対し、花バチは、花蜜その他の甘い汁を吸ったり、花粉をかじったりして生活しているベジタリアンである。ただし例外もある。ハリナシバチ類は花バチの仲間だが、花粉を集めることはせずに、死んだ動物の腐肉を漁って暮らしている。ハリナシバチは、花バチ＝ベジタリアン、というルールに反するハチなのだ。

同様に、単独性狩りバチ＝捕食者、という法則にも例外が存在する。ハナドロバチ亜科のハチ（ポレンワスプ）がそうだ。ハナドロバチは、トックリバチ（徳利《とっくり》を逆さにしたような巣の中で子育てをするハチ）と類縁関係にあるハチだが、「ポレンワスプ（花粉蜂）」という名のとおり、獲物を狩るのでなく、花粉を集めて幼虫の餌にしている。その点は花バチによく似ているが、ハナドロバチは花バチと近縁ではなく、進化系統樹の別の枝に位置している。したがって、花バチに似ているのは、収斂《しゅうれん》進化の結果だと考えられる。

自分が単独性の狩りバチになったところをちょっと想像してみよう。単独生活には、社会生活を営む場合に比べていくつかのデメリットがある。ここで言う社会生活とは、人間の社会生活――友人と集い、一緒にショッピングしたり、談笑しながら食事を楽しんだり――とはまったく別のものだ。したがって、単独生活のデメリットとは、兄弟姉妹と力を合わせて生活を営むことができないデメリット、という意味である。

社会性の昆虫は、一つの仕事を多数の個体が協力して行なうので、単独でやるよりもたいてい大きな成果を挙げることができる。たとえば、あるメンバーが、巨大なバッタの死骸であるとか、新しい花畑であるとか、何か大物を探し当てたとする。その一匹だけでは、せっかくのご馳走のごく一部しか収穫できないし、競争者に丸ごと横取りされてしまうことだってある。そんなとき、社会生活を営む昆虫であれば、コロニーのメンバーに招集をかけて、競争者を寄せつけずに、大きな食料資源をすっかり収穫することができる。また、一匹だけで暮らしている昆虫は、自分で食物や水を見つけられなければ、たちまち死の瀬戸際に立たされる。その点、社会生活を営んでいる昆虫であれば、食料や水の調達に失敗しても、うまく手に入れることができた他のメンバーから分けてもらうことができる。

単独生活を営む昆虫は、何から何まで自分でこなせる何でも屋でなくてはならない。それに対して、社会性昆虫の場合には、それぞれが自分の役割をこなすことができればいい。たとえば、餌探し係、水集め係、巣の増築用の資材集め係、子どもたちの世話係、餌やり係、巣の防御係など。これはほんの一例で、もっとさまざまな係に分かれている[1]。なかでも社会生活の大きなメリットとして、捕食者、寄生者、侵入者から巣を防御する係を常に配置しておけることがある。それに対し、単独性の狩りバチは、赤ん坊を守ってくれる者がだれもいなくても、食料や水を確保するために巣を離れなければならないから大変だ。

しかし、単独性狩りバチの生活には不利な点がいろいろある代わりに、有利な点もたくさんある。単独生活のメリットの一つは、無駄なくタイミングよく暮らせることだ。たとえば、餌にするキリギリスの幼虫の発生時期がごく短期間に限られるのであれば、単独性の狩りバチはその期間だけ活動すればいい。一年のうちのそれ以外の時期にわざわざ出てきて活動する必要はない。そのほうがエネルギーを節約できるし、捕食者に襲われたり、天気や気候の影響を受けたりといったリスクを減らすこともできる。

単独性の種は、ある特定のことにかけてはだれにも負けないスペシャリストだったりする。たとえば、派手な横縞模様の狩りバチ、ツチスガリ属の一種（*Cerceris fumipennis*）は、美しい金属光沢をもつ甲虫、タマムシを見つけるエキスパートで、実に効率よく発見し、捕獲し、麻酔してしまう[2]。タマムシを見つけるのに難儀しているタマムシ研究者が、新種のタマムシを発見するためにツチスガリの巣を掘らせてもらうこともあるほどだ。もうひとつの例がシカダキラーで、いとも簡単にセミを見つけて捕獲してしまう。社会性狩りバチや人間にはなかなかまねのできないことである。

子育て中によく経験することだが、幼稚園や保育園に通う子どもたちは、すぐに病気をもらってくるし、他の子どもにもうつしてしまう。いろいろな接触感染症に悩まされるのは社会性昆虫も同じである。その点、単独性の種は、互いに接触する頻度が低いおかげで感染症にもかかりにくい。

単独生活のもう一つの大きなメリットは、捕食者に見つかりにくいことだ。多数のハチの群れがせわしなく活動していたり、大きな巣があったりすれば、当然、飢えた捕食者に見つかりやすくなる。ひっそりと活動する単独性狩りバチのほうがずっと気づかれにくいし、無用な注意を引くこともない。そもそも、大型の捕食者からすると、単独性のハチ一匹では、捕らえて食べるにせよ、巣を掘り崩して貯蔵食料や子どもをさらうにせよ、あまり旨みがないのだ。大型捕食者としては、巣の中に多数のハチが群れていてくれたほうが、痛みを覚悟で捕獲してやろうという気になる。人間だって同じだ。たとえば、部屋の向こう側にピーナッツが一粒落ちている場合と、器に山盛りのピーナッツが置かれている場合とでは、どちらが取りに行きたくなるだろう?

防御に関連して、社会性の種よりも単独性の種のほうが有利なのは、捕食者から逃げるという選択肢があることだ。社会性狩りバチの巣が狙われたとき、巣の近くにいる働きバチたちは、何としても巣を守り抜こうとする。逃げるという選択肢はそこにはない。働きバチが女王の命を守らなければ、築き上げてきたものがすべて失われてしまうからである。一方、単独性狩りバチの場合は、巣が襲われたらすぐに逃げて自分の命を救う。ほとんどの捕食者は巣の存在に気づかないし、気づいても襲う価値なしと判断するだろうから、巣が狙われること自体まれなのだが、たとえ巣が破壊されても、すぐにまた別の巣を作ってそこからやり直せばいい。

生き物にとっての最大のリスクは、生きていることそれ自体である。「自分も生き、他人も生かせよ」「食っても、食われるな」といった言葉は、この問題の核心に触れている。生命にとっての究極の課題は、その血統を絶やさずに将来に引き継ぐことだ。そのためには、未来に生きる自分の子孫を残さなくてはならないが、その過程に大きなリスクが伴う。だれかの胃袋に納まってしまえば、もうそれでおしまいだ。生きている期間が長ければ長いほど、食われるリスクもそれだけ増大する。子孫をきちんと残す方法のひとつは、すみやかに生殖行動を行なって、任務を全うしてから死ぬことだ。

その極端な例を見せてくれるのがカゲロウである。種によっては、成虫の期間が一時間にも満たないものもある。[3] 羽化したら、すぐさま交尾して、水面で死ぬ。死ぬ瞬間に卵をどっと放出するのである。生殖に直接寄与しない活動に費やす時間をできるだけ短くして、生殖の効率を最大限に高めようとするのが自然の摂理というもの。単独性狩りバチの多くは寿命が短いが、これもまた、生殖以外の時間に捕食者にさらされるのを極力避けて、食われるリスクを減らすための適応なのである。

狩りバチの多くは、種ごとに特定の動物だけを餌にしているが、その動物の現れる時期が、毎年、数週間程度だけだとしたら、狩りバチにとって最善の生存戦略は、その獲物が現れ始めたときに成虫になり、獲物が捕れる間にせっせと狩りをして子孫をつくり、獲物のシーズンが終わったら死ぬことだ。その時期を過ぎて生きていても意味がない。しかし、多くの社会性狩りバチには、成虫の期間を短くするという選択肢はない。生産性がゼロの長い期間を含め、年間を通してコロニーを維持していかなければならず、その間ずっと捕食者の脅威にさらされ続けることになる。

**オオベッコウバチに刺されたらどうすればいいか?**　講演などで聞かれたら、ごろりと横になって大声で叫びましょう、とアドバイスしている。とにかく七転八倒するほどの激痛なので、むやみに歩くと穴や障害物につまずいてサボテンや鉄条網にぶつかり、さらに怪我をしてしまうおそれがあるからだ。筋肉の協調性や、危険を避ける判断力にまで障害をきたすほどの痛みなのだ。大声を張り上げるだけでも気が紛れて、痛みから注意をそらすのに役立つ。

わざわざオオベッコウバチに刺されてみようとする人なんて、ほとんどいないだろう。そんな肝の据わった人の話は聞いたことがない。クモバチ科のハチ、とくにオオベッコウバチに刺されたらどんな悲惨な目に遭うか、研究者の間ではもう周知のことだからだ。刺されるのは決まって、標本用に捕獲しようと意気込んでいるときだ。思わずクソッと叫んで捕虫網を放り出し、大声でわめき散らすことになる。刺されたとたんに痛みだし、電気が走るような凄まじい激痛にすっかり消耗してしまう。

偉大な博物学者、ハワード・エヴァンズは、『虫の惑星―知られざる昆虫の世界』(早川書房)という楽しい本を著した単独性狩りバチの専門家だ。白髪がもじゃもじゃで、目をきらきら輝かせた細身で控えめなハワードは、オオベッコウバチが大好きだった。研究に没頭していたハワードはあるとき、花に集まっている一〇〇匹近いオオベッコウバチのメスを捕虫網にかけることに成功。夢中で捕虫網に手を入れたとたんに一刺し食らったが、それでも手を引っ込めようとしなかったものだから、さらに数回刺されてしまい、とうとうあまりの痛さに、すべてを放り出して腹這いで水路に逃げ込み、ただひたすら泣いたという。のちに、あれは私の欲張りすぎだった、と振り返っている。(4)

オオベッコウバチに「自分から」刺された人を私は二人だけ知っている。「自分から」というのは、二人とも映画俳優で、いわば刺される「役回り」だったからである。一人は、ハチに詳しいスポーツマンタイプのイケメン俳優だった。彼は大きな筒型のガラス容器に手を入れて、器用にハチの翅をつかんだ。翅をつかまれたハチは、彼の親指の爪を刺そうとするのだが、すべってなかなか刺さらない。それから一分間ほど、私たちがオオベッコウバチについてとりとめのない話をしている間、カメラは、すべって狙いをはずした長い毒針を画面いっぱいに映し出していた。そのとき、ハチが腹部をぐいと引き戻して、爪の下に針を突き刺したのだ。ギェーッ……(放送上不適切な言葉がとびだしたかもしれないが、思い出せない)。ハチは勢いよく舞い上がり、そのまま飛び去っていった。勝負あり。ハチに一点。

もう一人の俳優は、フットボールのラインバッカーも務まりそうな屈強な男性で、勇猛果敢な演技に定評のあるスターだった。その撮影の前に、オオベッコウバチを捕まえて撮影場所まで届けるのが私の役目だった。アカシアの花に集まっていた五〜六匹のオオベッコウバチを捕虫網で捕えたところまではよかったのだが、網がアカシアの棘にひっかかり、一匹だけを残して、すべて逃げてしまった。残った一匹はオスだったので、私はカメラマンを呼んで、オスは刺さないから危険ではないことを示そうとした。網に手を入れて無造作につかんだところ……それはメスだったのだ。ギエーッ！　そのハチを何とか捕虫網に戻しながら、オスとメスを間違えて刺されたことをカメラに向かって説明した。残念ながら、私は俳優ではなかったので、その場面を映したフィルムはお蔵入りになってしまったが、たぶんいつかYouTubeで復活することだろう。

その騒ぎも一件落着。オオベッコウバチがその俳優のもとに届けられた。彼はハチをむんずとつかんで刺されたが、「イタッ、たしかにちょっと痛いね」としぶしぶ認めただけ。平然としていた。私は、この男には神経というものがないんじゃないかと疑った。しかし、ディレクターにハバネロ（オオベッコウバチ級の極辛トウガラシ）を渡されてむしゃむしゃ食べたとたん、口と鼻と耳から火を吹きそうになったのか、すっかり黙ってしまった。どうやらトウガラシの辛さを感じるだけの神経は持ち合わせているようだった。

オオベッコウバチが戦争の武器として用いられた記録はないが、もしかしたら今後、ケンカの道具の候補くらいにはなるかもしれない。ハワード・エヴァンズはメキシコ滞在中のこんな経験を書き留めている。「（オオベッコウバチの）威力は大したものだ。米国南西部やメキシコを旅行中に、私は何度かこのハチを捕まえた。腕白小僧の一団につきまとわれて、あれこれ聞かれたり、おせっかいを焼かれたりしたとき、このハチでちょっといたずらをして、小僧どもを追い払うためだ。オオベッコウバチを花からつまみ上げて子どもたちに見せるのだ。もちろん、私がつまむのはいつも、刺針のないオスだけ。ところが、興味津々の子どもたちは決まって大ぶりのハチ（たいがいメス）をつかんでしまい、もうコリゴリのようだった[5]」

オオベッコウバチ（別名ドクグモオオカリバチ、英名タランチュラホーク）は、クモ類をだけを幼虫の餌にするクモバチ科のハチである。クモバチ科は五〇〇〇種ほどを擁するが、そのなかで体が最も大きいのがオオベッコウバチだ。[6] その特徴は、クモ類のなかで一番大きくて獰猛なタランチュラを餌にしていること。まさに「食は人なり」という諺《ことわざ》のとおり、最大のクモを食べるハチが、最大のクモバチになるのである〔口絵6〕。

他のクモバチ類と同様に、オオベッコウバチのメスは、子どもたちにクモを一匹ずつ与える。成虫になるまでの間、幼虫が朝に、昼に、晩に食べるのは、最初にあてがわれたそのクモ一匹だけ。当然ながら、大きなクモを食べて育った幼虫は大きなハチになり、小さなクモを食べて育った幼虫は小さなハチになる。話が面白くなるのは、まさにここからだ。母バチは自分が捕獲してきた大小さまざまのクモを、ただでたらめに子どもたちに割り当てているわけではない。じつは、母バチにはオスとメスを産み分ける特殊な能力がある。

ハチ目の昆虫は、遺伝学の世界ではちょっとばかり変わり者だ。受精卵からメスが、未受精卵からオスが生まれるのである。だから、オスはメスの半分の遺伝情報しかもっていない（だからといって、オスの知性はメスの半分というわけではない。女性の皆さんはそう思われたかもしれないが）。また、母バチ自身が、体内に蓄えてある精子で卵を受精させるかどうかで、その卵を息子にすることも、娘にすることもできるというわけだ。

オオベッコウバチの世界では、メスのほうが重要だ。あらゆる仕事をこなすのはメスだからである。クモを狩るという危険な仕事を一手に引き受けるのもメス。ときには自分の体重の八倍もあるクモを巣穴まで引っ張ってくるのもメスだ。したがって、仕事や子育てを効率よく行なうために、メスは体が大きくて強くなければいけない。一方、オスの仕事といえば、花の蜜をすることと、他のオスを追い払ってメスと交尾すること――ほとんどそれに尽きる。体の大きいオスのほうが多くのメスを勝ち取れたりはするが、小さなオスでもメスと交尾はできるので、体の大きさはそれほど重要ではない。そこで、オオベッコウバチの母親は、大きくて貴重なタランチュラにはメスの卵を産みつけ、小さなタランチュラにはオスの卵を産みつけるのである。

オオベッコウバチもやはり、他の多くの単独性狩りバチと同じような一生を送る。地下の育房で羽化したメスは、地上に出てきて花の蜜を求め、交尾を行なう。羽化して出てきたオスも、花の蜜を求め、交尾行動を開始する。

オオベッコウバチには、ヘミペプシス属のものとペプシス属のものとがあるが、ヘミペプシス属の種は、オスがヒルトッピング行動をとることで知られている。山頂や稜線など、高くて目立つ場所にオスが集まってきて「レック」を形成するのである。この「レック」は、求愛行動の場であるとともに、オス同士の縄張り争いの場でもあり、たいてい体の大きいオスがレックの中心に近い好条件の場所を勝ち取る。そのレックに、未交尾のメスたちが交尾相手を求めて飛来するのである。メスは一生に一度、束の間の交尾を行なって、そこで得た精子だけで一生やっていく。

アリゾナ州に生息するペプシス属のオオベッコウバチの交尾は、トウワタ、ウエスタン・ソープベリー、メスキートなど、特定の花の周囲で行なわれることが多いようだ。オスたちはこれらの花のまわりをぐるぐる飛び回ってメスを探す。その点を除けば、ヘミペプシス属とほぼ同じで、オスとメスはやはり束の間の交尾を行なう。

交尾を終えたメスはさっそくタランチュラを探しに出かける。餌に関してうるさい好みはなく、タランチュラであれば種類は問わない。メスでも、オスでも、成虫でも、大きめの幼虫でもかまわない。大きくて丸々太ったタランチュラのメスはたいてい、オオベッコウバチのメスの赤ん坊の餌にされる。タランチュラのオスは痩せていて脚が長く、体重もメスよりはるかに軽いのがふつうだ。したがって、タランチュラのオスはたいてい、オオベッコウバチのオスの赤ん坊の餌になる。オオベッコウバチのオスが、姉妹に比べて体が小さいのは当然のことなのである。

さて、タランチュラを捕まえたオオベッコウバチは、タランチュラの脚の基部と腹板の間に針を突き刺す。脚と鋏角《きょうかく》を制御している大きな神経節に針が刺さったタランチュラは、一秒半から二秒半のうちに完全に動けなくなり、永久に麻痺状態にされてしまう。ぐったりと動けなくなったクモは、メスバチがあらかじめ掘っておいた巣穴か、クモ自身の巣穴へと運ばれていく。夕暮れどきに、オオベッコウバチが自分の何倍もある大グモを延々と引きずっていく様は、自然界の壮大なドラマである。その場面に居合わせた人にとって、生涯忘れえぬ感動の体験になるにちがいない。メスバチは、巣穴の底にある育房にクモを運び込むと、クモに卵を産みつけて、土で巣穴を封じる。こうして一仕事終えた母バチは、次の獲物を求めて、ふたたび狩りに出かけていく。

卵は数日で孵化して一齢幼虫になる。幼虫は、麻痺状態で生きているクモの血液を吸って成長し、二〇～二五日間に四回脱皮して五齢幼虫（終齢幼虫）となる。この時点でクモはまだ生きているが、すでに血液、筋肉、脂肪、消化器系、生殖系を幼虫に食われて、心臓と神経系しか残っていない。五齢幼虫は、その残っている部分を腐敗しないうちにすみやかに平らげる。こうして食料が尽きたところで、幼虫は絹のようにつややかな繭を作って蛹になる。シーズンの初めには、わずか数週間で蛹から成虫が現れる。シーズンも終盤に入ると、繭の状態で冬を越し、翌春、成虫となって現れる。成虫の寿命はオスとメスで大きく異なる。オスの寿命が数週間なのに対し、メスは四〜五カ月生きることができる(7)。

それにしても不思議なのは、オオベッコウバチに攻撃されたタランチュラがまったく反撃に出ないことだ。大きなゴキブリだろうと硬い甲虫だろうと、分厚くて強靱な鋏角でグシャッと簡単に砕いてしまう大グモが、なぜ、狩りバチから自分の身を守れないのだろう? 私たち人間には不可解でならない。タランチュラはなぜ、殺し屋の攻撃に全く抵抗せず、されるがままになってしまうのだろう? その理由をクモに尋ねてみるわけにはいかないが、これはタランチュラだけに特有の現象ではない。クモバチ科には何千種ものハチがいるが、こうしたクモバチ類に狩られるクモの、すべてとは言わないまでもほとんどに共通する現象なのだ。反撃に出るよりもじっとしているほうが、結局は得策だということなのだろうか。

タランチュラがどうやって、オオベッコウバチをゴキブリや甲虫と区別するのかもよくわかっていない。主に視覚に頼って生きている人間は、目と耳からの情報で外界を認識しており、触覚や味覚や嗅覚はそれほど重要ではない。しかし、クモ類や昆虫類をはじめ、ほとんどの無脊椎動物は、まずにおいによって、それから触覚やある種の聴覚によって外界を認識している。

クモ類や昆虫類の場合には、触角、脚鬚《きやくしゆ》、脚などにある接触受容器も嗅覚に含まれる。こうした接触受容器の多くは、相手の体表面の化学物質を感じとることができ、その化学物質の組み合わせから相手の正体を識別するのだ。私たちにはほとんど同じように感じられるものも、クモ類や昆虫類ははっきりと区別できる。タランチュラはほとんど盲目なので、まずその化学物質によって、相手はオオベッコウバチだと認識するのだろう。相手の「感触」や、地面の振動、気圧波なども判断の助けになっていると思われる。

もしかすると、ハチから放たれる独特の臭気も識別に役立っているのかもしれない。この異臭は人間にも容易に嗅ぎとれるもので、とくにハチを捕獲したり威嚇したりしたときによくわかる。ちょっとつんとくるが、きつい刺激臭ではないし、動物の死骸やドブ川のようなムッとするにおいでもない。しかしどういうわけか、この一種独特のにおいは人間の情緒に訴えて、強い嫌悪感を生じさせるようだ。

さまざまな博物学者がこの臭気のことを取り上げている。クモ学の草創期に優れた業績をあげたイエール大学のアレクサンダー・ペトルンケヴィッチは、「オオベッコウバチは、タランチュラの鋏角が触れたとたんに、翅を上げ、かなり刺激の強い臭気を発した」と述べ、「このにおいは怒りの徴候にちがいない。たぶん警告を発しているのだろう」と結んでいる[8]。また、オオベッコウバチの行動についてはたぶんだれよりも詳しいF・X・ウィリアムズは、そのにおいを「ペプシス臭」(ペプシス属のハチが共通してもっているにおい)と呼んでいる[7]。ハワード・エヴァンズは、ペプシス属のハチはオス、メスともに「この独特のにおいをもっている。捕食者が寄りつきたくなるのももっともだ」と記している[5]。

このにおいが大顎腺(大顎の基部にあることからそう名づけられた腺)から出ていることはわか

っているのだが、残念ながら、その化学的性質はまだよくわかっていない。その正体を突き止めようと、私は数人の優秀な化学者たちと三〇年以上にわたって研究を続けているのだが、いまだに謎のままだ。

やはり謎に満ちているのが、このにおいが担っている役割である。まず明らかなのは、捕食者に対する化学的防御の役割だ。といっても直接的な防御ではない。オオアリ類は、敵に腐食性の蟻酸を吹きかけてくるし、スパニッシュフライなどのツチハンミョウ類は、皮膚につくと痛くて水膨れができる体液を出すが、このような直接的な防御とはちがう。においによる警告信号を発して、それ以上近寄らせないようにするのだ。この警告が単なるこけおどしではないことは、メスのオオベッコウバチをつかんでしまったことのある人ならだれでも知っている。

このにおいが集合フェロモンの役割を果しているという可能性もある。オスとメスの両方を、花が咲き乱れている場所や、多数の仲間が群れる休憩場所や交尾場所へと誘うのかもしれない。あるいは、このにおいには、タランチュラを巣穴から追い出したり、本来の防御行動を封じたりする効果があるのかもしれない[9]。生物の世界ではよくあることだが、ある役割を果たすために進化したにおいが、その後、別の役割も担うようになったという可能性もある。

タランチュラはなぜ抵抗しないのかという先ほどの疑問だが、オオベッコウバチがタランチュラの反撃を封じ込めているのではなかろうか？　オオベッコウバチの動きや羽音やにおいに恐怖を感じて、タランチュラは身がすくんでしまうのでは？　まさかと思うかもしれないが、そうではないとだれが言い切れよう。恐怖が行動にどんな変化を及ぼすかについては、ほとんど何もわかっていないのだ。

一つわかっているのは、この戦いはオオベッコウバチの側が断然有利だということである。タランチュラが反撃に出たとしても、鋏角はほとんど役に立たないのだ。オオベッコウバチの体は硬くて、ツルツルで、すべりやすい。ザラザラした場所もなければ、へこみやでっぱりもなく、からだ全体が丸っこい。タランチュラがその鋭い鋏角でハチを捕らえようとしても、手に持ったビール瓶の腹に、もう一方の手に持った電気ドリルで穴を開けようとするような感じで、なかなかうまくいかない。電気ドリルもそうだが、鋏角もツルッと横滑りしてしまうのだ。何人かの観察者が次のような報告をしている。タランチュラは鋏角でオオベッコウバチを噛み砕いてしまおうと、凄い力で何度も襲いかかったが、ハチの体をとらえきれずに滑ってしまい、パチン、パチンと大きな音がするばかりで、結局、ハチはそのまま無事だった。(8) 反撃しても無駄である以上、クモの側としては、ハチが興味を失ってくれるのをじっと待つよりほかないのだろう。こんな目に遭うのが私たち人間ではなくて、つくづくよかったと思う。

私たち人間は地球上の覇者として意のままに行動することができる。人間を餌にしようとする大型動物をはるか昔に打ち負かし、もはやその脅威に怯えることもない。絶えず新たな病気が出現してはくるものの、多くの病気はすでに克服している。動物を家畜化し、植物を栽培することによって、より確実で安定した食料供給源を手に入れた。快適に暮らせるように衣服や住居を作ることも覚えた。さらに、娯楽のためのゲームや玩具まで作るようになった。

オオベッコウバチは、人間ほど意のままとはいかないが、僅差の第二位ではなかろうか。もちろん、オオベッコウバチは、人間のように意識的に暮らし方を変えてきたわけではなく（オオベッコウバチに意識があるという証拠は得られていない）、自然選択の結果としてそうなったにすぎないのだが。オオベッコウバチは寿命が長く、成虫のメスには、知られているかぎり捕食者はいない。したがって、一日のうちのどんな時間帯でも、どんな場所でも活動することができる。どうしてこんなに恵まれた生活ができるようになったのだろうか？　長い一生を自由に生きようとする場合、何よりも重要になってくるのが捕食者に対する防御である。防御力が劣る動物は、ひっそりと隠れて不自由な生活を送るか、短命に甘んじて食われる前に交尾して子孫を残すか、そのいずれかしかない。

あまりにも小さなオオベッコウバチのオスが、トウワタの花の上で大きなカマキリに食われるのを見たことはあるが、頑健なオオベッコウバチのメスの場合には、これを捕食できる動物は存在しない。[10]アリゾナで活動する博物学者、ピノー・マーリンは、ミチバシリ（ガラガラヘビまで捕食する何でも食べてしまう大胆な鳥）が、麻酔されたタランチュラをオオベッコウバチから盗んで、自分のヒナたちに与えているのを見かけたと報告している。しかし、オオベッコウバチは捕まえずにそのまま残していったという。

ミチバシリなどの鳥や、トカゲ、カエル、哺乳類など、大型の捕食者がオオベッコウバチを襲おうとしない理由は明らかだ。毒針を備えているからである。だが、もし毒針だけだったら、身を守りきれずに、強力な鳥の嘴やトカゲの顎につぶされて食われてしまうかもしれない。ここで役に立つのが、補助的な防御手段だ。タランチュラの反撃をかわすときと同様に、丸っこい体と硬くてツルツルの殻が、毒針を撃ち込むまでの時間をかせいでくれる。鳥の嘴やトカゲの顎では殻が硬すぎてつぶせないし、哺乳類の歯ではツルッとすべってうまく噛みつけない。そうやって手間取っているうちに、結局、毒針に刺されてしまうのである。

節足動物に対する防御では、オオベッコウバチの体のサイズが、ほとんどの昆虫類やクモ類よりも大きいという点が有利に働いている。サイズだけではかなわない場合でも、毒針、硬い外皮、強くて鋭い大顎といった武器が加わると、節足動物に対する防御は完璧になる。

敵と実際に戦いを交えるよりも、戦いを避けるほうが得策だというのは、どんな生き物にも言えること。オオベッコウバチも例外ではない。攻撃を未然に防ぐことができるなら、なぜわざわざ、脚や触角を失ったり、翅をもみくちゃにされたりする危険を冒してまで鳥やトカゲと戦う必要があるだろう? 相手の攻撃を抑止するカギは、攻撃すれば自分の身に危険がふりかかることを相手に知らしめることだ。オオベッコウバチはまさにその達人で、各種の警告信号をみごとに使いこなしている。

赤、黄、橙、白と黒色を組み合わせた派手で目立つ配色は典型的な警告色である。強い光沢のある黒色や、虹色に輝く黒色もやはり警告色である。このような体色は捕食者に向かって「私を見て。派手で、大胆で、いかにも危険そうでしょ。私を襲うとひどい目に遭うわよ」というメッセージを発している。オオベッコウバチの場合、翅は眩《まばゆ》いばかりのオレンジ色とつややかに光る黒色だ。そして、金属光沢をもつ濃紺または黒色の体が虹色に輝いている。まさに強力な警告信号を放っているといえよう。その効果をさらに高めるために、オオベッコウバチは独特のぎくしゃくした動きを繰り返しながら地面を歩き、歩きながら翅をぱたつかせる。これは相手の目を自分に向けさせるための行動だ。

身の危険を感じたオオベッコウバチは、巣や自分が脅かされたミツバチが高音の羽音をたてて飛ぶように、翅をブンブン鳴らして警告音を発する。

オオベッコウバチの警告信号にはもう一つ、強烈な臭気がある。私たち人間は嗅覚が鈍いので、脅かされたハチが大量のにおい物質を放出したときにしかそのにおいに気づかない。しかし、少量の臭気はいつもずっと出していて、嗅覚が鋭い哺乳類に対して早いうちに遠くから、近寄ってくるなと警告する働きをしているようだ。

このように、オオベッコウバチはさまざまな感覚に訴える信号を使って、自分を狙う捕食者すべてに警告を発しているのである。

捕食者の脅威から解放されている、つまり、食われる心配もなく自由に暮らせるとはどういうことか、ちょっと想像してみよう。捕食者がいなければ、大急ぎで交尾相手を見つけて、あわてて卵を産む必要もない。捕食者に食われないうちに、効率よく短い一生を送る必要もない。捕食者に見つかりやすい場所を避けて、地下でこそこそ暮らす必要もない。また、捕食者に襲われにくい時期に限ることなく、いつでも活動することができる。

このような自由は、オオベッコウバチが生きていくのには不可欠のものなのだ。餌にするタランチュラは、そうたくさんはいないし、見つけにくいし、あちこちに分散しており、ほぼ一年を通じて捕まえられる。オオベッコウバチとしては、子どもの餌にするタランチュラを探し回るのに十分な時間が必要だ。もし短命であったり、活動に制約があったりすれば、その遺伝子を次世代に伝えることは難しくなってしまうだろう。

オオベッコウバチの毒針の威力はだれもが認めるところだ。ではなぜ、それほど強烈なのだろうか？　どのような化学作用がこの不思議な効果を生み出しているのだろうか？

オオベッコウバチの毒液は、昆虫毒としては珍しい部類に入る。ハチ類やアリ類の毒液のほとんどは、その役割が一つだけに限られている。つまり、獲物を捕らえるときの攻撃用か、捕食者から身を守るときの防御用か、そのいずれか一方に特化されているのだ。防御用の場合には、組織損傷力や殺傷力に加え、痛みをもたらす効果が重要になる。それに対し、攻撃用の場合には、相手に痛みを与える必要はない。痛みによって獲物に無用なストレスが加わるとすれば、痛みはむしろ有害になる。また、生きたままの新鮮な状態で獲物を子どもに食べさせようとするなら、組織損傷力や殺傷力はまったく無用である。攻撃用の毒液にとって重要なのは、獲物をして麻痺させて動けない状態にしてしまうことなのだ。

ところが、オオベッコウバチの毒液は、攻撃と防御のどちらにも使われる。このまれに見る毒液は、獲物を永久的な麻痺状態にもできるし、捕食者に対する防御の役割も果たすのである。とにかく強烈な痛みを与えて捕食者を追い払う。ところが、オオベッコウバチの毒液が捕食者に与えるダメージはごくわずかで、哺乳類に対する致死作用はミツバチの毒液の三％ほどにとどまる。なぜ、オオベッコウバチの毒液は、毒性や致死作用がこれほど弱いのだろうか？

それはおそらく、タランチュラを殺してしまうような毒液は、自然選択に対して不利なため、淘汰されてしまったからだと考えられる。哺乳類にとって有害な毒液は、タランチュラにとってもやはり有害なはずだ。タランチュラが死んでしまえば、オオベッコウバチの幼虫も死んでしまう。[7] また、オオベッコウバチには守るべきコロニーがないので、捕食者を殺してもあまり意味がない。捕食者が攻撃を思いとどまり、口を開けてハチを逃してくれればそれでいい。ハチが飛んで逃げるためにはほんの一瞬、口が開けばよく、それには痛みを与えるだけで十分なのだ。

オオベッコウバチの毒液のどんな成分が痛みを起こすのかは、よくわかっていない。オオベッコウバチの毒液には、毒液としては最高濃度のクエン酸塩が含まれているが、それが痛みの原因なのかどうかは定かでない。[11] オオベッコウバチの毒液には、神経伝達物質のアセチルコリンやキニン類も含まれている。[12] どちらも痛みを起こしうる物質だが、これらがタランチュラに麻痺を起こすことはない。体の麻痺はおそらく、毒液中に含まれている多様なタンパク質のどれかによって引き起こされるのだろう。[13] その成分が何であれ、それを注入されて人間やタランチュラが死ぬことはない。しかし、タランチュラの場合は、私たち人間とはちがい、その成分の作用によって、オオベッコウバチの幼虫の為すがままになってしまうのである。

**温和な巨人、シカダキラー（蝉《せみ》殺し）。**このいかにも恐ろしげな名前とは裏腹に、性質はとても穏やかな大型の狩りバチだ。セオドア・ルーズベルトの外交政策「大きな棍棒《こんぼう》を携え、穏やかに話す」の逆をいくがごとく、シカダキラーは「騒々しく話す」けれども、携えている棍棒はごく小さい。（といっても人間にとって小さいだけで、セミにとっては恐ろしい棍棒、すなわち刺針だ）。あの勇敢な二〇世紀初めのハチ研究者、フィル・ラウがこんなふうに述べている。「妨害されたシカダキラーたちが羽音を立てて憤りをあらわにした。ハチの羽音としては、聞いたことがあるなかで最も騒々しい大きな羽音だ(14)」。それも当然といえば当然。シカダキラーは世界最大級のハチで、オオベッコウバチと肩を並べるほどだからだ。

シカダキラーは、ギングチバチ科スフェシウス属のハチで、南北アメリカ大陸に五種、アメリカ合衆国にも四種が棲息している。その名のとおり、シカダキラーはセミを狩り、地下の育房に閉じ込めて幼虫の餌にする。そういう意味では「蝉殺し」には当たらない。成虫はセミをただ麻痺させるだけで、実際に「殺す」のは、麻痺状態のセミを食べる幼虫のほうだからだ。

シカダキラーは体長二・五〜五センチメートルにも及ぶ、巨大な単独性の狩りバチである。「グラウンドホーネット」と呼ばれることもあるが、この呼び名は紛らわしくて誤解を招きやすい。ホーネットといえば恐ろしい毒針攻撃で有名だが、シカダキラーはそんなことはしないし、普通の地面《グラウンド》は嫌いで、サラサラした砂地を好む。夏の盛りの暑い時期にだけせっせと働く狩りバチで、ふだんはあまり見かけない。運よくその姿を見つけるとうれしくて感激してしまう。

毎年、夏になると、数年間に及ぶ地下生活を終えたセミの幼虫が地上に出てきて羽化するが、それと時を同じくして、シカダキラーのライフサイクルがスタートする。地下の育房から出てきたオスのシカダキラーは、花蜜や樹液を食べ、出てきた穴の近くに縄張りを形成する。それから一週間ほどすると、今度はメスが、やはり越冬した育房の真上に出てくる。

シカダキラーは、群居する単独性の狩りバチである。どういうことかというと、メスバチはそれぞれ単独で自分の子どもを育てるのだが、互いに協力はせずとも狭いエリアに群れて営巣するのだ。隣り合う巣と巣の間が一メートル未満のことも多い。数匹が群れることもあれば、一定の範囲に一〇〇〇個もの巣穴が掘られることもある。

営巣エリアは混沌《こんとん》としていて、秩序立った行動はまったく見られない。それぞれのハチが思い思いの方向に飛び交うだけで、互いに協力するなんてことは一切ない。ただ一つだけ例外がある――交尾である。次世代を担う子孫を生み出すために、オスとメスがほんの束の間の協力をする。

メスは、ただ一度きりの交尾を終えると（効率重視のメスにとって、別のオスとの交尾など時間の浪費でしかない）、花蜜その他の甘い汁を吸って腹ごしらえをしたのち、そのエリアを探索し、さっそく巣作りにとりかかる。砂地に前脚で深さ一五～二五センチメートル、長さ三〇～五〇センチメートルの巣穴を掘っていくのだ(15)。おそらく、大顎も使って固い部分を崩し、後脚のけづめ（とげ状の突起）で砂を後ろに押し上げて穴から出すのだろう。オスは巣穴掘りをしないので、当然ながら、オスのけづめはメスよりもずっと小さい。

巣穴が十分に深くまで掘れたら、メスが次に専念すること――それはセミの捕獲である。シカダキラーは、騒々しく鳴いているオスのセミを狙うにちがいない、と私たちは勝手に想像してしまう。人間の世界では音が大きな役割を果たしているので、そう考えるのも無理はない。しかし、シカダキラーの世界では、音はほとんど意味がないし、そもそも聴覚があるという証拠も得られていない。シカダキラーに音が聞こえたら、むしろ不都合なのではないだろうか。セミの警告音の騒音レベルは一〇五デシベルにも及ぶ。これは、携帯用削岩機《ジャックハンマー》から一六メートル離れた地点の騒音の一〇倍に相当し、人間がさらされていると難聴になってしまうレベルを越えている。この騒々しいセミの鳴き声には、セミを狙う哺乳類捕食者を妨害する効果があることが知られている。[16] もしシカダキラーにこの騒音が聞こえたら、やはり同じようなことが起こるかもしれない。

シカダキラーは、聴覚ではなく、視覚を使ってセミを探し出す。それに加えて、セミに触れたときに感じる化学物質も手がかりにするのだろう。メスのシカダキラーは、セミがいそうな木の枝のまわりを、上へ、下へ、横へ、ゆっくり、くまなく飛んでセミを探し出す。見つかったら、セミの前をすばやく行ったり来たりして、その姿をしっかりとらえる。人間が両眼視機能を使って対象を正確にとらえようとするのと同じだ。

それから、いきなりセミに飛びかかり、(そのセミがオスなら)甲高い声で騒ぐ相手に、すばやく針を突き立てる。[15] ほとんど一瞬のうちに麻酔が効いて、セミは一~二秒で麻痺状態になる。すると、メスバチはさっとセミをひっくり返して向かい合わせになり、中脚でセミを抱えながら、セミと一緒に巣穴めざして飛んでいく(あるいは、飛んでいこうと試みる)。セミの体はたいてい、シカダキラーよりもはるかに大きいので、特大のメスならばともかくも、この獲物を抱えての飛行はたいへんな重労働で、なかなか思うようにはいかない。体の小さいメスは、繁殖していくのに十分な数のセミを巣穴まで運びきれないことも多い。[17] こうしたことからもわかるように、シカダキラーの世界では、メスは体が大きいに越したことはないのである。木の下などに麻痺状態のセミが落ちているのをよく見かけるが、これは運搬しそこなったメスバチが落としていったものだ。

イリノイ州にあるクインシー大学のシカダキラーの専門家、ジョー・コエーリョは優秀なヘリコプター技術者でもある。シカダキラーなどの狩りバチは、なぜ、信じられないほど重い荷物を抱えて飛行できるのかという疑問を解くために、彼は研究生活の多くの時間を費やしてきた。この問題は、マルハナバチは理論上は飛べるはずがないのに実際に飛び回っているのはなぜなのか、というあの有名な謎解きにちょっと似ている。

ジョーは、あるシカダキラーが体重の一・四二倍の重さのセミを抱えながら、何とか飛行しているのに気づいた。どうしたら自分より重いものを運べるのだろう？　その秘密を解き明かすために、ある個体群を調査したところ、シカダキラーはいったん全力で舞い上がったのち、滑空しながら巣に向かって徐々に降下していくという方法をとっていた。途中で地面に墜落した場合には、セミを抱えて近くの樹木や背の高い草に登り、そこからもう一度同じように滑空する。こうして段階を踏みながら少しずつ飛ぶことで、「信じられないほど大きな」荷物を抱えながらとうとう巣まで戻ることに成功したのである。[18] シカダキラーがセミを狩ることができるのは、巣の周囲一〇〇メートルの範囲内に限られているが、それも当然だろう。

ノーザンケンタッキー大学のジョン・ヘースティングズと、ラファイエットカレッジのチャック・ホリデーは、セミの運搬とも関連する興味深い事実を発見した。彼らはフロリダ州北部に生息するイースタン・シカダキラーの二つの個体群の比較調査を行なった。一〇〇キロメートルほど離れた場所にあるこの個体群はどちらも、同じ四種類のセミ（種類別の割合も同じ）を餌にしていた。どの種類のセミにも、大、中、小さまざまなサイズの個体がいたが、一方の調査地のシカダキラーは主に中〜大サイズのセミを狩っていたのに対し、もう一方の調査地のシカダキラーはもっぱら小サイズのセミだけを狩っていた。これら二つの調査地のシカダキラーには歴然としたサイズの差があり、大きなセミを狩る個体群は、小さなセミを狩る個体群よりも体のサイズがはるかに大きかった。

二つの個体群間でこのようにサイズの差が固定化されたのはなぜなのか、正確な原因はわかっていないが、幼虫に食べさせるセミの大きさが関係しているのは間違いない[19]。体の小さなハチは、大きいセミだと運搬できないのでやむをえず小さなセミを狩ったが、体の大きなハチは、小さなセミがたくさんいても大きなセミだけを選んで狩っていた。小さなハチは、体が小さいがために餌集めに大きな労力を強いられることになる。小さなセミしか集められないので、子ども一匹あたり、体の大きなハチの二倍のセミを集めなければならない。このように、餌を集めるのに多大な追加コストがかかるにもかかわらず、なぜ一方の個体群では体のサイズが小さくなったのか、どのような選択圧が作用したのかは謎である。

セミの捕獲と運搬に成功したメスのシカダキラーは、あらかじめ巣穴の奥に掘っておいた育房にそのセミを運び入れる。ここでメスバチは、息子をつくるか、娘をつくるかを決めなくてはならない。息子をつくると決めたら、そのセミに未受精卵を産みつけて、育房を閉じ、次の育房の準備に取りかかる。子どもの性別を自分で決められるのは、卵を受精させるか、させないかを自分で選べるからである。受精卵はメスになり、未受精卵はオスになる。オスはメスよりもずっと小さく、メスの半分ほどのサイズなので、オスをつくるにはたいていセミ一匹で済んでしまう。もし、娘をつくると決めたら、育房を開けたまま（寄生者、侵入者、盗人に襲われかねない危険な状態ではあるが）、セミをもう一匹探しに出かける。そして、二匹目のセミを育房に運び込んだのち、メスの卵を産み付けて、育房を閉じる。これが一般的なやり方だが、場合によっては、オスの卵にセミを二匹与えることもあるし、メスの卵に三匹以上のセミを与えることもある。フロリダ州に生息する個体群のように小ぶりのセミを狩る種の場合には、育房一つに四～八匹のセミが必要になることもある(19)。

育房が一つ完成したら、隣に作る育房から掘り出した土で、その育房を閉じ、隣の育房につながるトンネルも閉じてしまう。そしてふたたび、次の新しい育房に運び込むためのセミを狩りに出ていくのである。

メスのシカダキラーは、一カ月ほどの一生のうちに、条件がよければ一六個ほどの育房を作る。育房内では、一～二日すると卵が孵化する。現れた幼虫は、四～一〇日かけてセミを食べつくし、摂食を終えた状態で冬を越す。翌春、蛹となって二五～三〇日間過ごしたあと、夏のセミの季節に成虫となって姿を現すのである(15)。

次は、シカダキラーの世界のセックス事情についてお話ししよう。シカダキラーのコミュニティで起こる騒動のほとんどは、人間社会と同様、セックスをめぐるトラブルだ。もめごとを起こすのは、メスではなくて、いつもオス。メスのほうは、なるべく騒ぎに巻き込まれたりせずに、さっさと交尾を終えたら、あとはひたすら子孫を残す仕事に打ち込みたいようだ。ところがオスは、自分の子孫を残すためにはメスと交尾するしかないので、メスとの交尾に全精力を傾ける。

まず、オスはメスよりも早く羽化して出てきて、前年の営巣エリア内の特等席に自分の縄張りを確保しようとする。メスの二倍かそれ以上の数のオスが生まれるので、オス同士の競争は熾烈を極めることになる。草木のてっぺんや、枝の先、地面の石ころなど、どこか止まれる場所に小さな縄張りを確保したら、そこを乗っ取ろうとする他のオスから何としても守り抜かなければならない。昆虫でも、小鳥でも、生物学者でも、縄張りに侵入してくる者をチェックし、とくに他のオスの侵入には厳しく目を光らせる。

侵入者が他のオスでなければ、縄張りの主はすみやかに定位置に戻る。侵入者が他のオスだった場合には、追い払うために何度も頭突きを食らわせる。それでも立ち去らない場合には、二匹は互いのまわりをぐるぐる回りながら、二重螺旋《らせん》を描いて空に上っていく。お互いに相手の脚や翅など、どこにでも咬みつこうとして壮絶な組討ちとなる。両者ともに地面に墜落して、つかみ合ったまま、大きな羽音を立てていることもある。ときには勘違いがもとで、つまり侵入してきたオスをメスと間違えて捕まえようとして、組討ちになることもあるようだ。

このような縄張り争いで勝利するのは決まって体の大きなオスである。体の小さなオスは、営巣エリアの周辺部に縄張りを張るか、さもなければ、他のオスたちの縄張りの間を巡って先にメスを捕まえてしまうか、そのいずれかしかない。最も小さなオスは、営巣エリアのすぐ外側の茂みに潜んでいて、通りかかった未交尾のメスを何とか捕らえようと期待を寄せる。

地下の育房内で羽化したメスは、巣口から離れるときに特徴的な行動をする。近くの樹木に向かって、ゆっくりと一直線に飛ぶのである。既交尾のメスは、飛行速度がもっと速いし、ジグザグに飛んだり、急に方向を変えたりと、飛び方も未交尾のメスとは明らかに異なる。未交尾のメスが飛行する姿を見かけたオスは、彼女を追いかけていってその背中に乗っかる。そして一緒に休憩場所まで飛んで行き、そこで彼女の交尾器のあたりを探って、体をつなぎ合わせるのだ〔口絵2〕。

このとき、オスはメスをつかんでいた脚を放して後ろに倒れ、メスにぶら下がったような格好になるので、まるで気絶しているように見える。交尾時間は平均一時間くらいだが[20]、私がアリゾナ州ルビーで観察したつがいのように、二時間一六分も交尾していた例もある。何か邪魔が入った場合、たとえば別のオスが現れたような場合には、つがいは前後に並んで、メスが引っ張り、オスは自分の体重を何とか支えながら急いで飛んで逃げる。

こうした理想的なオスとメスのシナリオは、情熱的なオスが山ほどもいる混み合った営巣エリアではまれなケースでしかない。数匹以上のオスが群をなしてメスにつかみかかり、めいめいがそのメスを我がものにしようとして、全員が揉み合い絡まり合い、団子状になって地面に墜落するといったこともしょっちゅうだ。結局、いずれか一匹のオスが、メスの交尾器との結合に成功する。そのオスは、絡みついている多数のオスたちのなかから、メスを引き離してこなければならない。ごくまれにだが、チャック・ホリデーが観察したような極端なケースでは、交尾をめぐる争いが高じてオスやメスが死に至ることもある。

「生き急ぎ、死に急ぐ」タイプのオスは、短命ゆえにしくじることもある。オスの寿命は平均一一〜一五日。一方、メスの出現期間は二三〜四九日間である。したがって、オスの短い一生がメスの出現ピークとうまく重なれば、交尾の機会を最大化することができる。ところが、メスの出現ピークは年によって大きく変動し、二〜三週間早まったり遅れたりすることもある。オスが地上に出てくるタイミングに「誤算」があると、どんなに体が大きいオスでも交尾に失敗するおそれがある。逆に、体が小さいオスでも、タイミングよく地上に出てくれば十分にチャンスがある。[21] シカダキラーのオスの一生は混沌としていて何が起こるかわからない。

シカダキラーを悩ます捕食者や寄生者や病気にはさまざまなものがある。シカダキラーは体が大きいうえに、羽音がやかましく、体色が山吹色やミルクチョコレート色や赤褐色なので、捕食者に見つかりやすい。この鮮やかな警告色が役に立つこともあるが、そうでないこともある。アリゾナ州ルビーに生息するニシタイランチョウは、シカダキラーを襲って略奪するのを得意としている。シカダキラーがわが子のために運んできた餌を横取りしてしまうのだ。重いセミを抱えて巣に戻ろうとしているメスバチを追いかけて襲い、メスバチが取り落としたセミを奪って食べる。ニシタイランチョウは、セミを抱えていないシカダキラーは襲わない。

シカダキラーの巣穴のまわりにも危険が待ち受けている。巣口付近にはさまざまな種類のハエが潜んでいて、運ばれてくるセミにすばやく蛆を産みつけようとするのである（ハエ類の多くは、セミに卵を産みつけるのではなく、小さな幼虫すなわち蛆を産みつける）。産みつけられた蛆たちは、シカダキラーの卵をさしおいて、あっという間にセミを食いつくしてしまう。

シカダキラーの寄生者として、ハエ以上に人間に強烈な印象を与えるのが、色鮮やかなアリバチ類である。カウキラー（牛殺し）の異名をもつアリバチ類は、大きな体に、赤と黒、橙または黄色と黒、黄色と白といった美しい配色のビロードのようなコートをまとっている〔口絵7〕。シカダキラーに寄生するのは、世界最大級のアリバチである。それというのも、その幼虫が、シカダキラーの幼虫という巨大な栄養物を与えられて育つからなのだ。ここでもまた「食は人なり」である。

シカダキラーの敵として最後に挙げられるのが（といっても脅威度は決して低くないのが）、別のシカダキラーである。シカダキラーは、育房にセミを運び込んでからも、巣穴の入口を開けたまま巣を離れる。その隙に別のメスがやってきて、そのセミや、場合によっては巣穴を丸ごと乗っ取ることができてしまうのだ。この不法侵入による乗っ取りが成功すれば、新たに巣穴を掘ってセミを捕獲するよりもはるかに楽ができる。チャック・ホリデーらはトラップネスト〔入ると出られなくなる巣箱〕を用いた一連の巧妙な実験を行ない、空にしておいた巣ではこの「労働寄生」が五〇％以上の確率で起こることを明らかにした。[22]

**ところで、シカダキラーは人を刺すのだろうか？**　たしかに、長さ七ミリメートルもの刺針をもつ大きな狩りバチが、この針を防御用に使わないとは思えない。しかし、大人が刺されそうになったとか、ましてや実際に刺されたという報告はほとんどない。ということは、実際に刺す必要はないらしい。特大サイズの体と恐ろしげな風貌で威圧すれば、それだけで十分なのだろう。また、シカダキラーに刺された人がほとんどいないということは、その刺針は防御用ではないのだろう。となると、よほどのことをしないかぎり、シカダキラーに刺してはもらえないはずだ。

私は長年、シカダキラーとその毒液について研究していながら、一度も刺されたことがなかった。

ところが、あちこちに赴いてシカダキラーについて話すたびに、人々の不安の声を耳にした。必ず質問を受けるのが、シカダキラーに刺されたらどれくらい痛いか、ということだった。そのたびに私は「まだ刺されたことはありませんが、それほど痛くないんじゃないかと思います」と答えてきた。しかしそれでは質問した人に納得してもらえないし、自分でも納得できなかった。私は専門家だ。そんな曖昧な答え方しかできなくていいのか？　何とかしなくては。でもどうすればいいのだろう？

　そうだ、シカダキラーに詳しいあのジョー・コエーリョに聞いてみよう！　さっそく尋ねてみると、ジョーの答えは「大したことはないさ。針の先でつついた程度で、そんなに痛くないね」というものだった。やはり私の予想どおりだ。でも、ジョーは控えめに言っているのかもしれない。そこで、文献に当たったところ、一九四三年の研究報告が一件見つかった。右手の人差し指の先端を「大きな個体」に刺されたチャールズ・ダンバックは、次のように記している。「最初に鋭い痛みが走ったあと、痺れたような感じになった。やや腫れてこわばった感じは一週間ほど続いた[15]」。この報告もやはり、シカダキラーに刺されてもそれほど痛くないという推測どおりの内容だった。

　そうこうするうちに、やはり自分で実際に刺されてみるしかないと思うようになった。一般メディアでも、学界でも「シュミットはどんな虫にでも刺されてみたがる物好き」ということになっているが、そんな評判が広まったのもこのシカダキラーの件がきっかけだった。シカダキラーに刺されたらどれくらい痛いのか、ぜひともデータが必要だ。しかし、一度も刺されたことはないし、わざわざ刺されたくもない。どうしよう？

煮え切らずにいた私に、ある日、チャンスが訪れた。たまたま花の蜜を吸っているウェスタン・シカダキラーを見つけたのだが（ちなみにジョーが刺されたのはイースタン・シカダキラー）、そのとき私は捕虫網を持っていなかった。そこで、素手でつかんだところ、バシン、と刺されたのである。ピシャ、と言ったほうがいいかもしれない。銃で撃たれたり、松明を投げつけられたような感じではなく、手のひらに画鋲《がびょう》が刺さったような感じだった。刺されたとたんに鋭い痛みが走り、その痛みが五分ほど続いたが、焼けるような感じはまったくなかった。腫れはなく、痛みも二〇分後にはすっかり治まった。痛みの強さは、評価スケールでレベル1.5。ミツバチに刺されたときよりもずっと軽い。これほど体が大きく、刺針も巨大なわりに、痛みのレベルは低かった。ともかくもこうして、みずから自説を裏づけることができたのだった。

シカダキラーは人を襲って刺すことはないし、刺されてもそれほど痛くないとしたら、なぜ、大衆メディアではまったく逆のことが喧伝されているのだろう？　製薬業界や害虫駆除業界の方々に勘弁願って言わせてもらうが、こうした業界が大衆メディアと結託しているのではないかと私は思っている。たとえば、製薬業界が虫刺されの塗り薬を売り出すときに、真犯人のミツバチやイエロージャケットを宣伝に使うかというと、そうはしない。巨大なシカダキラーがいきなり視聴者の眼前に現れる映像を使うことが多いのだ。害虫駆除業界も同じで、糊のきいた真っ白な作業服を着た男性が、自宅のゴキブリやシロアリの退治に来てくれるあの害虫駆除。刺す虫を特集した雑誌記事に写真を何か一枚載せるとき、ミツバチやイエロージャケットを使うかというと、そうはしない。ここでもやはり、黒い背景に浮かび上がる特大サイズのシカダキラーの写真が選ばれるのだ。

シカダキラーは無害だと知っているはずのプロが、なぜ、シカダキラーを刺す虫の代表のように取り上げるのだろうか？　一言でいうと、大きければ大きいほど恐怖心が募るという人間の心理を利用しているのである。シカダキラーは、それよりも一回り小さくて、人を刺して危険なイエロージャケットによく似ているため、私たちには「巨大なイエロージャケット」のように見える。だから、一度も刺してみせたことがなくても、人間との心理戦に勝ってしまうのである。イエロージャケットの姿に似せる擬態は、人間以外の大型動物に対しても効果があるようだ。自分よりも小さくて危険な、自分のそっくりさんがいると、いろいろと得をする。

**世界中で最もよく知られている単独性の狩りバチ、**マッドドーバー（「壁塗り職人」の意）は、建物の壁面や軒下、昔ならば納屋の中などに優美な泥の巣を作るハチだ。その一種であるアメリカジガバチ（*Sceliphron caementarium*）〔口絵1〕には、自分に捧げてもらった本がある。しかもその本は、種全般にではなく、「クランプル・ウィング」（もみくちゃの翅）という愛称の一匹のハチに捧げられた本なのである。私の知るかぎり、そんな狩りバチは他にはいない。

スミソニアン協会の著名な狩りバチ専門家、アーノルド・メンケも、マッドドーバーにすっかり魅せられた一人だ。『世界のアナバチ』（*Sphecid Wasp of the World*）という六〇〇ページに及ぶアナバチのバイブル、通称『ビッグ・ブルー・ブック』の共著者の一人であるアーノルドは、「マッドドーブ」というペンネームで一般向けのハチの本を多数書いている。

マッドドーブは、同じくペンネームで書いた作家、マーク・トウェイン（本名サミュエル・ラングホーン・クレメンズ）ほど有名ではないが、この二人に共通しているのはペンネームの選び方である。舟運業に携わっていたクレメンズが選んだのは、川船用語の「マーク・トウェイン」。これは蒸気船がミシシッピ川を座礁せずに通航できる限界の水深、二尋（約三・六メートル）を意味する言葉だ。メンケの場合は、顔なじみで愛してやまない「マッドドーバー」がそのペンネームのもとになっている。

マッドドーバーは人間になじみの深いハチなのになぜか、いろいろな迷信やデマに覆われているようだ。このハチに刺されることを恐れている人は多く、とくにアメリカ合衆国南部でその傾向が強い。

リン・バックレーダは、危険な野生動物について書いた本の中で、「マッドドーバーに刺されると痛い」と述べ、「アレルギー体質でアナフィラキシーショックを起こしやすい人の場合は、命を落とす危険もある」と警告している。[23]

ロッド・オコナーは、「（人間がマッドドーバーに）刺された直後に起きる反応は意外なほど穏やかで、痛みも腫れもほとんどない」としたうえで、「マッドドーバーの刺傷が死因であると立証された事例も見つかっている」と述べている。[24] しかし、この「立証された事例」というのは、じつは人から伝え聞いた話であることが判明している。こうしたうわさ話が都市伝説を生み出し、次々と語り継がれていくのである。

マッドドーバーを悪者扱いした人物といえば、ノースカロライナ州の有名な医師、クロード・フレージャーもその一人だろう。虫刺されによるアレルギー反応について概説した論文の中で、原因になりやすいとされるミツバチ、イエロージャケット、ボールドフェイスト・ホーネット、アシナガバチ、マルハナバチなどとともに、マッドドーバーの写真も掲載したのである。そこにはシカダキラーやアリバチの写真も載っている。フレージャーのために公正を期して言うならば、彼は決して、これらの単独性狩りバチがアレルギー反応を起こすとは言っておらず、そのような感じをにおわせているにすぎない[25]。データを見れば、マッドドーバーに刺されてアレルギー反応を起こし死に至った例はひとつもないことがわかる。アレルギー反応を起こすには二回以上刺される必要があるが、実際のところ、よほどのことをしないかぎり、二回どころか一回だって刺されるのは難しい。

マッドドーバーをもっと好意的に見てくれる人物を探して過去にさかのぼると、アメリカの有名な博物学者、ジョン・バートラムにたどりつく。一七四五年、彼は単独性狩りバチに刺された獲物が、生きたまま麻痺状態にされる様子を初めて観察して記録した。そのマッドドーバーについて、次のように記している。「何らかの方法でクモを動けなくしてしまうが、殺すわけではない……まもなく卵が孵化してくるが、それまで生きたままの新鮮な状態に保っておくのだろう[26]」。バートラムはまた、マッドドーバーは「巣作りのときに独特の音楽的騒音を立てるが、その音は一〇メートル離れたところからも聞こえる」とも述べている。このバートラムによる初の観察記録は、当時としてはもちろん、今日でもきわめて正確なものだ。

マッドドーバーの熱烈なファンとして堂々の第一位に輝くのは、スタンフォード大学の生理学の教授、ジョージ・シェーファーだろう。彼はマッドドーバーの消化器系の基本的機能を研究しただけでなく、その生活史や生態についても詳しい調査を行なった。彼の著作を読むとハチに対する熱い思いが伝わってくるが、そこにはこんな言葉が記されている。「この本を読まれる皆さんにはぜひ、その優雅な姿に気品さえも漂う、このすらりとした細腰のアメリカジガバチ（*Sceliphron caementarium*）のことをよく知っていただきたい[27]」。多くの若い博物学者たちが彼の本を読んで、楽しみながら大いに刺激を受けた。私もその一人である。

マッドドーバーについては、人々の間でさまざまなことが語られてきただけでなく、科学的にも多岐にわたる研究がなされてきた。マッドドーバーは泥を使って巣作りをするとき、音楽を奏でる壁塗り職人になる。バートラムが言うところの「音楽的騒音」とは、胸部の飛翔筋の収縮によって生じるもので、その振動が頭部や大顎に伝わってかん高い音になるのだ。泥を掘り出しては巣に塗りつけるとき、マッドドーバーはさまざまな周波数の音を出す。掘る、塗る、均《なら》すという各工程に最適の音を出しているらしい[28]。

こうしてようやく出来上がった泥の巣は、同じく泥を固めて巣を作るツバメに、巣の付着部として利用されてしまうこともある[29]。マッドドーバーの巣は、セジロコゲラに狙われることもある。この鳥は、泥の巣に穴をあけ、育房の中身を引きずり出して食べてしまう[30]。

マッドドーバーは腕利きの壁塗り職人である（アメリカジガバチの種小名*caementarium*は、ラテン語で「職人」を意味する）が、それだけではない。すぐれた化学者でもある。頭部にある大顎腺の中で、酢酸ゲラニルと2－デセン－1－オールを生成するのだ[31]。酢酸ゲラニルは、人間の鼻には、甘い花の香りやフルーティーな香りとして感じられる。一方、2－デセン－1－オールは脂臭のする化合物だ。こうしたにおいの目的はよくわかっていないが、捕食者に対する化学的防御や警告の役割を果たしているのではないかと思われる。

マッドドーバーは花粉の媒介者にもなってくれる。[32] ユタ州では、ニンジンの重要な送粉者の第一〇位にランクされている。また、コバルト60のガンマ線に対する放射線耐性は、昆虫類のなかでちょうど真ん中あたりだ。ワモンゴキブリ（排水管から出てきて家主に嫌われる大型のゴキブリ）についても試験がなされたが、意外なことに、ワモンゴキブリはすべての試験対象昆虫のなかで最も放射線に弱かった。[33] この結果は、核戦争後の地球で生存しているのはゴキブリだけという風説を覆すものだ。

マッドドーバーの究極の得意技——それは、新しい土地に入り込んでそこに居着いてしまうことである。単独性狩りバチで、マッドドーバーに匹敵するほどの分散能力を備えているハチはいない。花バチでマッドドーバーと渡り合えるのはミツバチかもしれないが、ミツバチが世界各地に分散できたのは、人間が暮らす場所にはどこにでもミツバチを連れて行こうという意図的な力が働いたからだ。マッドドーバーの場合は、人間がわざわざ広めるようなことはしていない。にもかかわらず、ヨーロッパや日本をはじめ、さまざまな地域に分布を拡大し、チャールズ・ダーウィンの進化論でおなじみのガラパゴス諸島にまで広がったのである。

マッドドーバーの分散は、船の積み荷の梱包材にくっついていた泥の巣が、たまたま交易船で運ばれて起きたものと思われる。そして、運ばれた先々の新たな土地でうまく定着していったようだ。ひとつ興味深い事実がある。フランスや日本で初めてマッドドーバーが報告されたのは一九四五年なのだが、これは、第二次世界大戦の終結とともに、マッドドーバーの原産地である北米から届くアメリカの物資を用いて、ヨーロッパや日本の復興が始まった時期とほぼ一致する。

運ばれた先々でマッドドーバーが定着に成功したのはなぜなのか？　マッドドーバーの生態や生活史に成功の秘密が隠されている。マッドドーバーは泥で巣を作り、そこに幼虫の餌となるクモ類を運び込む。泥も、クモも、たいていどんな場所でも調達が可能なものだ。しかも、マッドドーバーは餌にするクモの種類について、あまりうるさい好みはない。強いて言うならば、一番好きなのはコガネグモで、その次にくるのがカニグモとハエトリグモである[34]。

マッドドーバーは、視覚でクモを探して襲いかかる。そして、襲った相手が本当にクモかどうかの確認は、その外骨格のクチクラ層で行なう。もし相手がクモでなければ、そこで攻撃をやめて、ふたたび探索を始める。クチクラ層からは、相手がクモか否かだけでなく、どんな種類のクモかという情報も得られる。

ディヴィヤ・ユマは、数種類のクモの外皮から蠟成分を抽出し、それを紙でこしらえたダミーのクモに塗って実験を行なった。その結果、マッドドーバーは、平面的な網を張るクモ（庭によくいるコガネグモ）からの抽出物を塗ったダミーは攻撃したが、立体的な不規則網を張るクモ（この実験ではオオヒメグモ）からの抽出物を塗ったダミーは攻撃しようとしなかった。また、マッドドーバーは、平面的な網を張るクモやその抽出物を塗ったダミーは刺したが、立体的な不規則網を張るクモやその抽出物を塗ったダミーはほとんど刺そうとしなかった[35]。

ハエトリグモは、マッドドーバーが襲うタイプのクモだが、そのうちの一種はマッドドーバーを

皮をまとっているのだ。変装はみごと成功。マッドドーバーに「クモ」とは認識されない別の化学物質の外皮をまとっているのだ。変装はみごと成功。このクモはオオアリであるかのように認識される(36)。

餌にするのにふさわしいクモが見つかったら(お眼鏡にかなわなければ、クモは命拾いすることになる)、マッドドーバーは大顎と前脚でクモをつかんで、クモの頭胸部(頭部と胸部が融合した部分)に針を刺す。鋏角と脚の動きを制御している神経節をねらって三回刺すのが通常のパターンだ。刺されたクモは、瞬く間にぐったりして麻痺状態になってしまう。このとき、マッドドーバーは、自分の口をクモの口に押しつけてクモの体液を吸うことがよくある。クモの脚の基部や腹部を咬んで、そこから体液を吸うこともある。なぜこんなことをするのかはよくわかっていない。クモの体液を吸ってしまえば、わが子の餌から良質の栄養分を奪うことになるし、ときには、吸い終えたクモを捨ててわが子用の餌をすっかり失うこともある。クモの体液を吸うのはおそらく、マッドドーバーの成虫がふだん食べている花蜜にはひどく不足しているタンパク質を補うためではないかと思われる。

自分だけで食べてしまわなかったクモは、泥の巣に運ばれ、あらかじめ作っておいた育房内に押し込まれる。その最初のクモに卵を一つ産みつけると、マッドドーバーは追加のクモを探しに出かける。そして六〜一五匹ほど足したら、育房を泥でふさぎ、その隣に新しい育房を作り始める。メスの寿命が尽きるまでの一カ月半から三カ月の間に、十数個の育房が作られて、クモが詰め込まれ、泥の蓋でふさがれる。

育房内で卵が孵化し、透き通った小さな幼虫になると、さっそく用意されているクモを食べ始める。そして、クモをすっかり食いつくすと、まるまると太った幼虫は絹のような糸を吐いて繭を作る。数日間休んでいる間に中腸（胃）と直腸がつながり、このとき初めて幼虫は育房の底に排便する。その後は、何も食べず成長もしない「前蛹」期に入り、絹糸のようなものに囲まれて静かに冬を越す。冬の終わりに、前蛹が脱皮して蛹になり、それがさらに脱皮して成虫になる。

成虫は、羽化してからも数日間、育房内にとどまっていて、表皮が硬くなってから、固い泥の蓋を噛み砕いて出てくる。オスは、ほとんどのアナバチ科のオスと同様に、メスよりも体が小さく、シーズン初めに最初のメスが現れた直後に出てくる。マッドドーバーの交尾行動についてはあまり調査がなされていないが、メスは出てきてからほどなく交尾し、巣作りと餌集めを始めるようだ。

マッドドーバーはクモを麻痺させるために針を刺すが、では、防御目的で針を刺すこともあるのだろうか？　たぶんあるとは思うが、あくまでも推測の域を出ていない。マッドドーバーを手でつかむと、腹部を曲げて針を刺すふりをしてくる。メスだけではなく、刺針をもたないオスも同じように刺すふりをする。そうされると、昆虫学者も含めて、ほとんどの人がとっさに手を放してしまう。実際には刺さなくても、ハチの側が勝利してしまうのである。こうした動作はすべておどしに過ぎないのだろうか？　本当に刺すこともあるのだろうか？　私は、単なるおどしだろうと思う。というのは、そんなふうにされるとメスだけでなく、オスでも手を放してしまうからだ。オス・メスともに、すぐに相手を刺してくるミツバチやイエロージャケットの動作をまねるのだ。痛い目に遭いたくなければ、手を放すにかぎる。しかし、「刺された」ら痛いのかどうかはわからない。何ぶんにも、人間を刺したという記録がほとんどないのだ。私の周囲にも、刺された経験のある人は一人もいない。もちろん、痛くないとも言い切れない。ロッド・オコナーが以前に、刺されたあと痛みも腫れもほとんどなかったと述べていることから、マッドドーバーには人間を刺すだけの力はあるのだろう。

マッドドーバーの毒液を分析すれば、その毒液が防御に効果を発揮しているかどうかも、ある程度わかる。防御効果のある毒液をもつ昆虫に刺されると、痛み、組織損傷、またはその両方が生じる。

痛みを起こす物質には、ヒスタミン、アセチルコリン、セロトニンといった小さな神経伝達物質のほかに、塩基性ペプチドがある。塩基性ペプチドのうち、ハチ類の毒液中に広く見られるのは、ブラジキニン（心臓に強い痛みを起こす小さなペプチド）に類似した物質である。しかし、マッドドーバーの毒液にはこのような成分が一切含まれていない[24,37]。

また、哺乳類や節足動物に対する毒性がまったく報告されていないので、マッドドーバーの毒液にはそれほどの毒性もないと思われる。マッドドーバーに刺されたクモは、完全な麻痺状態になるものの、毒に冒された徴候はほとんど見られないし、心臓も消化器系も血球もまったく影響を受けていない。ということは、直接的な毒性、つまり組織損傷を起こす作用はないと考えてよさそうだ[38]。

ここにきて、また行き詰まってしまった。マッドドーバーは危険なハチなのだろうか？　刺されたら痛いのだろうか？　しかし、刺された場合の危険性はもちろん、痛みに関するデータもほとんどない。そもそも私自身、ふだんの研究活動やフィールドワークのなかでマッドドーバーに刺されたことが一度もないのだ（しょっちゅう彼らのまわりをふらついているのだが）。

シカダキラーのときとそっくりの状況だった。実際に刺されたことはなかったが、刺されてもそれほど痛くないはず（刺されても気づかずにいるのもしれない）と私は予想しており、それを証明するデータがほしかった。しかし、今回はシカダキラーのときは違って、刺されたらどうなるか、ジョー・コエーリョのように教えてくれる人もいなかった。手元にあるのは、半世紀以上も前にロッド・オコナーが残したわずかなコメントだけ。よし、やってみようじゃないか。マッドドーバーを素手でつかんで決着をつけ、データに基づいた新たな知識を手に入れよう。

六月のある晴れた日、アリゾナ州ウィルコックスでのこと。何カ月間も雨がまったく降っておらず、そのあたりで水がある場所といえば、畜牛用貯水タンクだけだった。その近くまで行ってみると、ガソリンスタンドの地下タンクだったその中古の大きな金属製タンクには、エアモーター社製の風車で地下から汲み上げた水が送り込まれていた。そして、私にとってもマッドドーバーにとっても幸いなことに、取水口の逆止弁が壊れていて、タンクから水が溢れ出し、地面が広範囲にわたってぬかるんでいた。

多数のマッドドーバーが水たまりの端からせっせと泥を集めていた。これはチャンスだ。私はさっそく大きめのを一匹捕まえて、その尻を自分の左腕の前腕部にさし向けてみた。すると、ちょっともがいてから私の皮膚に一発打ち込んできたので、とっさに手を放すと、ハチはそのまま飛び去っていった。あれっと拍子抜けした感じ。刺された瞬間、チクリとしただけだった。どうということはない痛みで、評価スケールでレベル0と1の間くらい。その直後に少しヒリヒリしてきたので、一応レベル1にしておいた。そのヒリヒリ感もすぐに消えて、目で見たかぎりでは、腫れも赤みも刺された跡も残らなかった。マッドドーバーに刺されても痛みはごくわずか――そうわかったことは大収穫である。キリッと冷えたビールを飲みながらフィールドノートをつけるとしよう。

**狩りバチにはあまりにも多くの種がいて、**そのすべてについて調べることなどとうていかなわない。しかし、どうしても気になるのが、青い巨体が虹色に光るアナバチ、クロリオン・シアネウム（*Chlorion cyaneum*）である。このハチはなぜこれほど恐ろしげに見えるのだろう。体長二五～三〇ミリメートルにも及ぶ巨大な体。虹色に光り輝く青いボディーと黒紫色の翅。不安を掻き立てるような細くくびれた腰。断続的でギクシャクしたすばやい動き。こうした特徴すべてが私たちを威圧してくるのかもしれない。

これほど人々の注目を集め、一九七〇年発売のエルサルバドルの三〇セント切手の意匠にも採用されたこのカラフルなハチは、いったい何者なのだろう？　このハチは、一八種を擁するエリート集団、クロリオン属のメンバーだ。この属の仲間のほとんどは旧大陸に生息している。研究はあまり進んでいないが、コオロギ類を専門に狩るハチであることがわかっている。コオロギに針を刺して一時的に麻痺させる種もあれば、ずっと麻痺状態にしてしまう種もある。[39]

クロリオン属の一種で、アフリカ大陸に広く分布するクロリオン・マキシロスム（*Chlorion maxillosum*）は、親バチがまったくと言っていいほど子どもの世話をしない。母バチは、子どもとその餌になるコオロギを収めておく巣穴を掘らないばかりか、コオロギを安全な場所に運搬することさえしない。コオロギに針を刺して一時的に麻痺させてから、そのコオロギに卵を一個産みつけ、あとはそのまま放置しておくのである。すると、まもなく麻酔からさめたコオロギが、自分の巣穴に戻っていくか、新たな巣穴を掘り始めるかする。卵から孵ったハチの幼虫は、コオロギの巣穴に居候しながら、着々と家主のコオロギを食べていくのである。

北アフリカに生息している別の種の場合には、もう少し親らしい仕事をする。巣穴から追い出したコオロギに針を刺して一時的に麻痺させ、そのコオロギに卵を一個産みつけてから、コオロギを引きずって自分の巣穴に戻り、巣穴をしっかりと閉じる。

北アメリカには、クロリオン属のハチは三種しかいないが、そのうちの調査を行なった二種はいずれも、獲物に針を刺して永続的な麻痺状態にした。ブルー・クリケットキラーの場合は、たいてい砂地に六〜四四センチメートルの巣穴を掘ってから、その地域のコオロギを狩りに出かける。コオロギを捕まえると、胸部の腹側に針を刺して完全に麻痺させ、あらかじめ掘っておいた巣穴まで引きずってくる。これは、単独性狩りバチとしてごく普通の行動だが、ブルー・クリケットキラーはなかなか巧妙なことをやる。しばしばシカダキラーの巣穴をさらに深く掘って自分の巣にしてしまうのだ。ハチを不精か勤勉かで評価するとしたら、このハチは不精者かもしれないが、よその家に忍び込んで安全を確保するというのは、なかなか効率的な方法と言えなくもない。いずれにせよ、シカダキラーはこの侵入者を気にかける様子もなく、両者は平和的に共存する。[40]

さて、クロリオン・シアネウムの話に戻ろう。クロリオン・シアネウム、名づけて「虹色ゴキブリハンター」は、クロリオン属のなかでも異色のメンバーだ。砂丘などの砂地が大好きで、砂温が五〇℃まで上がっても耐えられる。(41) クロリオン属の他の一七種と一線を画するユニークな特徴は、コオロギ類は一切食べずに、ゴキブリ類――それも砂地に生息する「砂ゴキブリ」類――を専門に狩るという点である。砂ゴキブリはさらさらした砂粒の中を泳ぐように動き回る。メスには翅がない。翅があって夜間に光に集まってくる茶色の扁平《へんぺい》なゴキブリは、そのオスのほうだ。虹色ゴキブリハンターは、一五～三〇センチメートルの巣穴を掘って、その育房に、針を刺して完全に麻痺させた砂ゴキブリのメスやオスや幼虫を運び込む。(39)

野外で目にした虹色ゴキブリハンターの姿に私は興味をそそられた。ひらひら翅をはためかせながら、さも得意げに歩き回る姿は、「ほら、私はここよ」と示しながら「近寄らないほうが身のためだけどね」と警告しているように見えたからだ。おお、このハチは私に何か語りかけているみたいだぞ。それにしてもこれは、無毒のゴーファーヘビがガラガラヘビの真似をしてシャカシャカ音をたてながらシッポを振って威嚇してくるのと同じような、単なるこけおどしなのだろうか？　それとも、本当に武器を備えているのだろうか？　じっと観察しているうちにだんだん辛抱しきれなくなってきた。こんなに多くのハチが恐ろしげな姿で歩き回っているというのに、実際に刺してくるものは一匹もいないのだ。

ハチに刺されたときの記録というのは非常に乏しいのだが、クロリオン属に至ってはデータが皆無なのだから困ってしまう。エリック・イートンのブログ「Bug Eric」に、生きている個体を調べようとすると、どうしても「刺されて痛い思いをする」とある（bugeric.blogspot.com 二〇一〇年八月一〇日現在）が、せいぜいそれくらいである。よし、今こそ決着をつける時だ。

このハチは、何もしないのに刺してくることはない。そこで、捕虫網に手を入れて、大きくて立派なメスを素手でつかんでみたところ、捕虫網から取り出す間に指先を二回、そのあと、右腕の前腕部を一回刺された。イラクサに触ってしまったときのような鋭い痛みだった。北アメリカ東部のイラクサの繁茂地帯を歩いたことのある人ならだれでもその痛みを知っていると思う。幸い、その痛みはイラクサよりもずっと軽く、三〜五分ほどすると、チクチク刺すような痛みもすっかりおさまった。痛み評価スケールでレベル1＋。マッドドーバーより痛いけれども、ミツバチよりも明らかに軽い。こうして、またひとつ、試練を乗り越えたのだった。

**アシナガバチ（ペーパーワスプ）は、**刺されると非常に痛いことで知られる、おなじみの社会性狩りバチである。軒下や戸口の切妻など、風雨を避けられる場所に、樹皮の繊維を固めた蓮《はす》の実のような巣を作る。アシナガバチの毒針の痛さについては、まともな神経の持ち主ならばだれ一人として異を唱える者はいない。

この社会性狩りバチは、世代の重複、分業、および共同育児の見られるコロニーを作って生活している。同じスズメバチ科のなかには、コロニーを作らない単独性の類縁種もいる。このような類縁種は、外観がアシナガバチによく似ているし、芋虫や毛虫を狩るという点も共通している。アシナガバチは、こうした単独性狩りバチの系統から進化したハチなのである。ということは、アシナガバチの防御用の毒液がどの時点で生まれたのか、その起源をたどることができるかもしれない。

アシナガバチの祖先はもともと痛い毒針をもっていたのだろうか？　それとも、単独性の類縁種から分岐したのちに痛い毒針を進化させたのだろうか？　幸いなことに、アシナガバチには単独性の類縁種がたくさんいるので、鶏が先か、卵が先かというこの問題をさぐる格好の材料となる。

では、ウォーク・オン・ウォーター・ワスプ（「水面を歩く蜂」の意）について見ていこう。その名のとおり、カバオビドロバチ属（*Euodynerus*）の数種のハチはよく水面に降りてきて水を飲むが、なかでもとくに注目したいのが、姿がアシナガバチによく似ているエウオディネルス・クリプティクス（*Euodynerus crypticus*）である。水面を歩くわけではないが、小さなヘリコプターさながらに、空から開水面に舞い降りてきてそっと着水する。脚を大きく広げて、翅を斜め後方に上げ、いつでも飛び立てそうな姿勢でじっとしたまま一二〜一五秒間、たっぷりと水を飲むと、消火水タンクを満載にしたヘリコプターが山火事現場に向かうように、水面からゆっくり離れて飛び去っていく。

このような行動を見ていると、疑問がいくつか湧いてくる。このハチはなぜ、溺れる危険を冒してまで、開水面に降りるという行動をとるのだろうか？　なぜ、これほど多量の水を必要とするのだろうか？

まず一つ目の疑問。確かなことは言えないが、捕食されるリスクを減らすためではないかと思われる。自然の中でハチが水に溺れているのを見かけることはめったにない。つまり溺れるリスクはそれほど大きくないのだ。人間が作ったプールのような場所では、とくに元気な子どもたちがバッシャーンと飛び込んだあとなどにはハチが溺れているのを見かけることがあるが、自然の状況下ではそのような心配はない。むしろ、水面に降りれば、水際に潜むカエルなど、さまざまな捕食者の待ち伏せ襲撃を受けにくくなる。

二つ目の、なぜこれほど多量の水を必要とするのかという疑問の答えは、このハチの生活史を調べれば見えてくる。ドワイト・アイズリーは一九一三年に、カンザス州に生息するE・クリプティクスの生態や生活史を詳細に記録した[42]。それによると、クリプティクスのメスは、岩や土がむきだしのカチカチに硬く、カラカラに乾いた土地を選んで巣穴を掘っていく。こうした高温で乾燥した場所ならば、侵入者、捕食者、寄生者に悩まされずに済むが、問題は、地面がとんでもなく硬いということ。このハチは、水分で土を湿らせることで、この問題を解決したのである。水分で湿らせてから、大きな土塊を掘り出し、それを巣穴のまわりに捨てていく。そして、真下に一〇センチメートルほど掘り進んだところで、育房を一つか二つ作る。アイズリーの観察によると、一匹のハチが巣穴を掘り終えるまでの四〇分間に、水の運搬を一六回、土塊の除去を八六回行なったという。

巣穴を掘り終えたメスバチは、セセリチョウの幼虫を狩りにいく。セセリチョウの幼虫は、絹のような糸で葉をしっかりと巻いた巣の中に隠れているが、メスバチはその隠れ家から幼虫を引っ張り出してくる。そして、幼虫の脚と大顎を制御している神経節に向けて、胸部を三〜四回針で刺して麻酔する。こうしてほとんど麻痺状態になった幼虫を五〜七匹まとめて育房に蓄えたら、卵を一個産みつけて、育房を閉じる。

アリゾナ州では、全身真っ黄色のアシナガバチ（*Polistes flavus*）もやはり水面を漂いながら水を集める。外観もクリプティクスに驚くほどよく似ている。主な違いは、クリプティクスのほうがずんぐりしているということくらいだ。これは擬態なのだろうか？　それとも単に、祖先種とそれから派生した種だから似ているにすぎないのだろうか？

刺されたときの痛みの話に戻るが、アシナガバチの祖先も痛い毒針を持っていたのだろうか？それとも、社会性を獲得したのちに痛い毒針を持つようになったのか？ 注目すべきポイントが二つある。

まず第一に、社会生活を営むアシナガバチの巣は、ありとあらゆる捕食動物、とりわけ大型捕食動物の脅威にさらされており、その攻撃を受けやすい。それに対し、単独生活を営むクリプティクスの場合は、守らなくてはならないもの、とくに大型捕食動物から守るべきものはほとんどない。大きな動物がハチ一匹ほどの見返りを求めてわざわざ岩のように硬い地面を掘ったりはしないからだ。

第二に、クリプティクスは、チョウの幼虫を生きたままの新鮮な状態で麻痺させておく必要がある。一方、アシナガバチは、チョウの幼虫を噛み砕いて殺し、肉団子状にしてすぐに子どもに食べさせる。クリプティクスには、大型捕食者に痛みやダメージを与えるための毒液は必要ない。むしろ、組織損傷をもたらすような毒液はせっかくの獲物を殺して台無しにしてしまうので、クリプティクスにとっては不利でしかない。それに対し、アシナガバチの場合は、獲物を生きたまま保存しておく必要はないし、むしろ、捕食者に痛みやダメージを与えてその襲撃を阻止できるような毒液が不可欠だ。ということは、単独生活のときにはまだなかった痛い毒針が、アシナガバチが社会性を進化させていく過程で選択圧によってもたらされたと考えるのが順当ではないか。卵より鶏のほうが先のはずだ。

さあ、この仮説を検証しなくては。前述のとおり、クリプティクスのような、アシナガバチの単独性の類縁種は、こちらが何もしないのに刺してくることはほとんどない。よし、ここが頑張りどころだ。行くぞ。池に戻って、緑色を帯びた水面に浮かんでいるクリプティクスを三匹採集した。捕まえるたびに、腕に乗せて刺すように仕向けた。三回とも、少しヒリッとした。アシナガバチに刺されたときの痛みをごく微弱にしたような感じ。とても穏やかな痛みで、痛み評価スケールでせいぜいレベル1だった。

アシナガバチの単独性類縁種の代表として、ドロバチの一種だけで試したのでは満足できなかった。そこで、南アフリカのエリスラスにほど近い、シェパーズツリーのトレーラーハウスキャンプ場で、もっと大きなトックリバチを捕まえて手首を刺してもらった（指先はどうしても刺してくれなかった）。やはり、痛み評価スケールでせいぜいレベル1の痛みだった。

私としてはこの二回の体験でもう十分だったのだが、偶然に、おまけが付いてしまった。ある日、メスキートの平原をサンダル履きで歩いていると、左足の中指の裏側がチクッとした。むずがゆいような感じがするが、アシナガバチに刺されたときの、あの焼けるような痛みはない。痛み評価スケールで、前回二回よりも高いレベル1.5。犯人は、ドロバチの仲間のイエロー・ユーメニッド・ワスプであることが判明した。ドロバチにしても、アナバチにしても、単独性の狩りバチは、刺してもそれほど大きな痛みを与えることはできないらしい。

**八歳になったばかりの息子、**カリヤーンが「ねえ父さん、虫の戦車ってある？」と聞いてきた。「そうだなあ、戦車みたいに頑丈で、戦車みたいに速く走れて、戦車みたいに強い武器をもっている虫ならいるぞ。ベルベットアントっていうんだ」。「ベルベットアント？」

「アント」といってもアリではなく、アリにそっくりの姿をした狩りバチだ。体が赤、橙、黄、白、黒色のベルベットのような毛にびっしり覆われているので、ベルベットアントと呼ばれている（和名アリバチ）〔口絵7〕。アリとはちがって社会的コロニーは作らず、女王もおらず、確固たる単独生活を営んでいる。一般に「アント（蟻）」だと思われているのは、アリバチのメスのほうだ。メスには翅がないどころか、翅をうかがわせるものさえ何もない。敵を針で刺すのが得意で（ついでに言うと、ためらうことなくどんどん刺してくる）、その刺針は、昆虫類きっての長さと機動力を誇る。メスのアリバチはまさに、頑強な短い脚六本で動く超小型戦車である。装甲は岩石のように硬く、昆虫標本作成用の鋼の虫ピンでさえ、刺さらずに曲がってしまうほどである。

元気なちびっ子がいたら、地面を走り回っているアリバチを見つけて、「君にはあの虫は絶対やっつけられないぞ」とけしかけてみるのが私は大好きだ。すると、どの子も決まってアリバチを足で踏んづけようとする。ところが、踏んづけても踏んづけても、地面がへこんでアリバチの跡が残るだけ。アリバチは起き上がってさっさと逃げていく。ドスッ、ドスッ、ドスッ。何度やっても同じだ。ただし、決して素足ではやらないように。

オスのアリバチは、メスとはちがって、アリにはまったく似ていない。よく発達した翅があり、体色はたいてい黒か茶色だ（わずかに色が入っていることもある）。動きがのろくて、毛がふわふわ、正体不明の飛翔昆虫といった感じだ。狩りバチなのに、ハチ特有のスマートなしなやかさはどこにもなく、超ミニサイズの空飛ぶテディベアといったところ。まさしく「テディベア」なのだ。メスのように針で刺すこともできないし、咬みつくこともできず、捕まると鳴きながら芳香を発する。とっても可愛い無害なやつだ。メスだって可愛いけれども、メスは無害とは程遠い。

一七五八年、近代的分類学の父、カール・リンネが数種のアリバチを記載したが、そのひとつがムティラ・エウロパエア（*Mutilla europaea*）だった。この珍しいアリバチは、とてもユニークな習性をもっている。およそ六〇〇〇種にのぼるアリバチ科のハチのなかで、この種とおそらくその近縁の一、二種だけが、高度な社会性をもつ昆虫を宿主にするのである。それ以外のアリバチは、知られているかぎりすべて、単独性もしくは原始的な社会性の昆虫に寄生する。

社会性昆虫であるマルハナバチやミツバチのコロニーに寄生する習性こそが、早くからM・エウロパエアが注目されてきた理由ではないだろうか。一八世紀には、砂糖や甘い物は高価で希少だったので、甘いうえにさまざまな効果効能のある蜂蜜はたいへん尊ばれていた。ミツバチを襲う昆虫が早くから注目され、記載されたのは当然のことと言えるだろう。

M・エウロパエアの標的となるのは主に、マルハナバチ属のさまざまな種のコロニーである。侵略を受けても、マルハナバチの護衛がアリバチと戦うことはめったにない。マルハナバチの側からしても、そのほうが無難なのだろう。撃退しようとしても結局、殺されてしまうからだ。侵入したアリバチは、妨害されることもなく、我がもの顔でコロニー内を闊歩し、蛹への変態期に入っているマルハナバチの幼虫や、絹のような繭に包まれている蛹に次々と麻酔をかけて、その表面に卵を産みつけていく。やがて、アリバチの卵が孵化して幼虫になると、宿主であるマルハナバチを食べながら成長する。四回脱皮して、食料を食いつくしたアリバチの幼虫は、マルハナバチの繭の内部に自らの繭を作って蛹化し、卵を産みつけられてから三〇日後に成虫となって現れる。一つのコロニー内で七六匹ものアリバチが生まれてしまうと、マルハナバチにとっては深刻な脅威になる。[43]

ムティラ・エウロパエアは、ときとしてミツバチのコロニーを襲う昆虫として、広く知られるようになった。侵入してくるアリバチに抵抗するミツバチは、マルハナバチの場合と同様にすべて殺されてしまい、数分もすると、ミツバチはアリバチを避けるようになる。すると、アリバチはどんどん、繭を紡いでいる幼虫を見つけては卵を産みつけていく。

養蜂家のコロニーからミツバチが姿を消すという、恐怖のシナリオが描かれた文献もいくつかある。もしそれが事実なら、コロニーはすでに消滅しているはずだから、当時はかなり大げさに騒がれていたのだろう。今も昔も人は話に尾ひれをつけて吹聴するのが大好きだが、アリバチの話はそれにもってこいの話題だったのだ。ヨーロッパに限らず、一九世紀末から二〇世紀初めのさまざまなアメリカ人たちも、アリバチは「ミツバチの深刻な敵」だとばかりに悲惨な状況を書き立てた。これらはすべて作り話だと思っていい。新大陸において、ミツバチのコロニーがアリバチに襲われて損害をこうむったという確かな報告は一件もないからだ。[43]

北アメリカで最も有名なアリバチといえば、カウキラーである。このハチに刺されると「牛も殺せる」ほど痛いことからそう呼ばれている。カウキラー（*Dasymutilla occidentalis*）は、昆虫類のなかで一、二を争うほどに魅力的な姿をしたアリバチだ。赤と黒のベルベットのようにすべらかな毛並み。腹部に二つある大きな赤いまんまる模様。その美しさは、一度見たら瞼《まぶた》の裏に焼きついて離れないほどで、多くの昆虫ガイドブックに光彩を添えてくれている。カウキラーは一七〇三年、イギリスの標本収集家であるジェームズ・ペティヴァーによって紹介されて讃えられた。北米に生息するアリバチ科のアリとしては初めてのことだった。

人目を引く生き物はとかく誹謗中傷《ひぼうちゅうしょう》されるものだが、カウキラーも例外ではなかった。米国政府初の公認昆虫学者で、スミソニアン協会昆虫部門の初代館長だったC・V・ライリーは一八七〇年、テキサス州のある男性から寄せられた書状を公表した。一匹のカウキラーがミツバチの巣箱に侵入し、これを撃退しようとしたミツバチたちを殺してしまったというのである。(44) これをきっかけに始まったカウキラーに対する非難は一九三二年までずっと続いた。

アリバチの生活史は、他の単独性狩りバチとほぼ同じだが、いくつか異なる点もある。アリバチのメスはまず、卵を産みつける宿主を物色してまわる。宿主の選択にあたっては、大様《おおよう》で融通がきく点と、好みがうるさい点とがある。大様なのは、かなり多岐にわたる種を宿主にするという点だ。一方、好みがうるさいのは、摂食を終えた幼虫、もしくは蛹化直後の蛹しか受けつけないという点である。つまり、宿主の卵や、摂食中の幼虫、羽化直前の蛹、あるいは宿主の餌しか入っていない育房は見向きもしない。

もうひとつどうしても譲れない条件がある。宿主は何らかの「容れもの」に入っている必要がある。繭か、さもなければ、ハエの囲蛹殻《いようかく》や甲虫の蛹室のような固い殻である。宿主にするのは、単独性の狩りバチや花バチがほとんどだが、ごくまれに、囲蛹殻を形成しているツェツェバエなどハエの蛹や、固い繭に包まれたガの蛹、固い蛹室の中にいる甲虫の蛹、固い卵鞘《らんしょう》に入ったゴキブリの卵などを宿主にすることもある。

ちょうどよい成長段階にある適切な宿主を見つけたら、メスバチは繭や殻をかじって小さな穴をあけ、そこに針を差し込む。こうして、繭の中の状態を確かめるようだ。それから、卵を一個産みつける。幼虫や蛹の成長を抑えるために針を刺すとも考えられるが、ほとんどの場合、そうではないようだ。(45) 産卵を終えたメスバチは、近くにある巣材を唾液で固めて育房の穴を塞ぐと、さらにまた別の宿主を探しに出かける。

産みつけてから二～三日で卵が孵化する。出てきた幼虫は、じっとしたまま動かない宿主をどんどん食べて、脱皮を繰り返しながら成長していく。そして宿主を食いつくしてしまうと、繭を作り、糞便を排泄してから、脱皮して蛹になり、最後に成虫となって現れる。温暖な季節の間は、このサイクルが中断することなく繰り返される。しかし冬が近づくと、アリバチの子は排泄を終えた前蛹のままで冬を越し、春になってから脱皮して蛹になる。こうしてまた同じサイクルが再開される。

最近までは、宿主一匹にはアリバチの卵一個というルールが厳密に守られていたようだ。しかし、自然には例外がつきものである。オーストラリアに生息するアリバチ二種について、泥で巣を作るハチの育房ひとつの中で、四匹の幼虫を育てた例が報告されている。(46)

ここまでアリバチの生活史をたどってきたが、まだひとつ重要な部分が残っている。求愛と交尾である。多くのアリバチにとって、セックスはできるだけ手っ取り早く済ませてしまいたい仕事だ。オスは、主ににおいを手がかりに、未交尾のメスがいそうな場所を飛び回ってメスを探す。未交尾のメスは、オスを引き寄せる性フェロモンを出しているのだ。上空を飛びながらそれを嗅ぎつけたオスは、そのにおいに誘われて地面に舞い降り、必死でメスを探しまわる。視覚はほとんど、あるいはまったく役に立っていないようだ。メスがいても気づかずに、すぐ脇を走り過ぎてしまうこともしばしばだ。

運よくメスにぶつかったオスは、体表面の化学物質でたちまちメスを認識する。そしてメスに馬乗りになって、腹部の器官や翅をこすり合わせて求愛の歌を奏でながら、交尾器でメスの腹部末端に探りを入れる。メスに受け入れる気がある場合には、針をぐっと長く突き出して腹部末端を開き、オスが交尾器を結合できるようにする。こうして始まる特急交尾の持続時間はたったの一五秒。メスはさっさと逃げていき、もう二度と交尾はしない。捨てられたオスは、また別のメスを探し始める。

アリバチの仲間がすべてこのとおりの交尾をするというわけではない。アリバチ類には、メスに飛翔能力がないという問題がある。メスが歩いて移動できる距離を越えてまで、分布範囲を広げることができないのである。この問題を解決するために、オスがメスをつかんで一緒に飛びながら交尾するという方法をとるアリバチも多い。オスが二時間かけてメスを運びながら、約一分ずつ五回交尾したのち、新たな場所にメスを降ろすといった行動も観察されている(47)。こうすることによって、川の向こう岸に渡るなど、メスが自力では越えられない物理的な障壁を越えることが可能になる。

メスをかかえて飛行するためには、オスは体が大きいに越したことはない。デニス・ブラザーズは、ハチを愛してやまない南アフリカの優れた昆虫学者だが、彼が紹介している交尾中のアリバチの写真を見ると、オスの体長はメスの三倍近くあり、ざっと計算すると体重は二五倍になる。[48] 人間に置き換えて考えると、体重五五キログラムの女性が一四〇〇キログラムの男性とデートしているようなものだ。オスのアリバチは何の苦もなく彼女を抱えて空を飛べるにちがいない。

**ところで、アリバチはなぜ、**戦車のような昆虫なのだろう? 戦車のような装甲や武器やスピードを必要とするのはなぜなのか? もちろん、防御のためだ。ほとんどあらゆる相手に対する防御である。寄生しようとしても抵抗してくる宿主、花蜜や甘露を奪い合う競争相手、アリバチを餌食にしようと襲ってくる数限りない捕食者――そういった相手に対してアリバチは、昆虫類のなかで知られるかぎり最良で最強の防御機構を進化させたのである。

ほとんどの昆虫は一つか二つの防御手段で行動やライフスタイルを補強している。見つかりにくい隠蔽色、ひらりと跳んで逃げられる強靱な脚、すばやく飛び去れる強力な翅、穴のあけにくい硬い殻、食べるとまずい体内毒素、攻撃を阻止する化学物質、敵を刺す毒針などである。それに対してアリバチは、行動やライフスタイルに加えてなんと六つもの防御手段を備えている。その六つとは、毒針、岩のように硬い体、すばやく逃げられる短い強力な脚、敵を寄せ付けない警告色、警告音、そして化学物質である。ただし、アリバチ類のすべての種が、この六つを全部備えているわけではない。たとえば夜行性のアリバチに警告色は不要だ。それにしてもなぜ、他の昆虫が一つか二つで済ませているのに、アリバチにはこれほど多くの防御手段が必要なのだろうか? アリバチの生活史を見ていくと、その手がかりが得られる。

アリバチが卵を産みつけようとする宿主のほとんどは、個体数が少なく、広い範囲に分散しているうえに、砂丘のような、身を隠す場所がどこにもない開けた場所に生息している。アリバチは一般に、産む子どもの数が少ないので、親子共々生き延びることがとても重要だ。また、アリバチのメスは空中を飛んで逃げることができない。さらに、アリバチのメスは寿命がとても長く、一年以上生きることも珍しくない。以上のような特徴を考え合わせると、長い一生を過ごす間、ほとんど常にクモ、甲虫、アリなどの昆虫類やトカゲ、鳥、哺乳類、カエルなど、さまざまな捕食動物に狙われているアリバチの姿が見えてくる。襲ってこないのは魚くらいなもの。アリバチは、このような異なるタイプの捕食者それぞれに対して有効な防御策を講じておく必要があるわけだ。

アリバチ類のなかで、その防御法について最もよく研究されているのが、あの有名なカウキラーである。アリバチの防御の切り札といえば刺針だが、カウキラーの刺針は、刺針をもつハチ目昆虫(有剣類)のなかで、体長に比した刺針の長さの最長記録をもつだけではない。刺針の柔軟性や操作性の点でも最もすぐれており、胸部と腹部の間のくびれた部分以外の、体のどこにでも届くのである。

これほどの長さと操作性を達成できているのは、針を腹部内でいったん前方にカーブさせ、ぐるりと巻いてから腹部末端に戻しているからである。ちょうど、旧式の時計のぜんまいが、渦巻き状に巻かれてケースに収まっているのと同じような感じだ。腹部の出口部分には、針を前後左右に向けるための筋肉が備わっている。

この刺針は、私の知るかぎり、獲物を刺すのに使われることはほとんどなく（獲物はすでにほとんど動かない休止期に入っている）、もっぱら防御のために使われる。この刺針による防衛は、鳥やトカゲ、哺乳類、カエルといった、どちらかというと大型の捕食動物に対してとくに有効だが、クモやカマキリなどの比較的小さな捕食動物に対しても十分役に立つ。

しかし、刺針という武器しかなければ、鳥やトカゲの速攻を受けて押しつぶされたらひとたまりもない。ここで第二の防御法の出番となる。戦車が簡単には押しつぶされないように、アリバチの殻も非常に硬くて、鳥の嘴やトカゲの顎や哺乳類の歯をもってしてもなかなかつぶれないし穴も開かない。カウキラーを押しつぶすには、ミツバチをつぶすのに必要な力の一一倍以上の力が必要となる。(49) それだけではない。アリバチは丸っこい体をしているうえに、体の各部分がぴったり合わさっていて、歯や牙が食い込めるような軟らかい膜質の隙間がないのだ。だから、嘴、顎、歯、牙で捕えようとしても、ツルツルのビー玉は箸がすべってつかめないように、ツルンと滑ってしまう。つまり、捕らえることも、押しつぶすこともできないというわけだ。そうやって硬い殻で時間を稼いでおいて、刺針の一撃を食らわすのである。たちどころに嘴、顎、口、牙がパッと開くので、捕食者が痛さのあまり口をこすったり、砂に口を突っ込んだりしている隙に、アリバチは無事、逃げ切ることができる。

メスのアリバチの胸部には驚異の筋肉が収められている。メスは無翅で飛べないので、通常は飛翔筋に充てられる場所に、脚を動かすための巨大な筋肉が納まっている。そのおかげで、アリバチのメスは、昆虫界で最強レベルの脚をもつことになった。捕食者を振り切るのにも、振り切ったあとで急いで逃げるのにも申し分のない脚だ。硬い体と強力な脚があれば、いたるところにいる厄介者のアリに対しても完璧な防御ができる。アリバチの体には、アリが針を刺せる場所がない。やたら攻撃的なあのヒアリでさえそうなのだ。アリバチの脚に取りついたアリは、別の脚であっさりと払いのけられてしまう。その隙に、アリバチは大急ぎでその場から逃げ去ることができる。

すぐれた防御力を備え、攻撃されたら仕返しする力をもっている動物は、攻撃を未然に防ぐためのさまざまな手段を進化させることが可能だ。ひとつ間違えば敵の胃袋に収まってしまうのだから、攻撃を抑止できればそれに越したことはない。そのためには、警告信号を発するのが非常に効果的だ。たいていの捕食者は、一度襲って懲りると、もう二度とそのタイプの動物は襲おうとしなくなる。

私は怖いのよ、ちょっかいを出すとひどい目に遭うわよ、と宣伝するのに、体色は抜群の効果を発揮する。鳥、トカゲ、両生類、およびほとんどの節足動物は色が識別できる。赤と黒の組み合わせは、生物に共通の普遍的な警告色なので、実際に痛い目を見た相手だけでなく、もともと用心深い捕食者に対しても、近寄るなというメッセージを送ることができる。

カウキラーの燃え立つような赤と黒のパターンは、「私はここよ。痛い目に遭う前に考え直しなさい」と警告する標識として、草や土や砂を背景にひときわ映える。捕食者のなかには、多くの哺乳類のように色盲の動物もいるが、そのモノトーンの視野の中でも、カウキラーの鮮やかな赤は真っ白く映えるようだ。スカンクの白黒のストライプ柄と同様に、警告メッセージがしっかりと伝わる。

しかし、捕食動物のすべてが視覚で外界を認識しているわけではない。警告色に気づかずにアリバチに接触してくることもある。このような聴覚や触覚で外界を認識している捕食動物に対しては、アリバチはギシギシと不快な摩擦音を立てて警告信号を発する。ガラガラヘビが尾を振りシャカシャカと音を立てて威嚇するのと同じだ。どちらの警告音も周波数帯域がきわめて広く、広範囲の捕食動物に聞こえるようになっている[49]。哺乳類と鳥類は音に対してとても敏感だ。

クモ類や昆虫のほとんどは、聴覚がないか、あっても弱い。しかし、このような節足動物の捕食者に対しても、アリバチの立てる摩擦音は大きな防衛効果を発揮する。狩りをするクモは、獲物に襲いかかると同時に、鋏角を使って獲物に穴をあけようとする。クモの鋏角はカチカチに硬いが、アリバチの体もカチカチに硬い。摩擦音を立てているアリバチに襲いかかったクモは、歯に小型削岩機を当てられているような感じを味わって、この「振動する岩」を放してしまうのだ。この振動による防衛が、鳥類、トカゲ類、哺乳類に対して、単独で効果を発揮するかどうかはわかっていない。

食べられる獲物かどうかを判断するのに、においを手がかりにしている捕食動物もいる。とくに哺乳類はにおいに敏感だ。爬虫類もやはり鋭敏な嗅覚と味覚をもっている（嗅覚と味覚は化学物質に対する感覚という点で共通している）。食虫性の哺乳類やトカゲに捕まったアリバチは、摩擦音を立て、毒針攻撃を繰り出すと同時に、警告臭も発する。すると、刺された捕食者は、その痛みとにおいを関連づけて学習するので、それ以後、においを嗅ぐだけで痛い目に遭ったことを思い出し、アリバチを襲わなくなる。獲物をまず舐めてから食べるトカゲの場合も、おそらく同じだろう。アリバチを舌でペロッと舐めるだけで、トカゲの攻撃意欲が失せてしまうのだ。

警告臭には、警告と化学的防御という二つの役割があるのかもしれない。アリバチ類の多くの種について分析したところ、そのいずれからも、共通する二つの主成分（4－メチル－3－ヘプタノンおよび4，6－ジメチル－3－ノナノン）と微量成分が検出された。[50] このうちの4－メチル－3－ヘプタノンは、警報フェロモンにもなる防御物質として知られているもので、さまざまな種類のアリで確認されているだけでなく、ザトウムシ（茶色の豆粒に細い針金をつけたような脚の長い生き物で、暗くて涼しい湿った場所に群れる）からも見つかっている。ということは、多種類のアリバチやその他の生物がみな、共通の化学物質を使って、捕食者に対し「襲ってもまずくて食べられないぞ」と警告信号を送ることができるのである。この物質は、食べるとテレピン油のような味がするので、そのまま化学的防御にもなるのではないかと思われる。

**以上のようなアリバチの防御策の効果は実際のところどうなのだろう？** 博物学者たちはかなり以前から、アリバチは捕食者に襲われにくいという事実に気づいていた。一九二一年、当時ウガンダで研究を行なっていたイギリスの昆虫学者、ジェフリー・ヘール・カーペンターは、ベルベットモンキーのさまざまな昆虫に対する嗜好性を試験した。昆虫を一匹ずつ、地面に放すか容器に入れるかしてベルベットモンキーに提示し、その行動を観察したのだ。モンキーは美味しそうな昆虫はほぼすべて食べた。

アリバチを提示すると、モンキーは「アリバチに飛びかかったあと、あわてて地面でこすって落としたが、結局つまみ上げて、大急ぎで押しつぶして口に入れた。両唇と片手を刺されたのではないかと思う。そのあと、もう一匹、小さめのアリバチを置いてみたが、モンキーは見向きもしなかった」。その一カ月後、彼は再びアリバチを提示してみた。すると、モンキーは「夢中になって容器からアリバチをつまみ出し、両手や両唇を刺されながら口に放り込んだ。頭を左右に振りながら走り回るうちに、口からアリバチが落ちてしまったが、拾い上げてむさぼり食った。しかし、それから数分間、モンキーは頭を左右に振り、前足で口を拭いながら走り回っていた。モンキーはよほど空腹だったのだろう(51)」。

私は、ベルベットモンキー以外の捕食動物の反応を調べるために、カウキラーを食べそうなさまざまな動物――ヒアリ、シュウカクアリ、オオカマキリ、コモリグモ三種、タランチュラ二種、トカゲ四種、鳥一種、アレチネズミ――にカウキラーを提示してみた(49)。そのほとんどがカウキラーに攻撃をしかけた。攻撃しなかった動物は、カウキラーをじっくり眺めたうえで攻撃を控えた。結局、捕食に成功したのは、タランチュラ一三匹中の一匹と、アレチネズミ八匹中の一匹のみだった。

このアレチネズミ八匹は、捕食行動には個体差があるという興味深い例を示してくれた。この八匹とも、カウキラーに遭遇するのは初めてだった。八匹中四匹はカウキラーを怖がって逃げた。二匹は、一度は攻撃してみたものの、刺されてからは二度と攻撃しなかった。二匹は、二度攻撃を試み、そのうちの一匹はそれ以後、攻撃を諦めたが、もう一匹はカウキラーを食べることに成功した。捕食に成功したアレチネズミの行動はなかなかみごとだった。カウキラーに跳びつくと、すかざず前足にのせて転がし、くるくる回っているカウキラーにさっと噛みついたのだ。そして、硬い殻に穴をあけて、動けない状態にしてから食べた。アレチネズミがこのような行動をとったのは、カウキラーを捕食するときだけだった。それ以外の昆虫、たとえばゴミムシダマシの幼虫を捕食するときは、ソーセージのようにつかんで頭から食べた。

アリバチを転がすという行動で思い出すのが、カリフォルニア大学デービス校の昆虫学者、リチャード・ボハートである。ボハートは、どんなハチにでも敢然と立ち向かう勇敢な学究の徒で、おおぜいの若手昆虫学者の良き指導者だった。昔から、アリバチは素手でつかんだら必ず刺されるのでガラス瓶ですくい上げるように、と教えられてきた。ところがディック（リチャード）は面倒くさがりなのか、タフなのか、アリバチを無造作につかんで、すばやく指の間で転がしながら採集瓶の中に落とすのである。明らかに、アレチネズミなどの食虫性小型哺乳類の知恵を自分の採集作業に応用していた。その方法で刺されたことがあるかどうかはわからない。刺されたとしても、面目を保つためにすましていたことだろう。

ハーバード大学の高名な生物学者、エドワード・O・ウィルソンもアリバチには強烈な思い出がある。エドが初めてアリバチに遭遇したのは、ディックよりもずっと幼い頃だった。もしかしたら、このときの体験が生物学の道を志すきっかけになったのかもしれない。「私はまだ三歳くらいだったろうか。その場所がよその家の裏庭の菜園だったことしか覚えていないのだが、そのアリバチのことは今でも鮮烈に思い出す。走り去ろうとしたアリバチを素手でつかんだのだ。当然、恐ろしい一撃を食らった。あまりにも痛かったので、あの菜園の景色、あのハチの姿、刺されたときのあの感覚は今でもはっきりと覚えている。他のことはすべて忘れてしまったのだが[52]」

アリバチの防御力の程度を知る究極の方法は、野生状態で昆虫を常食している動物の胃袋の中身を調べることである。ヒロズトカゲは、大きな昆虫でも簡単につぶしてしまう大型の屈強なトカゲだ。その生息地にカウキラーはたくさんいるが、ヒロズトカゲの胃袋からカウキラーが見つかったことは一度もない。ツチハンミョウや、イザベラ・タイガー・モス（火盗蛾《ヒトリガ》の一種）の毛虫、アリ、アシナガバチなど、不快で食べにくい獲物でも簡単に食べてしまうトカゲなのだが。

そこで、二三匹のヒロズトカゲに対してカウキラーを提示する実験を行なってみた。二三匹のうち、八匹はまったく攻撃をせず、九匹は一～三回、六匹は四回以上攻撃を試みた。明らかに刺されたのは一〇匹で、そのうちの八匹は、そのあとカウキラーを襲おうとはしなくなった。カウキラーを仕留めたのは二匹のみ、食べつくしたのは一匹だけだった。そのヒロズトカゲは九分間にわたって二三回攻撃したが、それでもカウキラーの腹部を押しつぶすことはできず、とうとう丸ごと飲み込んだ[53]。アリバチを食べるには、たいへんな努力を要するのである。

カウキラーなどのアリバチ類の刺針や毒液には、何か特別なヒミツがありそうだ。シカダキラー、マッドドーバー、虹色ゴキブリハンター、E・クリプティクスといった単独性狩りバチと、何がそんなに違うのだろう？　生物学では珍しくないが、多くの謎がまだ未解決のままなのである。明らかなのは、アリバチに刺されると、他の単独性狩りバチに刺されたときよりもずっとずっと痛いということ。

アリバチの毒液は、哺乳類に対する毒性がとくに強いというわけではない。致死効果は、ミツバチの毒液の二五分の一、シュウカクアリの平均的な種のわずか二〇〇分の一にすぎない[54]。赤血球を破壊する力で比較しても、アリバチの毒液は、アシナガバチの毒液の二〇〇分の一、シュウカクアリの毒液の一二〇分の一にとどまる。どう見ても、組織損傷を引き起こす力が特別大きいとは思えない。ホスホリパーゼやヒアルロニダーゼの濃度も低いが、エステラーゼの濃度はそこそこだ[55]。際立っているのは、痛みをもたらす力だけなのである。しかし、その仕組みはわかっていない。

アリバチに刺されるとどれくらい痛いのか、身をもって体験したのは一年ほど前のことだ。ある晩、私がベッドで眠っていると、太腿のあたりがムズムズッとした。反射的に伸ばした手が、何やら硬いものに触れた。そのとたんに、ガーン。そいつに殴られたのだ。明かりを点けて調べてみると、その小石のようなものは、小さな夜行性アリバチのメスだった。私が擦ったものだから、抗議してきたのだ。鋭い痛みだが、何となくチクチクして擦らずにはいられない感じ。ところが擦るとますますひどくなった。擦ってしまった部分以外には、目立った赤みや腫れは生じなかった。五分もしないうちに痛みは治まって、眠りにつくことができた。体のサイズの割には大きなパンチだった。痛み評価スケールでレベル1.5。

ディック・ボハートがアリバチを素手でつかめたのだから、私にだってできるはずだと思うようになった。とにかく、アリバチは動きがすばやくて捕まえるのに苦労する。小さなアリバチでも、吸引器に吸い込もうとすると、砂の処理に時間がかかるし、砂をたくさん吐き出さねばならない。大きなアリバチになると、ますます捕獲が難しくなる。俊敏に動き回るこの「毛玉」は吸引器になんて入らないし、ピンセットでつまもうとしてもまず無理だ。広口瓶や大きめのバイアルにすくい取ると、砂やごみも大量に入ってしまって、あとから取り除かなくてはならない。

もしかしたらボハートのやり方は大正解だったのではないか。そう考えた私は、アリバチをさっとつまんで、ピーナッツバターの空瓶に入れるという方法をとるようになった。正確に言うと、ジグザグに走って逃げていくアリバチから一〇センチメートルほどのところに瓶を置き、アリバチを砂と一緒に大急ぎでつまんで、瓶より少し高く上げてから、瓶の口めがけて投げ入れるのである。たいていこの方法でうまくいったので、私は調子に乗って捕り続けていた。

ところがある日のこと、黒とオレンジの体色が眩しいほど美しいアリバチ、ダジムティラ・クルギ（*Dasymutilla klugii*）を捕獲しようとして、やられた。ほんの数秒、皮膚の表面を刺されただけだったが、刺されたとたんにチクチクと痛みだし、今回もやはり、その部分をどうしても擦らずにはいられなくなった。二〜三分で痛みはほとんど消え、一〇分もすると完全に治まったが、何日経っても、触るとまたチクチクし始めた。痛み評価スケールでレベル3。

それでも懲りない私は、その二カ月後、白くてふわふわの長い毛をまとった神々しいほど美しいアリバチ、ダジムティラ・グロリオサ（*Dasymutilla gloriosa*）を捕まえようとして、またしても同じ親指を刺されてしまった。鋭く激しい深部痛だったが、やはり赤みや腫れが出ることはなく、前回と同様に、擦らずにはいられないあのチクチク感を伴っていた。痛みの強さはやはりレベル3だが、今回は、六時間くらいのうちに、親指にできた輪郭のはっきりした腫れが、医学用語でいう「コンパートメント症候群」のようなしこりに変化したのだ。

このしこりは三日間ほど続いたのち、徐々に引いていった。去る者日々に疎しである。それからぴったり二週間後、あの固く腫れた部分の皮膚がすっかり剥がれ落ちた。虫に刺されると、奇妙で不可解な反応が起きることがままあるが、これもそのひとつだ。免疫複合体が引き起こすⅢ型アレルギー、アルサス型反応だったのだろうか？　何とも言いがたい。

# 第10章 地球上で最も痛い毒針——サシハリアリ

この痛みを何かに喩えるとしたら、イラクサに十万回刺された痛みとしか言いようがない。

——リチャード・スプルース『植物学者のアマゾン・アンデス覚書』(*Notes of a Botanists on the Amazon and Andes*) 一九〇八年

パラポネラを手に取ったとたんに刺され、親指をハンマーで殴られたような痛みが走った。

——マーリン・ライス、二〇一四年

**バーラ、トゥカンデイラ、**コンガ、チャーチャ、クマナガータ、ムヌーリ、スイアムナ、ヨロザ、ヴィエンテ・クアトロ・オーラ・オルミガ、ブレットアント。これらはすべて、パラポネラ・クラヴァータ(*Paraponera clavata*)の一般名である。世界中のハチ・アリ類のなかで、刺されると最も痛いのがこのアリだ。黒々とした頑丈な体に、いかめしい大顎と刺針をもつこの巨大なアリは、その生息地ではどこでも、その土地の呼び名で呼ばれている。(和名はサシハリアリである)

その武骨な姿にまどわされて、うすのろだと思うなかれ。実にしなやかな樹上の軽業師なのである〔口絵7〕。その機敏さを見せつけるかのように、すぐにまとわりついてきて針で刺す。小細工を弄することを知らないサシハリアリは、いつでも本気で刺してくる。

サシハリアリは、孫たちに語って聞かせたい話のなかでも、二〇一五年のスーパーヒーロー映画「アントマン」のなかでも、昆虫界のスターとして登場する。このアリに刺されたら、長生きして孫の顔を見ることもできなくなる、と思われるかもしれないが、大丈夫。サシハリアリに刺されて死んだ人はまだ一人もいない。

サシハリアリは、中米のニカラグアから南米のブラジルまで、大陸分水嶺の大西洋側に伸びる低地湿潤林に生息している。私が初めてコスタリカ熱帯研究機構のラセルバ研究ステーションを訪ねたとき、最初に目についたのが、サシハリアリに刺されないように注意を促す標識だった。あれっ……と思った。この辺りの熱帯雨林は、咬まれると死ぬおそれのある毒ヘビ、テルシオペロの生息地なのだ。それなのに、周囲の草むらにテルシオペロの警告標識はひとつもない。私がこのステーションにやってきたのは、その標識にあるサシハリアリの防御機構や毒液を研究するためだった。昆虫学者として、私はこのアリに敬意と賞賛の念を抱いており、さっそく採集に出かけることにした。

サシハリアリは昼も夜も活動している。私は夜間にヘッドライトを装着し、採集瓶と普通の捕虫網を携えて出発した。そういえば、以前にこの道でグンタイアリの隊列を見かけたことがある。ちょっと寄り道をしてグンタイアリの野営の巣を探してみよう。下草をかき分けかき分け進むこと五分。前方の草むらのどこかから「ドサッ、ドサッ」という音が聞こえてきた。音だけで姿が見えない、と思った次の瞬間、その姿をとらえた。体長が二メートルもある巨大なテルシオペロが、林床から頭をもたげては、枯葉の中にドサッと倒れ、それであの音がしていたのだ。頭をもたげている間、ヘビは口を大きく開けた。なるほど。ヘビは二通りの方法で、私に踏んづけてくれるなと警告していたのだ。たしかに、その警告がなければ、ヘビは背景に溶け込んでまったく見えなかったことだろう。私はヘビに感心し、何枚か写真を撮ってから、腹を決めた。よし、ここから先、安全に進むためには、このヘビを捕虫網に収めて（爬虫類にだって使えるはずだ）自分の前方に掲げておくほかない。そうすれば、いつも居場所がわかっているので、踏んづけたりせずに済む。とはいうものの、実際にやってみると、ヘビは重かった。体重四・五キログラムのヘビを一・八メートル先に下げて歩いていると、すぐにヘトヘトになってしまう。

こうしてヘビにかまけているうちに、当初の目的から逸れてきた。グンタイアリはどこにも見当たらない。夜の森でたった一人、巨大なヘビをかかえて道に迷いたくなければ、予定を変更するしかないだろう。ヘビを坂の下に放り投げて、私は坂の上の道へと向かった。今夜はここまでだ。

ステーションに戻ってから、地元の爬虫類に詳しい専門家にテルシオペロのことを尋ねてみた。「そのヘビは鱗にキール［鱗一枚一枚についている隆起］がありましたか？」「冗談じゃないですよ。キールが見えるほど近寄れませんよ」。キールがあれば、テルシオペロではなく、ブッシュマスターだと彼は言う。ブッシュマスターは新大陸最大の毒ヘビで、体長三・五メートルにもなる。コスタリカで最も危険なヘビで、当時、咬まれたと記録されている七人のうち六人が死亡していた。私が出遭ったのは「小さな」ブッシュマスターだろうと彼は言う。その推測どおり、写真を現像してみたところ、鱗にはキールがあった。

それでも、研究ステーションが警告するのはサシハリアリなのである！　サシハリアリは、殺傷能力こそないものの、強烈な印象を与えるアリだ。昔の博物学者たちやその著書を読んだ人々の心に、消えることのない鮮烈なイメージを刻みつけた。植物学者のリチャード・スプルースは、最初にこのアリについて書いた著者の一人で、一八五三年八月一五日、ブラジルのアマゾナス州での出来事を次のように記している。

昨日、私は生まれて初めて、アマゾン川流域で「トゥカンデイラ」と呼ばれている黒い大きなアリに刺される光栄に浴した。……掘った穴から、怒ったトゥカンデイラが数珠《じゅず》つなぎで出てきたことに気づかなかったのだ。いきなり太腿がチクッとしたので、てっきりヘビに咬まれたのかと思って慌てて立ち上がると、右脚にも左脚にも、恐ろしいトゥカンデイラがびっしりと張りついていた。もう逃げるよりほかない。……だがすでに、両足をあちこち刺されてしまっていた。……七転八倒の苦しみだった。このアリに刺されたインディオたちがやっていたように、地面に身を投げ出して転げ回りたくなるのを必死でこらえた。……この痛みを何かに喩えるとしたら、イラクサに十万回刺された痛みとしか言いようがない。まるで中風患者のように、自分の意に反して両足が震えてしまい、ときおり両手にも震えがきた。あまりの激痛に、顔から吹き出す汗がしばらく止まらなかった。吐きそうになるのをやっとの思いでこらえた。……［三時間ほどは］何とか耐えられる程度に落ち着いていた痛みが、左足でハンモックから降りた九時と零時にぶり返し、そのたびに一時間ほど激痛に苛まれた。……不思議なのは、目で見たかぎりでは、普通のイラクサに刺されたようにしか見えないことだ。……南米に来てから、私が遭遇したなかで最悪の出来事だった。アリやハチに刺されたことは何度もあるが、これほどつらい思いをしたのは初めてだった[1]。

スプルースだけではなく、さまざまな人がサシハリアリ（英名ブレットアント）について語っている。刺された人が、その痛みを「弾丸に撃ち抜かれたよう」と表現することからこの名がついた。アルゴート・ランゲは、一九一五年、アマゾン川支流のヤバリ川に旅行した際に、脚をサシハリアリに刺されたときの様子を次のように綴っている。「あまりの痛さに二四時間ほとんど気を失ったままだった。［咬まれて（ママ）］から三日経って、ようやく炎症が治まってきた。ブラジル人は、トゥカンデイラが四匹いれば人間を一人殺せると言うが、たしかにそうかもしれない。毒では死なずとも、［咬まれた（ママ）］激痛で死んでしまうかもしれない[2]」

医師のハミルトン・ライスは、一九一四年のアマゾン川流域北西部の探検について記した論文の中で、次のような所見を述べている。「これらの地域の昆虫や有害生物は日々の生活に絶えず苦痛をもたらし、働く活力をひどく損なっている。アリ類のなかで最も有害で恐ろしいのがトゥカンデイラだ。またの名をコンガとも言う。このアリに［咬まれる（ママ）］と、のたうち回るほどの激痛が数時間にわたって続き、嘔吐や高熱を伴うこともある[3]」。サシハリアリが人々にもたらす影響は、黄熱病や、マラリア、河川盲目症にもまさるほど絶大なものだったようだ。

このライスの記録から四〇年近くのち、ワシントンDCの植物学者、ハリー・アラードは、折り畳んだハンカチでサシハリアリ（パラポネラ）を捕まえようとしたときのことを書いている（実際には、それよりも一回り大きいディノハリアリ（ディノポネラ）だった）。「体長二・五センチメートル余りの黒々と光る体をもつ、威厳に満ちたアリだった」と述べたあと、さらに、人差し指の先端を刺されたときの様子を綴っている。「たちまち悶絶《もんぜつ》するほどの痛みに襲われ、その痛みが深夜まで続いた。ときどき手の震えが止まらなくなるほどの激痛だった。翌日、赤みや腫れはまだ残っていたが、それ以外の局所症状は消えていた」

それから数週間後、アラードはかかとを二度刺され、「まもなく焼けるような激しい痛みに悶《もだ》え苦しむことになった。それまで一度も経験したことのない痛み、もう二度と味わいたくない痛みだった。……足が勝手に震えてしまい、一瞬たりとも止められなかった」。この他にもアラードは、「子どもの好奇心から」このアリをつかんで刺された三歳の孫息子のことや、ペットの犬が前足を刺されたときのこと、このアリを極度に恐れる二匹のノドジロオマキザルの様子についても記している[4]。

ここから時間を六〇年ほど早送りして、次は、米国スミソニアン協会の昆虫学者、テリー・アーウィンである。アーウィンは、熱帯雨林の昆虫の生物学的多様性を調査するために、樹冠噴霧〔殺虫剤を樹冠部に撒いて落下してきた昆虫を採集する〕という方法を考案した学者で、私の知るかぎり他のだれよりも長い時間をサシハリアリの生息地で過ごしてきた人物だが、その彼が次のように述べている。「ヘビをはじめ、その手の生物には一通りお目にかかっている。サシハリアリに刺されたこともある。刺されたとたんにそうとわかるが、そのときは本当にショックだ。……つかんで引き離そうとした。……ぎゅうぎゅう引っ張ったので何とか落ちてくれたが、体があまりに硬くて殺すことができず、手間取っているうちに逃げていってしまった。三〇分ほど激しい痛みが続いた。二日目になってようやく鈍い歯痛のような感じになり、それがさらに二日ほど続いた[5]」

いろいろな例を紹介してきたが、サシハリアリは尋常ならざるアリだと認めることに異論はないのではないかと思う。

いったい何が、このアリをこれほど特異な存在にしているのだろうか？　アリ類の分類体系と、サシハリアリの生態や生活史を詳しく見ていくと、その手がかりがつかめる。現在までに記載されている一万五〇〇〇種ほどのアリは、現在、一六の亜科に分類されているが、しばらく前までは、九つの亜科しか一般には認められていなかった。そのうちのひとつで、三番目に大きい亜科がハリアリ亜科だった。そのハリアリ亜科は、重厚なボディデザイン、シンプルなコロニー構造、単純な行動様式といった「原始的」な特徴に基づいてざっくりひとまとめにされていたが、実際には、雑多な種のアリの寄せ集めにすぎなかった。サシハリアリもかつてはこの亜科に入れられていた。毒針の威力に特異な点があるものの、それを除けば「ハリアリの一種」だとされていたのだ。そんなわけで、その行動や毒液は、ハリアリ亜科の他のアリと比較され、なぜこれほどまでに違うのかという疑問が出てきた。

この一〇年間に、アリの遺伝子解析が進められた結果、サシハリアリはハリアリ亜科に属するアリではないことが明らかになった。さらに、これまで最も近縁とされてきたデコメハリアリ属は、分類上かなり遠い位置にあり、裏庭にいて蟻酸を出してくるオオアリのほうがむしろサシハリアリに近いことがわかった。

このような系統分類の見直しによって、サシハリアリは、今から一億年ほど前に他のアリ類から分岐したまったくユニークなアリだということがわかり、現在は、一種のみの独自の亜科として分類されている。(6) したがって、外観がどうであれ、分類がどうなっていようとも、サシハリアリが他のアリとは一線を画する一種独特のアリなのは、きわめて当然のことなのである。

サシハリアリの暮らしぶりは、他のアリとはずいぶん異なっている。巣が地中にあっても、サシハリアリは、樹の根元近くの地中に作られた巣の中に棲んでいることが多い。サシハリアリは、巣口付近の地上で餌集めをすることはなく、樹を登って林冠部まで行ってから餌探しをする。場合によっては、いったん林冠まで登ったのち、別の樹木や巻きついた蔓植物《つるしょくぶつ》を伝って地表に降りてきて、巣口から六〇メートルも離れた場所で餌探しをすることもある。このようにして、足跡など、通った痕跡を残さないようにすることで、外敵や競争相手にコロニーの位置を知られるのを防いでいるのではないかと思われる。ときには、地中にではなく、地上の樹木にコロニーが作られることもある。このような巣は、樹幹の二股部分に有機物や腐植質がたっぷり積もって土のような硬さになったところに作られることが多い。

コスタリカでは、交尾を終えた新女王は、ガビランというマメ科の樹木の近くに営巣する傾向がある。樹木から放たれる香りが誘因になっているようだ。(7, 8) しかし、生息地の状況に応じて、その営巣行動も変化する。サシハリアリは融通のきく、柔軟性に富んだアリなのだ。パナマ運河の中の小島、バロ・コロラド島では、この営巣の柔軟性が申し分なく発揮されていた。七六種にも及ぶ高木、低木、ヤシ類、および蔓植物に巣が作られていたのである。この島には存在しないガビランは、当然、この中には含まれていない(9)。

いかにも獰猛そうなイメージのサシハリアリは、アリ界のヴェロキラプトル〔映画「ジュラシックパーク」に登場した小型肉食恐竜〕なのかというと決してそうではない。実は、サシハリアリは、林冠部にある甘い樹液や果汁などを主食にしているベジタリアンなのだ。残念ながら、このような糖類だけでは、サシハリアリの幼虫の成長や女王の産卵に必須のタンパク質を賄うことができない。そのタンパク質を確保するために、サシハリアリは昆虫類やクモ類その他、さまざまな無脊椎動物を狩る捕食者にもなる。ハキリアリさえも餌にしてしまう(10)。ハキリアリは、硬い体に棘が出ているうえに、すぐに噛みついてくる手ごわい相手だ。頭の大きなオレンジ色のハキリアリが、緑の葉っぱを旗のように掲げながら、長い列を成して巣に向かって行進する姿は、テレビのネイチャー・プログラムでもよく取り上げられる。

サシハリアリの働きアリは、体長が約一五〜二二ミリメートルとかなり幅があり、さまざまなサイズの個体がいるが、狩りをするのはそのうちの大きめの個体だ。餌の好みはなかなかうるさい。化学的防御を行なっている多くの芋虫・毛虫類は受けつけない。イチゴヤドクガエルなどの有毒な動物もダメ。このイチゴヤドクガエル（真っ赤な苺《いちご》色をしているが苺の味はしない！）が嫌われるのは、カエルだからではなく、嫌な毒の味がするからだ。ほぼ同じサイズで隠蔽色のコヤスガエル属のカエルのほうは喜んで餌にしてしまう(11)。

サシハリアリは、図体は大きいが原始的なアリではないし、アリの世界の野蛮人というわけでもない。二五〇〇匹にも及ぶ大きなコロニーを作って暮らしており、餌を報酬にした場合の学習速度はミツバチに匹敵するほどで、餌場の方角を仲間同士で伝え合ったりもする。[12] 豊富な餌場を見つけたサシハリアリは、腹部から道標《みちしるべ》フェロモンを分泌し、それを地面につけながら帰巣することで、巣の仲間がそれをたどって餌場に行かれるようにするのだ。[7,13,14] 糖液濃度と移動距離の費用対効果からみて、仲間を動員する価値があるどうかを判断することもできる。[15]

サシハリアリはなかなか素晴らしい生活を送っているようにも見えるが、すべてがうまくいくわけではない。人間の場合と同様、サシハリアリの最悪の敵はサシハリアリ自身かもしれない。時折、コロニー間で大戦争が勃発し、敵対する十数組が死闘を繰り広げるのだ。[16] その結果、巣と巣の距離がしだいに離れていく。エアガン用ターゲットにあいたＢＢ弾の穴のようにランダムではなく、巣と巣がみな等間隔になっていくのである。コロニー間の距離が二〇メートルを切ると、それ以上離れている場合に比べて死亡率が有意に高くなる。コロニーの平均寿命はわずか二・五年だが、寿命を縮めている最大の要因はこのコロニー間の戦闘なのである。[17]

隣接するコロニーを除くと、サシハリアリに襲いかかる相手は、自然界にはほとんどいない。グンタイアリも含めて、他種のアリがサシハリアリを悩ませている場面を、私は見たことがないのだ。ただし、サシハリアリを捕食した脊椎動物に関する記録がひとつだけある。一九四三年にアルバート・バーデンによって報告されたものだ。バーデンは何匹ものバシリスクの胃の内容物を丹念に調べた。バシリスクというのは中型のトカゲである（小説『ハリー・ポッター』シリーズに出てくる巨大な蛇のような幻獣「バジリスク」とは別物だ）。バシリスクは水面を走る能力をもつことから、中米では「ジーザス・クライスト・リザード（キリストトカゲ）」とも呼ばれている。そのバシリスクの胃の中から見つかった一一四一種類の食物のなかに、サシハリアリが数匹含まれていたのである。(18) 忙しく餌集めをしている最中だったのか、戦闘中に負傷して木から落ちたところを食われてしまったのか、それは知る由《よし》もない。いずれにしても、脊椎動物がサシハリアリを捕食することは、あったとしてもまれでしかない。

**カエルを相手に、**ちょっと実験をしてみたことがある。研究仲間二人とともに、コスタリカのグアナカステ地方の熱帯乾燥林を訪ねたときのことだ。「殺し屋」ミツバチ（アフリカ化ミツバチ）の調査が目的だったが、ちょっと休みを取り、尾根を越えて大西洋側の熱帯雨林まで出かけた。そこでサシハリアリの働きアリを何匹か採集して、グアナカステに持ち帰ったのである。

私たちが滞在しているホテル「ラ・パシフィカ」のディナーテーブルのまわりには、おびただしい数のオオヒキガエルがいた。カエルは相手を選ばない捕食者のひとつで、どんな相手にでも平気で襲いかかる。動くものなら何でも食べると言っていいくらいだ。

一九三六年、ヒュー・コットはヨーロッパヒキガエルのミツバチに対する嗜好性を試験した結果を報告している。それによると、どのカエルも、最初に提示されたハチはすぐに食べたが、一部のカエルは、刺されるうちにだんだん避けるようになっていった。しかし、刺されてもなお食べ続け、五回刺されてようやく避けるようになったカエルもいた。この実験から明らかになったのは、カエルは少々刺されてもたじろがない頑強な動物であること、また、学習するのが遅い個体もあるが、七日以内にすべてのカエルがハチは餌には不向きだと学習したことだ[19]。

カエルはきわめて屈強な捕食者らしい。そのカエルが私たちのテーブルのまわりにいくらでもいる。というわけで、カエルのサシハリアリに対する嗜好性を試験してみようじゃないかということになった。かなり大きめのカエルを一匹選んで、そのカエルにサシハリアリを一匹投げ与えてみた。パクッ。そのとたん、カエルは「しゃっくり」するように身をよじらせながら、目を突き出したりへこませたりして、喘《あえ》ぐように口を開けた。どうやらアリに刺されたらしい。カエルはこれで懲りただろうか？　いやいや。二匹目のサシハリアリも飲み込んだ。そして先ほどとまったく同じ反応を見せた。二度も刺されたらさすがに懲りるだろうか？　全然。三匹目も飲み込んで、またしても同じ反応を示した。

そのカエルはサシハリアリをたて続けに九匹食べ、そのたびに刺されて同じ反応を示した。ここで手持ちのサシハリアリが尽きてしまったので、刺さない昆虫をカエルに与えて、サシハリアリのときと同じ反応を示すかどうか確かめてみた。今度は、不快な様子はまったく見せずに飲み込んだ。カエルはタフな動物なので、サシハリアリを捕食することは、野外調査での報告例はなくても、可能性としては十分にあり得る。とはいえ、このテーブルサイドの実験から、サシハリアリを捕食するのがどれほど大変なことかがよくわかる。

もしかしたら、サシハリアリを悩ませている最大の敵は、捕食者ではなくて、小さな寄生バエではないだろうか。蚊が人間を悩ませるように、アポセファルス・パラポネラエ（*Apocephalus paraponerae*）というハエはサシハリアリを責め苛む。体の大きさはキイロショウジョウバエとほぼ同じ。キイロショウジョウバエは遺伝学の研究室で重宝されているハエで、熟れたバナナが大好物だが、それとは違って、アポセファルス・パラポネラエは負傷したサシハリアリに卵を産みつけるのである。

このハエが一匹、サシハリアリの巣口付近でホバリングしていると、「一〇匹以上のアリが大急ぎで巣から出てきて、怒り狂ったようにそれを捕まえにかかる」[20]という。負傷したアリが一匹出ると、それから数分以内に、どこからともなくハエたちがそのアリのもとに飛来する。オスとメスの両方がやってきて、メスがそのアリに卵を産みつけるのである。ハエの蛆たちはアリを食べて成長し、最多で二〇匹の成虫がそこから現れる。[21]

それにしてもなぜ、ハエはこれほどすばやく負傷したアリを見つけることができるのだろうか？ひとつ考えられるのは、傷を負ったアリが発するにおいを嗅ぎつけて飛来するのではないかということだ。サシハリアリの大顎腺には、ケトンの一種である4-メチル-3-ヘプタノンと、それが還元されて生じるアルコールが含まれている。負傷したアリからはこれらの臭気物質が放出される。

はたして、本当にこれらが誘引物質になっているのだろうか？　その可能性を検証するために、私たちはこれらの物質を精製オリーブオイルに加え、ゆっくり放出されるようにして実験を行なった。予想どおり、ハエたちはそれにおびき寄せられてきた。[22]これらのハエが、負傷したサシハリアリを発見するのにだけ有効な方法を備えているということは、裏を返せば、負傷するアリが決して少なくないこと、そして、同種個体間の戦いがサシハリアリの死因の大きな割合を占めていることを物語っている。

**これほどの威力をもつサシハリアリの毒針に、**地元の人々が注目しなかったはずがない。ブラジル北西部、アマゾナス州のさまざまな先住民族が伝統的に、サシハリアリを成人の儀式に利用しており、一部では今もなお利用されている。アラランデウアラ族は、草の繊維を筒状に編んで、その両端に引き紐《ひも》をつけた長さ六〇センチメートル、直径二〇センチメートルほどのを儀式に用いていた。この筒状のマフにサシハリアリをびっしり詰めておき、志願した若者が手を差し込んだら、引き紐をしっかりと締める。その若者が一定の時間、マフに手を入れたまま痛みに耐えることができれば、結婚にふさわしい一人前の男として認められ、儀式は続行された。(2)「痛みなくして得るものなし」という古い格言が説得力をもつ儀式である。

アマゾン川流域の部族の間では、これに似たような思春期の通過儀礼がいくつか報告されている。たとえばスリナム共和国の場合。まず、筵《むしろ》を編む。サシハリアリが逃げないように、胸部と腹部の間のくびれ部分でアリを固定できるような編み方をする。次に、腹部末端がすべて同じ方向を向くように、サシハリアリを筵に挟み込んでいく。こうして出来上がった筵を少年の腹や尻や太ももなどに巻きつけるのである。アリはどんどん刺してくる。この拷問に「男らしく」耐えることができた少年は、薬草を調合した飲物を与えられて、ハンモックに身を横たえる。そのかたわらで、部族の人々は少年の男らしさを褒めたたえ、長い祝賀の儀式を執り行うのである。(23)

これとはまた別の儀式の様子が、一九九七年に製作された米国ＰＢＳ「ネイチャー・シリーズ」の「グレムリンズ：フェイシズ・イン・ザ・フォレスト」に収録されている。この回のテーマは、アマゾン熱帯雨林にひっそりと生息するマーモセットやタマリンなどの小型霊長類を見つけて記録することだったが、「放送時間の穴埋め」のために、サシハリアリを用いた成人の儀式《イニシエーション》の様子が紹介された。ここでは、少年の体をまず墨で黒く塗ってからサシハリアリの拷問を受けさせている。

この一九九七年の「グレムリンズ」以降、YouTubeに何件かの動画が投稿された。そのうちのひとつは、イニシエーションを受ける少年に焦点を当てて、儀式の流れを詳しく紹介している(http://www.yutube.com/watch?v=XwvIFO9srUw)。ただ、その少年があまりにも健気に、凛《りん》とした態度で痛みに耐えているものだから、儀式の苛酷さや刺される痛みの激烈さが視聴者になかなか伝わってこない。もう一本のポルトガル語のナレーションのついた動画のほうが、痛みがどれほど心身に大きな影響を及ぼしているかがよくわかる(http://www.yutube.com/watch?v=gjna7MnPKrI)。

オーストラリアのコメディアン、ヘイミッシュ＆アンディが出演する動画では、アリに刺される痛みに対してまったく対照的な反応を示す二人の姿が映し出される。両者の違いは、イニシエーションに合格して一人前の男として認められたいという意識があるかどうかなのだ(http://www.youtube.com/watch?v=it0V7xv9qu0&list=RDit0V7xv9qu0&index=1)。このような動画の視聴回数が数十万回〔二〇一八年三月七日現在で一六九〇万回以上〕にも及んでいるということは、住んでいる地域に関係なく、多くの人がサシハリアリに興味を引かれることを示している。

ブラジルのアマゾナス州に暮らすカーポル族は、思春期を迎えた少女の通過儀礼に、ネオポネラ・コムタータ（*Neoponera Commutata*）という、シロアリを食べる大きなアリを用いる。刺されればたしかに痛いが、サシハリアリよりも痛みははるかに弱い。それで少女に用いられるのだ。テュレーン大学のウィリアム・バレーは、この少女の通過儀礼をはじめ、サシハリアリその他のアリを用いたいくつかの儀式の様子を詳細に書き記している。[24]

アマゾン川流域に暮らす人々はサシハリアリの毒性をよく知っていた。アマゾン川の水源地帯のいくつかの部族は、サシハリアリの毒液と他の有毒成分を混ぜ合わせて、矢毒「クラーレ」を作った。地元では「ウーラリ」と呼ばれているもので、皮下に入るときわめて有害だが、飲み込んでも害はない。[2] 実際に麻酔効果や殺傷力を発揮するのは、クラーレに含まれているアルカロイドのほうだが、アルカロイドには痛みを起こす力はないので、サシハリアリの毒液がその役割を担っていたのではないかと思われる。とにかく、こうした部族の人々はサシハリアリの刺針や毒液の痛さをよく知っていたのである。

サシハリアリの毒液を抜きにして、このアリのことは語れない。サシハリアリの毒液は、このアリ自身と同じくらい、他に類を見ない独特なものだ。哺乳類に対する殺傷力が強く、致死量は体重一キログラム当たり毒液一・四ミリグラムだが、アリ一匹で平均〇・二五ミリグラムもの毒液を作り出す。[25] ということは、体重一八〇グラムの哺乳類（若いメスのドブネズミ程度の大きさのもの）なら、一刺しで殺せるということだ。この殺傷力は、ミツバチの三倍以上で、ボールドフェイスト・ホーネットの八倍に近い。

殺傷力とは対照的に、驚くほど弱いのが、細胞膜や組織を破壊する力である。一〇種類のアリで比較試験を行なったところ、サシハリアリの毒液は、赤血球の破壊力（組織損傷力の標準試験法）において一〇種類中最下位だった。その活性は、シュウカクアリの毒液の実に一二〇〇分の一、アシナガバチの一種、ブラジリアン・ペーパーワスプ（*Polistes infuscatus*）の毒液の四八分の一、アシナガバチに刺されたときのような赤みや腫れは生じない。もっと興味深い毒液成分は、ポネラトキシンと細胞膜や組織を損傷する力がこれほど弱いので、普通の人間が刺されてもあまり腫れたり赤くなったりせず、痛みが引いてしまうともう、刺された痕がほとんど残らないのだ。

ここで二つの疑問が湧き起こる。

❶そのような毒液が、なぜあれほどの激痛をもたらすのか？ サシハリアリの毒液には、社会性狩りバチによく見られるキニン類も少量含まれてはいるが、それが主成分ではないので、狩りバ

❷そのような毒液が、なぜあれほどの殺傷力をもっているのか？ この酸性ペプチドは、一リットルあたり二五マイクログラムといういう二五個のアミノ酸からなるペプチドだ。

ポネラトキシンは、毒液全体としての殺傷力の四倍の殺傷力をもっており、毒液の殺傷力の大半はこの成分によるものといえる。この酸性ペプチドは、一リットルあたり二五マイクログラムといきわめて低い濃度でも高い活性を示し、体内の平滑筋の持続的収縮や、神経－筋接合部での神経伝達物質の変動や大量放出、神経系シグナル伝達の遮断、および骨格筋のナトリウムチャンネルの阻害を引き起こす。㉗ フィールドで観察される作用のすべてではないにせよ、ほとんどは、以上のような生理活性によって説明がつく。

ポネラトキシンの作用について、私は自分の体で確認してみた。同僚のスティーヴ・ジョンソンから提供してもらった合成ポネラトキシンをごく少量、前腕の皮下に注射して、ツベルクリン反応

検査でできる豆粒の一〇分の一ほどの小さな豆粒を作ったのだ。実際に刺されたときとまったく同じ反応や痛みが生じたが、注入量がわずかだったので、それほどひどくならずに済んだ（明確な答えを出したかったが、激痛は避けたかったので、少量にしておいたのだ）。少量すぎて、予想された筋肉の震えは生じなかったが、腕を振り回したくてたまらない衝動に駆られた。

この前腕テストの結果からみて、刺されたときの痛みや反応のほとんどはポネラトキシンが原因だと考えてよさそうだ。もちろん他の要因も否定はできないが。他種のアリはもとより、アリ類以外を見わたしても、ポネラトキシンのようなペプチドをもっている動物はいない。ポネラトキシンは、類いまれなアリがもっている、類いまれな毒素なのである。

このアリとその毒液の比類のなさを考えると、ある疑問が湧いてくる。なぜ、このアリはこれほど強力な毒液を必要とするのか？　なぜ、他のアリやハチは同じような毒液をもっていないのか？

これらの疑問に直接答えることはできないが、このアリに働くどんな圧力がその毒液を選択したのかを考えてみることはできるだろう。

大型脊椎動物などからの捕食圧は、他の多くの社会性ハチ・アリ類にも、ある程度は作用している。そうしたなかで、サシハリアリだけにポネラトキシンが進化したのには、系統分岐と偶然の両方が関与している。いったんある形質が進化すると、その系統の子孫種は、それをそのまま引き継ぐこともできるし、その遺伝子に少し変更を加えることもできる。しかし、ハチの系統にもアリの系統にも、ポネラトキシンのような物質は存在しなかったので、そのような分子をまったく新たに作り出すという、非常に難しい進化のプロセスを踏む必要があった。サシハリアリの系統は、今か

290

らおよそ一億年前に他のアリから分岐した。その一億年の間に、おそらくはランダムな突然変異によって、このポネラトキシンを進化させたのである。

では、ポネラトキシンを生み出した捕食圧の話に戻るとしよう。熱帯雨林では、哺乳類、鳥類、トカゲ、カエルなど脊椎動物の捕食者のほとんどは、葉や枝の茂る林冠で暮らしており、光の差し込まない林床やほの暗い下層植物群にはごくわずかしかいない。脊椎動物が林冠で活動するのは、ひとつには、葉、花、果実、昆虫の大部分が林冠に存在するからである。そのような資源を得るためには、林冠に出かけていくか、林冠に棲むかしなければならない。

昆虫にとってもそれは同じこと。しかし、林冠は食事にありつける場所であると同時に、すぐにだれかの餌にされてしまう危険な場所でもある。それゆえ、林冠の昆虫たちは、ほとんどの時間を隠れ家に潜んで暮らすか、さもなければ捕食者の目を逃れる戦略をとっている。隠蔽的擬態や保護色、密やかな行動、ライフサイクルの短縮化などである。それとはまったく逆に、派手で、けばけばしい、よく目立つ体色にする場合もある。

サシハリアリの巣は比較的安全な地中にあるが、餌集めのためには林冠に出て行かざるをえない。サシハリアリは、体が大きくて、よく目立つうえに寿命が長い。飢えた鳥や猿、トカゲ、カエルなどの大群のなかで生きていくのには不利な要素ばかりだ。大きくて、いかにも美味しそうな昆虫が目の前にいるのに、鳥や猿が捕って食べようとしないわけがない。ところが、サシハリアリは跳ねることも、飛び去ることもできず、身を隠すこともままならない。逃げも隠れもできぬとなれば、捕食者に立ち向かっていくほかかない。サシハリアリは、その毒液を武器に、ハチ・アリ類のなかで最もみごとにこれをやってのけた昆虫だといえよう。うっかりサシハリアリに手を出した捕食者は、散々な目に遭わされて、もう二度と手を出すことはないだろう。

捕食者の標的にされないよう、サシハリアリはいくつかの警告信号を発している。まず一つ目が、黒々と光る体。まずくて食べられたもんじゃないぞ、と知らせるのによく使われる体色だ。二つ目が、やかましい摩擦音。自分はここにいるけれどちょっかいを出すな、と周囲に注意を呼びかける。三つ目が、4－メチル－3－ヘプタノンなどの化学物質。襲いかかろうとしている相手に、やめておくほうが身のためよ、と忠告する。これら三つの警告信号に加え、行動上の特徴で、自分がサシハリアリだということを示しているのは間違いない。捕食者のなかには、前述したカエルのように屈強なものもいるし、サルのように賢くて、狙った獲物を易々と手玉に取ってしまう相手もいる。林冠にはありとあらゆる捕食者が待ち構えているのだ。昼夜を問わず餌集めにいそしむためには本格的な防御手段が不可欠であり、それにはサシハリアリの毒針に勝るものはない。

**「刺されると一番痛い昆虫はサシハリアリです」と言うと、**「なぜそうだとわかるのですか」と聞かれることが多い。もちろん、一〇〇%の確信をもって言えるわけではない。刺針をもつ昆虫は、すでに記載されているだけで何千種もいるし、発見されるのを待っている種もまだまだいる。それらのすべてに私やだれかが刺されたわけではない。とは言うものの、私はこれまで四〇年間にわたって、刺す昆虫を求めて南極大陸を除く六大陸を踏査してきたが、痛みの強度と持続時間がサシハリアリに迫る昆虫にはまだ一度も出遭っていないのである。

経験が足りないということはあり得ない。南アフリカで調査したときには、メタベルアント（*Megaponera analis*）やジャイアント・スティンクアント（*Paltothyreus tarsata*）などにも遭遇したが、刺されてもサシハリアリほどは痛くなかった。オーストラリアに生息するキバハリアリ属のブルドッグアリは、ものすごい毒針の持ち主として恐れられているアリだ。私も仲間たちもこのブルドッグアリに刺されたが、その痛みはミツバチほどではなかったし、サシハリアリには遠く及ばなかった。有名なアカシアアリに刺されたこともあるが、やはり、痛みはサシハリアリよりもずっと軽かった。オオベッコウバチの場合は、刺されてしばらくはサシハリアリと同じくらい痛かったが、二分もすると痛みは治まった。サシハリアリに刺されたときには絶対にあり得ないことだ。

コンゴ川流域のアリや、アマゾン川流域西部のハチやアリに刺されるとひどく痛いという報告もあるが、報告件数そのものが少ないし、裏付けがほとんどなされていないことから、やはりサシハリアリほど痛くないのではないかと思われる。サシハリアリに関する報告には、必ずと言っていいほど、刺されたときの痛みが詳細に記されている。サシハリアリは究極の刺針昆虫であって、刺されたときの痛みは、地球上のどんな昆虫にも勝るものだと私は確信している。

私は、わざとサシハリアリに刺されてみたのかというと、もちろんそんなことはしていない。その必要がないからだ。頼まなくてもすぐに刺してくる。コロニーにちょっかいを出せば、ほぼ確実に刺される。熱帯雨林の初心者は要注意。若木や蔓や板根《ばんこん》にうっかり触れたりすれば、サシハリアリに刺してくれと頼んでいるようなものだ。経験を積んでくると、寄りかかる前によく見るようになるし、不必要に何かをつかんだり握ったりしなくなる。フェンスの支柱や樹の幹にもたれたりせずに真っすぐ立つようになる。

私が生まれて初めてトゥカンデイラ（サシハリアリのブラジルでの呼称）に刺されたのは、アマゾン川の河口付近に位置するベレンという町でのことだ。才能豊かな指導者、マレー・ブルム教授と、エミリオ・ゴエルジ博物館にいる同僚、ビル・オヴェラルとともに古い二次植生林に来ていた。できるだけ多くのアリやハチを、そのなかでもとくに刺針をもつものを採集するのが目的だった。フェロモンや毒液の比較研究に用いるためだ。

私たちには、ロメロという頼もしい助手が同行していた。ロメロは大柄で、頑強で、恐い物知らずの（だと私は思っていた）、言うことなしの助っ人だった。ヒアリのコロニーを発見！　何のことはない。ロメロはアリの混じった泥をつかんでは、ポリ袋に詰め、くっついて離れないアリをみな振り払った。茂みに社会性狩りバチの巣を発見！　それもお安いご用。ロメロは巣をつかんで別の袋に入れると、追いかけてくるハチをみな叩いて払い除けた。私たち一行はディノハリアリ（ディノポネラ）にも遭遇した。アリの世界の温和な巨人ともいわれる地球上最大のアリだが、手や顔の上を這わせても平気だった。

そうこうするうちに、若木の根元にサシハリアリのコロニーを発見。これこそが求めていたものだ。吸引器では吸えないほど大きなアリなので、私は長さ三〇センチメートルのロングピンセットで一匹ずつ集めていった。とても骨の折れる作業だった。サシハリアリは、驚くほどすばしこくて、逞しくて、身が軽い。何にでもすぐにまといつき、ツルツルしたクロムメッキのピンセットにもびっくりするほどよくくっついて、どんどん指のほうに這い上がってくる。それでも何とか、刺されることなく巣口付近の個体はすべて採集し終えた。そろそろ日が暮れようとしていた。食事に行く前にもっとたくさん採集しておきたい。大急ぎで移植ごてで掘ろうとするのだが、一向にはかどらない。

「ロメロ、君の根掘り鍬《マタック》でこの根を切ってくれないか。ロメロはどこだ？」あたりを見回すと、ロメロは（ビルもマリーも）、遠巻きに私の作業を見守っていた。「ロメロ、お願いだよ！」もう一度頼むと、ロメロはさっとやってきて、バシッバシッバシッと根を切って、またすぐに戻っていった。

もう時間がない。刻一刻と夕闇が迫っているのに、どんどんアリが湧き出してくる。しかたない。ピンセットではもう埒《らち》が開かない。私はアリを素手でつかんでは、脱走防止用パウダーを塗った採集瓶に落とすという作業を電撃的な速さで繰り返していった。サシハリアリのほうも電撃的な速さで攻撃してきた。何カ所刺されたのか、正確には覚えていない。たぶん四カ所だと思うが、まさに拷問のような耐えがたい痛みだった。アリはもういい、ここを離れよう！

私たちはビルの行きつけのシュハスカリアへと向かった。シュハスカリアというのは、牛肉、豚肉、鶏肉などを長い鉄串に刺して焼き、串ごと客席に運んできてくれるブラジル料理のレストランだ。車でレストランに向かう間もずっと、私の手はズキズキ痛んでいた。痛みがどんどん強さを増していき、いったん少し和らぐのだが、すぐにまた凄まじい痛みが襲ってくる。それを繰り返している間、前腕がどうしても上下に震えてしまう。「止まれ、くそ！」どんなに頑張っても手と腕の震えが止まらない（反対側の腕は何ともなかった）。刺傷のまわりの皮膚に触ってみると、まったく感覚がなかった。鉛筆で突いても何も感じない。もっと強く突くと、漠然とした深部痛を感じたが、ただそれだけだった。

シュハスカリアに到着すると、私は真っ先に氷を注文し、それからビールを頼んだ。氷を当てたおかげで痛みはほとんど治まり、ビールのおかげで元気が湧いてきた。そしてビールをもう一杯。そろそろ氷を外してもいい頃かな。せっかく美味しそうな料理が運ばれてきたのに、氷を当てていたのではうまく食べられない。そう思って氷を外したとたんに、また痛みがぶり返した。まるで氷で時計を遅らせただけのよう。痛みのヤツは何が何でもその時間を取り戻そうとしてきた。しかたなく、私はまた氷を当てた。

食事を終えて、くつろぎながら翌日の予定を立てているときも、痛みはいぜんとして続いていた。宿に帰り、そろそろ寝ようという頃になっても、痛みはいっこうに消えず。なかなか寝つけなかったが、午前零時をまわるとさすがに、痛くても何でも眠りに落ちた。そして翌朝目を覚ますと、痛みはようやく消えていた。刺された痕もほとんど消えてなくなっていた。

サシハリアリには、このあともう一度、刺されたことがあるのだが、そのときは、このアリの身を守る技の凄さを見せつけられた。コスタリカでサシハリアリの巣を掘っていたときのことだ。今度は決して軽率なことはしなかった。もう十分に懲りていたからだ。細心の注意を払いながら掘り進んでいったので、まったく刺されることなく多数のアリを採集することができた。と思っていたとき、頭上の蔓からアリが一匹落ちてきて、私の頬に当たって跳ね返り、そのまま地面に落ちた。その跳ね返った瞬間に、私の頬を刺したのである。毒液注入の時間がごくわずかだったので、大したことはなかったが、それでもしっかりと刺されていた。サシハリアリは一瞬の隙を突いてでも刺してくる。サシハリアリがいかにすばしこいか、人間は刺されたとたんに思い知らされる。

# 第11章　ミツバチと人間

地球上に生息する刺針をもつ昆虫のなかで最も獰猛なのはアピス・ドルサータである。

——ロジャー・モース『フィリピン諸島のアピス・ドルサータ』(*Apis dorsata in the Philippines*) 一九六九年

**ベビー用品、象、**黄色い雨、アピス・ドルサータ。これらすべてに通じるものは何か？　答えはミツバチ。どれもみなミツバチと関連があり、最後の一つはミツバチの学名である。ミツバチほど、人間と多様な関係を結んでいる動物は他に見当たらない。いくつかの有力な宗教においてミツバチは特別な存在として扱われている。アメリカ合衆国ユタ州の州の昆虫はミツバチで、州旗には蜂の巣が描かれている。イスラエルは神が約束された「乳と蜜の流れる地」だ。

この「蜜」こそが、ミツバチと人間の関係を知る手がかりになる。ミツバチは蜜を作り出す。人間は蜜が大好き。だから、人間はミツバチを大切にする。ところが、ミツバチは刺してくる！　まさにここにこそ、ミツバチと人間の悩ましい関係の核心がある。蜂蜜を愛する私たちは、蜂蜜を作り出すミツバチを愛する一方で、刺されると痛い針に恐怖を抱いている。このような相反する要素を併せもっているがゆえに、ミツバチは人間を惹きつけてやまないのだ。実際、ミツバチは、すべての昆虫のなかで二番目に科学的研究が進んでいる（発表論文数で比較すると、ミツバチの上を行くのは、昆虫界の「ラット」と呼ばれるショウジョウバエのみである）。

私とミツバチのつきあいは幼い頃から始まった。それが何歳だったのか、正確には覚えていないが、私にはクローバーの花にとまるミツバチを、刺されずにつかまえる才能があったようだ。ミツバチが人を刺すということは何となく知っていたが、私自身は刺された記憶がない。前に記したように、私の代わりに、担任の先生が刺されてしまったことはある。つかまえてきたハチをわざわざ先生の腕に載せたのだ。先生と母はよく覚えていて、学校時代に何度もその話を聞かされた。母と先生は仲のよい友だち同士だった。

初めて刺された思い出は、ミツバチではなくてマルハナバチに刺された記憶だ。マルハナバチもミツバチと同様に人々から愛されている昆虫で、子ども服や玩具にその絵柄がよく使われている。黄色と黒の柔らかな毛に覆われた丸っこい体は、ミツバチにもまして愛らしく、それも人々に好かれる理由のひとつになっている。庭の花から花へと飛び回る姿は、だれの記憶にもあるはずだ。マルハナバチもミツバチと同じく、向こうから刺してくることはない。しかし、巣にちょっかいを出したりすれば話は別だ。そんなことをされたら、親たるものは当然、自分の家と子どもたちを必死で守ろうとする。巣にちょっかいを出す——私はまさにそれをやってしまったのだった。

私が五歳のときのことだ。わが家の裏庭の片隅に、薪が低く積み上げられている場所があった。マルハナバチがその薪の山の奥に入ってはまた出てくるのを見て、私はハチたちがどこに行くのか突き止めようと思い立った。どんなふうにマルハナバチの邪魔をしたのかは忘れてしまったが、その結果、起きたことははっきりと覚えている。ハチたちが巣から飛び出して襲ってきたのである。そのうちの一匹が、首の後ろに取り付いて私を刺した。ギャッと叫び声をあげて、勝手口に向かって走り、走りながら、首にくっついているハチを叩いた。一度刺したら針を失ってしまうミツバチとは違って、マルハナバチは針がなくならないので、何度でも刺せる。あの日、私は、あの一匹のハチに、首の後ろを五回も刺された。それ以来、もう二度と私は庭のマルハナバチには手出しをしなくなった。

初めてミツバチに刺されたときのことはまったく覚えていない。マルハナバチに刺されてからは、また以前のように、木登りをしたり、近くの小川で遊んだり、近所の森を探検したりして過ごすようになった。牧草地や原っぱを当てもなく歩き回るのが大好きだった。当時はミツバチのことなど気にもとめていなかった。チョウのような、色鮮やかな昆虫のほうがずっとずっと魅力的で興味があったからだ。

私の父はいろんなことに興味をもち何でもこなせる人だったが、ちょうどその頃、趣味で始めたのが養蜂だった。当初はたった二つだったコロニーが、やがて六〜七個になり、とうとう四〇個あまりにまで増えた。もちろん、兄も姉も私も蜂蜜が大好きで、採蜜の時期には手伝うのが楽しくてならなかった。最初に、二歳年上の兄が自分の巣箱をもらった。私も負けてなるものかと、その翌年、初めて自分の巣箱を二つもらった。本当に楽しい日々だった。私は4H《フォーエイチ》クラブ〔より良い農村を創るための青少年クラブ〕の養蜂クラブに入り、ボーイスカウトでは養蜂分野のメリットバッジを取得した。姉はナショナル・ハニー・クイーン・コンテストで第二位の「ハニー・プリンセス」に選ばれた。しかし、兄はしだいに、刺されると腫れるようになってしまい、とうとう、手を一カ所刺されただけでも肘の上まで腫れ上がるようになった。みんなから「ポパイ」の腕みたいと言われ、結局、養蜂を諦めざるを得なかった。そのころ、私もやはり刺されていたにちがいないのだが、刺された記憶がまったくない。痛みよりも楽しさのほうが勝っていたのだろう。

ミツバチは、NASAのプロジェクトの一環として宇宙に行ったこともある。一度ならず二度までもだ。一度目は一九八二年三月、二度目は一九八四年四月だった。二度目に宇宙に行ったとき、ミツバチたちは無重力環境下において、地球の通常の重力のもとで作るのと同じ、六角柱が並んだ正常な蜂の巣を作った。そして、その巣に、普通と何ら変わりなく花蜜を蓄え、卵を産みつけたのだった。NASAがミツバチを宇宙に送ろうと考えたのも、ミツバチの生態や生活史が非常に興味をそそるものだからである。

ミツバチは、社会性を進化させた昆虫類の頂点に立つもので、一万五〇〇〇～三万匹の個体からなる巨大コロニーを作って生活を営んでいる（少ないときは一〇〇〇〇匹、多いときは六万匹にも及ぶ）。コロニーの大半を占めているのは生殖能力をもたない働きバチだが、それに数匹のオスバチ（別名「ドローン＝働かない怠けもの」）と、産卵を担当する一匹の女王バチが加わってコロニーが構成されている。

コロニーは多年性で、群れの分割（分封）によって殖えていく。働きバチの一部を引き連れた女王バチが、元の巣を離れて、別の場所に新たなコロニーを形成するのである。巣を出ていく旧女王にとって代わる新世代の女王バチは、ピーナッツ型をした特別な育房の中で、ロイヤルゼリーと呼ばれる白いクリーム状の特別食を与えられて育つ。狩りバチの幼虫は肉食だが、ミツバチは厳格なベジタリアンで、「ヴィーガン」(完全菜食主義者)と言ってもいい。花粉や花蜜をはじめ、昆虫が排泄する甘露も含めたさまざまな糖液を餌にしている。

ミツバチのユニークな特徴は、六角柱を平面状に隙間なく並べた巣板(ハニカム)を作ることだ。この巣板は、働きバチの腹部にある蠟腺《ろうせん》から分泌される蜜蠟だけで作られている。数学的にシンプルで、材料が最少で済むこのエレガントなデザインは、ずっと昔から、アリストテレスやチャールズ・ダーウィンなど、多くの科学者たちの興味を惹きつけてきた。ミツバチは一体どうやってこの幾何学的にほぼ完璧な巣を作るのか。だれもみな、それが不思議でならなかったのだ。NASAもそうだった。「ミツバチは、巣作りの目安となる重力が働かない宇宙空間でも、方向や位置を間違えずにハニカムを作れるか?」というのがNASAの設定した問いである。その答えはイエスだった。

ミツバチの巣は、実にうまくできた万能の住まいで、食料の貯蔵庫にもなれば、行動の基地にもなる。花蜜は粘りけのある液体なので、すぐ何かに付着したり、吸収されたりしてしまう。紙のような材質のものだとそうなるが、その点、蠟でできている巣房(六角形の小部屋)は花蜜を貯蔵するのに最適だ。花蜜がしみ込むこともないし、流れてしまうこともない。ミツバチの巣房は、働きバチが持ち帰った花粉を蓄えておくのにも理想的にできている。

巣房はまた、働きバチやオスバチの子どもを育てる場所でもある。女王バチは各巣房に一つずつ卵を産みつける。卵が孵化して幼虫になると、育児担当の働きバチが餌を与えて幼虫を育てる。すっかり成長した幼虫は巣房内で蛹になり、ついに成虫となって巣房から出てくる。そのあと巣房はきれいに掃除される。そして、またそこに卵を産みつけることもあれば、花蜜や花粉の貯蔵庫として使うこともあり、将来に備えて空き部屋にしておくこともある。これがミツバチの巣の基本的な使われ方だが、そのほかに、新たに見つけた花や蜜源に仲間の働きバチを動員する際のコミュニケーションプラットフォームや会議テーブルの役割も果たしている。

北米や西欧の文化圏では、ミツバチは昔から甘い蜂蜜の作り手として、また、ロウソクや工芸品に用いる蜜蠟の作り手として大事にされてきた。現在では、世界中のほとんどの地域で、蜂蜜や蜜蠟のみならず、ミツバチの巣から採れるさまざまなミツバチ産品が高い評価を得ている。タンパク質、ビタミン、ミネラルが豊富な蜂の子や花粉、薬効や防腐作用のあるプロポリス、病気治療に効果のある蜂毒、美容と健康に良いとされる女王バチの食物、ロイヤルゼリーなどである。(1) 蜂の子や蜂蜜や花粉が詰まったミツバチの巣は、どこの狩猟採集社会でも栄養豊富な食べ物として大事にされている。(2)

プロポリスは、ミツバチが採取してきた植物の樹脂で、抗菌作用、抗ウィルス作用、抗カビ作用をもっている。昔から、口内炎や喉の腫れに効くうがい薬やチューインガムとして、また、傷につける塗り薬として用いられており、ある地方では、外科手術の麻酔薬としても用いられてきた。眼科手術に関する研究で、プロポリスは、局所麻酔薬であるコカインの三倍、プロカインの五二倍の麻酔効果が認められた。(1)

ミツバチの刺針と毒液は、慢性関節リウマチをはじめとする自己免疫疾患の治療に世界中で広く用いられてきた。また、とくに東アジアでは、幅広い年齢層の女性たちが、美容効果の高いとされるロイヤルゼリー配合の化粧品やサプリメントに高い期待を寄せている。

蜂蜜は昔から人々の健康を守ってきた。傷の感染予防、治癒促進、重篤な火傷の治療に用いられ、また、治りにくい皮膚潰瘍の特効薬としても重要な役割を果たしてきた。最近はアメリカ合衆国でも「メディハニー」という薬用の蜂蜜が傷の治療に用いられるようになっている。メディハニーは、ニュージーランドのマヌカという薬用効果の高い植物の花から採取される蜂蜜である。

ミツバチ産品はじつに利用価値が高い。豚にまつわることわざ「使えないのはブーブーうるさい鳴き声だけ」に倣うならば、「使えないのはブンブンうるさい羽音だけ」だと言える。

北米やヨーロッパで「ミツバチ」と言えばふつう、セイヨウミツバチ（アピス・メリフェラ［*Apis mellifera*］）のことを指しているが、セイヨウミツバチはミツバチの一種にすぎない。ミツバチ属には九つの種（および、その多数の亜種）が知られている。オオミツバチ、コミツバチ、トウヨウミツバチなど、そのほとんどは南アジアに分布している。ある地域に三種以上のミツバチが、体のサイズに応じて資源を分け合いながら共存していることが多い。

ミツバチ属の九種のハチは三つの亜属に分類される。そのうちの二つ、オオミツバチ亜属（オオミツバチなど二種）とコミツバチ亜属（コミツバチなど二種）は、開放され空間に一枚の巣板からなる巣を作る。一方、ミツバチ亜属（セイヨウミツバチ、トウヨウミツバチなど五種）は、樹洞のような閉鎖空間に複数枚の巣板からなる巣を作る。

オオミツバチ亜属に含まれる二種のうちのひとつ、オオミツバチ（アピス・ドルサータ［*Apis dorsata*］）は、巣をねらう捕食者に猛烈な攻撃をしかけてくることで有名だ。オオミツバチはふつう、高木の高い枝の下に幅一・五メートル、長さ九〇センチメートルにも及ぶ巨大な、巣板一枚からなる巣を作る。一本の木、または隣り合う何本かの木に、多数の巣がかたまって作られることが多く、その数は数個から一五六個にものぼる。オオミツバチは、このように開放空間に営巣するので、狭い巣口から出入りしなくてはならないミツバチ亜属のハチとは違い、威嚇されたらさっと巣から飛び出して、すぐさま猛烈な毒針攻撃をしかけることができる。しかも、一コロニーあたり平均一万五〇〇〇～四万匹のハチがいるので、大群での攻撃が可能だ。さらに、近隣のコロニーのハチが加わって、その数が何倍にも膨れ上がることもある。二〇世紀後半の偉大なミツバチ研究者の一人、ロジャー・モースは「地球上に生息する刺針をもつ昆虫のなかで最も獰猛なのはまちがいなくアピス・ドルサータである」[3]と述べている。これに反論する者はほとんどいない。

私が初めてオオミツバチに遭遇したのは、研究仲間のクリス・スター夫妻と私たち夫婦とでボルネオ島を訪れたときのことだ。四人はキナバル山にほど近いコタキナバルの街に滞在していた。キナバル山はボルネオ島の最高峰。第二位の山を数千メートルも引き離し、標高が四一〇〇メートル近くある。私たちの目的のひとつは、山頂に向かう道すがら、この山に生息している刺針をもったハチ類やアリ類を調査することだった。

調査に出発する前日、私たちは宿の裏庭でオオミツバチの小さな巣を見つけた。だが、それを捕獲するには装備が少々お粗末だった。手元には、蜂防護服一揃い、長い延長ハンドル付き捕虫網一本、捕虫網がもう一本、懐中電灯、緑色の軍用蚊よけネット二枚――それだけ。しかし、もう暗くなっているので、断然こちら側に有利だ。さっそく、二つの懐中電灯で両側から照らしてもらい、そのまん中の暗い部分に向けて捕虫網を最大限伸ばし、中ほどの高さの枝から巣をこすり落とした。大成功。しかしそれは、怒りの大爆発をも招くこととなった。

　ミツバチの大部分は網に入ったのだが、捕まらずに逃げた一〇〇匹ほどが、ほとんど無防備状態の同僚二人をめがけて、懐中電灯の光線に沿ってロケットのように突進してきたのである。慌てて懐中電灯を消した。すると攻撃の矛先が私に向けられた。しかし幸いなことに、私は防護服に何とか守られており、このときは結局、だれも刺されずにすんだ。一一一四匹の働きバチと一七一匹のオスバチからなる、女王不在の「おとなしい」群れだったからよかったものの、もしこれが三万匹を擁する完璧なコロニーだったらどうなっていたことだろう。

　以前はミツバチ研究者や生息地の人々にしか知られていなかったオオミツバチが、ある騒動をきっかけにして、広く世間の注目を浴びることになった。その騒動の発端は、一九八一年九月一三日に、当時のアメリカ合衆国国務長官、アレクサンダー・ヘイグが行なった記者会見だった。（ヘイグは一九八一年三月三〇日、ロナルド・レーガン大統領暗殺未遂事件の直後に「私がここを統制している」と主張し、認識の誤りを露呈したことで有名な人物でもある）。九月のベルリンでの記者会見で、ヘイグは「ソビエト連邦とその同盟国が、ラオス、カンプチア〔ポル・ポト政権下のカンボジア〕、アフガニスタンにおいて殺傷能力をもつ化学兵器を使用している」と述べたのである。人殺しの化学兵器が「黄色い雨《イエローレイン》」となって空から降ってきたのだという。その化学兵器なるものはカビ毒のトリコテセン類で、ラオスの山岳地帯に暮らすモン族に降りかかった黄色い雨に、この毒物が含まれていたというのだ。そして、この雨は、ベトナム戦争中にアメリカ軍を支援したことへの報復だと主張したのである。

しかし、その根拠とされたのは、黄色い雨のサンプルから三種類のカビ毒が微量検出されたという、ミネソタ州のある研究所の分析結果一件だけだった。アメリカ陸軍が五〇以上のサンプルを分析しても、何も検出されなかったことはまったく無視されていた。実は、ミネソタの研究所のミスで、同研究所が定期的に分析している毒素がこの雨水サンプルに混入していたのだが、その事実が明らかになったのは数年後のことだった。それまでの数年間、全米各地の地方紙や、「ネイチャー」、「サイエンス」といった権威ある科学雑誌に、この黄色い雨に関する記事や論文が続々と掲載されて、一般市民や科学界の関心を集めた。

ハーバード大学のマシュー・メセルソンが、当時エール大学にいたトム・シーリーとともに東南アジアに赴いて、黄色い雨を現地でじかに調査した。その結果、ついにその正体が判明した。何のことはない、黄色い雨はオオミツバチの糞だったのである。オオミツバチは飛行しながら用を足すのを日課にしている。何千というハチがいっせいに、森の高所にある巣から出てきて、短い距離を飛行しながら排泄する。それが黄色い飛沫となって降りそそぎ、人間も含め、下にあるものに黄色いシミを作るのだ。トムとマシューはこうした排泄飛行を直接観察したうえで、サンプルを採集し、研究室でその分析を行なった。彼らが採集したシミにも、米軍から提供されたものにも毒素は含まれておらず、含まれていたのは花粉だけだった。ミツバチは花粉を餌にしているのだから当然の結果といえよう(4)。

黄色い雨の中に有害物質が含まれている、という確かな証拠がないにもかかわらず、政府当局は毒素説を押し通そうとして、突飛な筋書きをいろいろとでっち上げた。ソ連という国に想像を絶するような能力があると信じないかぎり、とうてい納得できないような説明ばかりだった。

ついに、米国政府の論拠の破綻を決定づける報道がなされた。一九八七年、アメリカ外交政策研究季刊誌「フォーリン・ポリシー」に「黄色い雨：ストーリーの崩壊」と題するレポートが掲載されたのである。それでもなお、釈明は一切なされなかった。アメリカ陸軍の便覧には、二〇一二年現在でも、兵器の可能性のある物質として、黄色い雨が掲載されている。

トウヨウミツバチのうち日本に生息しているものは、ニホンミツバチと呼ばれている。このトウヨウミツバチには、勇ましくも涙ぐましい戦いの物語がある。トウヨウミツバチ（*Apis cerana*）は、体のサイズがオオミツバチよりもずっと小さく、北米やヨーロッパ各地で飼育されているセイヨウミツバチと比べてもかなり小さい。このトウヨウミツバチの戦いの相手は、アメリカ合衆国でも、ソビエト連邦でも、モン族でもなく、オオスズメバチ（*Vespa mandarinia*）だった。

この怪物のような狩りバチは、体重が二〜三・五グラムもある、地球上で最大の刺針昆虫だ。オレンジ色のごつい頭と強力な刺針をもつこの巨大なスズメバチは、他のスズメバチやミツバチを襲って餌にしている。オオスズメバチは昆虫界の「荒くれ者」なのである。その巨大な頭部は、獲物を切り裂き、噛み砕いてしまう大顎を動かすための筋肉のかたまりだ。この大顎に噛みつかれたらもうひとたまりもない。オオスズメバチに狙われたら最後、その攻撃を防ぐすべはほとんどなく、たいてい巣を丸ごと明け渡すことになる。セイヨウミツバチがオオスズメバチに狙われたらお手上げだ。何千匹ものセイヨウミツバチが体を張って巣を守っても、わずか一〇匹程度のオオスズメバチに、二秒に一匹のペースで噛み砕かれ、あっさり始末されてしまうからである。

ミツバチを襲撃するオオスズメバチの目当ては、ハチの成虫ではない。成虫はジャリジャリして、化学物質が多いうえに、殻ばかりで食べられる部分が少ない。オオスズメバチの狙うのは、ジューシーなハチの幼虫や蛹である。巣を守ろうとする成虫を皆殺しにしたオオスズメバチは、コロニーを丸ごと奪い取り、蜂の子や蜂蜜をほしいままにする。(5)

ニホンミツバチは、体のサイズこそオオスズメバチよりも小さいが、小さいからといって決して負けてはいない。ニホンミツバチには独自に編み出したとんでもない必殺技があるのだ。

オオスズメバチが偵察に来ているのに気づくと、それを攻撃したりせずに、巣外での飛行を一切やめてしまう。そして、警戒態勢のもと、巣口に集まったニホンミツバチは、少し引っ込んだ位置で、密集した群れを形成する。巣のほうに引っ込んだ位置で待ち構えることによって、オオスズメバチを近くまでおびき寄せるのである。そして、すぐそばまで近づいてきたら、すかさず、何百匹ものニホンミツバチの密集部隊が攻撃をしかけ、オオスズメバチの脚や触角や翅などを捉えてがんじがらめにする。そのあと登場するのが、実にみごとな必殺技なのだ。ニホンミツバチはオオスズメバチを刺そうとはしない。そんなことをしても無駄なのだろう。

実は、ミツバチには体温調節能力があり、自分で体温を上げることができる。寒さの厳しいカナダや北日本の冬を巣箱の中で越せるのも、この能力があってこそと言える。ニホンミツバチはこの能力を用いて体温を上昇させるとともに、代謝を高めて二酸化炭素を大量に放出し、密集した蜂球の真ん中にいるオオスズメバチを蒸し殺しにかかるのである。蜂球内部の温度は四五〜四七℃、二酸化炭素濃度は三・六%（人間の呼気とほぼ同じ）にまで上昇する。温度と二酸化炭素濃度がここまで上がるとオオスズメバチは死んでしまうが、ニホンミツバチは大丈夫。五〇℃まで耐えられるからだ。温度耐性のわずかな差が生死を分けることになる。死んだオオスズメバチは処分され、戦いに勝ったニホンミツバチたちはまた普段の仕事に戻っていく[6,7]。

ミツバチはアフリカにも生息している。おなじみのセイヨウミツバチである。アフリカでは古くから、食用、工芸用、薬用の蜂蜜や蜜蠟を採るためにミツバチの飼育が行なわれてきた。アフリカのミツバチは気性が荒く、邪魔をされるとすぐに怒るが、中央アフリカのある地域ではこの性質をうまく利用して村の防護に役立てている。村を荒らし回るゾウから村を守るためにミツバチが利用されているのだ。

ゾウはとてつもない食欲の持ち主で、人間が育てた作物を好んで食べる。ミツバチも農民と同じく、ゾウのことが大嫌いだ。ミツバチの住みかである樹木を食い荒らしてしまうからである。ミツバチの驚くべき能力のひとつは、人間であれ、クマであれ、ゾウであれ、攻撃してくる相手の弱点をよく知っていることだ。ゾウの場合、弱点は眼と胴の腹側なので、ミツバチはそこをしっかり狙って刺針攻撃をしかける。その結果、体重六トンのゾウが逃げていき、もう二度と近づいてくることはなくなる[8]。

ゾウがミツバチを（漫画ではネズミだが）恐れていることを知ったアフリカの農民たちは、それを利用するようになった。耕作地をぐるりと囲むようにハチの巣を作らせて、ゾウが農作物や人間に近づかないようにするのだ。ゾウは高い認知能力をもっているので、すぐに、ミツバチの巣には近づいてこなくなる。

認知能力の高いゾウは、人間の声を聞き分けることもできる。女性や子どもの声、カンバ族の男性の声を聞いても怖がることはほとんどないが、マサイ族の男性の声を聞くと怖がってすぐに逃げていく。生活空間に侵入してくるゾウを、マサイ族は槍で突いて追い払うが、カンバ族の男性は槍で突いたりはしないからだ。現在では、この危険な音声かどうかを聞き分けられるゾウの能力を逆手にとったハイテク機器まで登場している。動物保護区から迷い出てしまったゾウの群れを保護区に戻すために、ミツバチのブンブンという羽音を発する小型ドローンが使われるようになっているのだ。(9)

キラービーのうわさはだれでも耳にしていると思う。アフリカ化ミツバチとも呼ばれるあのキラービーとは、いったい何者なのだろう？　新種のミツバチなのだろうか？　実を言うと、キラービーは、ある「行動特性」をもっている、ごく普通のミツバチなのだ。テリトリーを脅かされるのをひどく嫌って集団で刺針攻撃をしかけてくるところが特徴だ。意外かもしれないが、キラービーは、飼育しやすいあのセイヨウミツバチよりも大きいわけではないし、とくに性格が悪いというわけでもない。むしろ、キラービーのほうが小さめだ。サイズでかなわない分を行動で補っていると言えるだろう。

養蜂用に飼い慣らされたミツバチは、アピス・メリフェラ（*Apis mellifera*）という種のなかではむしろ珍しい部類に入る。アピス・メリフェラには多数の亜種があり、そのほとんどは防御本能が強くて攻撃性が高いのだが、養蜂用のミツバチだけは例外的に扱いやすい。なぜかというと、養蜂家たちが、攻撃性の高いコロニーは処分するなり女王バチを替えるなりして、性質の穏やかなコロニーだけを残してきたからだ。このような選択育種を一〇〇年にわたって続けてきた結果、今日、白い巣箱の中で飼われているような扱いやすいミツバチが生まれたのである。

何事にも例外はつきものだが、ミツバチにもやはり例外が存在する。キラービーの祖先たちの間ではまったく逆のことが起きたのだ。つまり、彼らの敵であるチンパンジーや人間やその祖先たちが、ミツバチの防御本能（つまり攻撃性）を最大限にまで磨き上げたのである。ミツバチハンターから身を守る強力な刺針を装備しているミツバチは、防御力の劣るミツバチよりも生き延びるチャンスが多かった。このような選択圧が一〇〇万年以上にわたって作用しつづけた結果、今日アフリカにいるような非常に攻撃性の高いミツバチが生まれたのだ。

キラービー騒動の発端は、今から六〇年ほど前にさかのぼる。最初にヨーロッパからブラジルに輸入されたミツバチはまったくの役立たずだった。熱帯や亜熱帯性の気候になじむことができず、蜂蜜を作らないうちに病気にかかったり、外敵に食べられたりして、ほとんど死に絶えてしまったのだ。そこで、ブラジル政府は、ワーウィック・カー博士に、ブラジルの気候風土に適したミツバチの輸入を委託した。カーは、ミツバチ研究者・遺伝学者として名高いすぐれた人物で（九二歳の現在も研究活動を続けている）、政府からの依頼を忠実に実行した。つまり、気候が似ている南アフリカ共和国のプレトリア周辺やタンザニアから、女王バチ四八匹分のアフリカミツバチ（アピス・メリフェラの亜種のひとつ）を取り寄せて巣箱を設置したのである。移住してきたミツバチはブラジルの地でよく働いた。

あるとき、カーがたまたま不在の週末に養蜂所を訪ねてきた科学者が隔王板〔女王バチが逃げ出さないよう、女王バチよりも小さく働きバチよりも大きな穴が開いている板〕を外してしまったため、二六の分蜂群（女王バチ二六匹分の群れ）が野に放たれてしまった。巣箱から逃げ出したミツバチは旺盛な繁殖力でどんどん殖えていった。そして、野性的な性質をあらわにして、捕食者、人間、ペット、家畜に対して強い攻撃性を示すようになったのである。

このアフリカミツバチの子孫たちは、ひとたび野に放たれるや、急速に生息範囲を広げていき、一九九〇年には米国テキサス州南部にまで到達した。ブラジルからここまで来る途中には、当然、熱帯地域を通ることになるが、アフリカを故郷にもつこのミツバチは、熱帯地域の気候によく適応し、もっと涼しいスペインやポルトガルからやってきたミツバチを駆逐していった。新大陸にはもともと在来種のミツバチはいなかった。したがって、アフリカ起源のミツバチが導入される前にいたのは、冷涼な気候を好むヨーロッパ起源のミツバチばかりで、南米や北米の温暖な地域には向いていなかったのだ。このアフリカからの新来者は、気性の荒いミツバチに慣れていない捕食動物や人間をどんどん刺して身を守りながら、北へ北へと生息域を拡大していった。そして、このミツバチの最前線部隊は、短気で攻撃的な性質をそっくりもち続けたまま、とうとうテキサスまでやってきたのである。

ワーウィック・カーは社会運動にも熱心な人物で、その後ブラジルを支配するようになった軍事独裁政権を痛烈に批判した。折しも、巣箱から逃げ出したアフリカミツバチの気性の荒さが取り沙汰され始めていた。政府当局や報道機関は、カーの信用を失墜させようという狙いもあって、「彼」のミツバチを「アベヤス・アシナドス」と呼んだ。この一般受けする名前に目を付けた「タイム」誌は、一九六五年、これを「キラービー（殺し屋ミツバチ）」と英訳し、読者の恐怖を煽るような記事を掲載したのである。その名前はすっかり定着することとなった。

それでもなお、カーは着々と自らの使命を果たし、ミツバチの遺伝的性質と飼育管理法の改善に尽力し続けた。その甲斐あって、一九七〇年には蜂蜜生産量世界第二七位だったブラジルが、一九九二年には世界第五位にまで発展したのだ。アフリカ由来のミツバチのおかげだった。

**蜂蜜と刺針。**ミツバチから連想されるのはこの二つだろう。蜂蜜は、みんなが大好きなおなじみの食べ物だが、刺針のほうは、これ以上知りたくもない疎ましいものにちがいない。皮膚に突き刺さる細い針のメカニカルな部分には、それほど注目すべき点はない。重要なのは、その針で注入される毒液のほうだ。あらゆる昆虫毒のなかで最も解明が進んでいるのが、このミツバチの毒なのである。その成分について一九五〇年代から熱心に研究が行なわれた結果、二種類の主要なタンパク質とその他の微量成分で構成されていることが明らかになった。

ミツバチの毒液のおよそ五〇％を占めている第一の主成分は、二六個のアミノ酸から成るペプチドで、メリチンと呼ばれている。これは、自然界ではミツバチの毒液にしか存在しない物質だ。

（「メリチン」という名前は、セイヨウミツバチの学名「アピス・メリフェラ」に由来している）。メリチンの生物活性として最も特徴的なのは、赤血球を破壊する驚異的な能力である。それゆえ、メリチンには「溶血毒」というラベルが貼られることとなった。なんとも残念なことである。その後の研究者たちがメリチンを「溶血毒」に分類してしまうようになったからだ。

実は、メリチンには、赤血球を破壊する以外にもさまざまな作用がある。まず、発痛作用が挙げられる。実際、ハチ毒のなかで、刺された瞬間の痛みを引き起こす成分はメリチンだけなのだ。またメリチンは、毒液の第二の主成分であるホスホリパーゼを大幅に活性化するとともに、心筋を直接攻撃する。こうしてみると、メリチンにはむしろ「発痛物質」と「心臓毒」のラベルを貼ったほうがよかったのではないかと思われる。

ミツバチの毒液のおよそ二〇％を占める第二の主成分は、ホスホリパーゼＡ２という酵素である。ホスホリパーゼＡ２は、細胞膜を構成しているリン脂質を破壊する。その過程で放出されるリゾリン脂質が、二次的にさまざまな反応を引き起こして、弱い痛みを生ずる。その際に微量（一％以下でも）のメリチンがあると、細胞膜のリン脂質を破壊するホスホリパーゼの活性が高められる。メリチン不在下でのホスホリパーゼ活性がどの程度なのかはよくわかっていない。

ミツバチの毒液には、メリチンとホスホリパーゼの他にもさまざまな成分が含まれているが、いずれも毒液全体の四％以下という微量でしかない。それらのなかで最も有名なのが、アパミンとマスト細胞脱顆粒ペプチドである。

「アパミン」という名前は、セイヨウミツバチの属名である「アピス」に由来している（種小名

「メリフェラ」のほうはすでに使われていたので、属名をとることになった）。アパミンは神経毒である。哺乳類では、主として中枢神経に作用する点が問題なのだが、幸い、脳を守る血液脳関門によってアパミンはブロックされてしまう。したがって、毒液中のアパミンは脊椎動物に対してはほとんど効果がない。

もう一方のマスト細胞脱顆粒ペプチド（略して、MCDペプチド）は、マスト細胞に作用して、マスト細胞内の顆粒状構造物に貯蔵されているさまざまな物資を放出させる。出てくるのは、ヒスタミン、ロイコトリエン、サイトカイン等々、頭がくらくらするほど多種類の高活性物質で、それらが皮膚の発赤、腫脹、発疹などさまざまな症状を引き起こす。しかし、刺された直後に起きる反応（即時型反応）のどこまでがこの毒成分によるものなのかは、やはりよくわかっていない。

ミツバチに刺される話をしていると、必ずと言っていいほど話題にのぼるのがアレルギー反応のことだ。「私はハチ毒アレルギーがひどいので、今度刺されたら命取りになる可能性があると医者に言われた」という声もよく聞かれる。六万分の一の確率を「可能性あり」とするのであれば、たしかにそれは正しい。空から降ってきた牛（過去に一度、飛行機から牛が墜落したことがある）に当たって死ぬ確率よりも、ミツバチに刺されて死ぬ確率のほうが高いことは認めよう。しかし、ミツバチに刺されて死ぬ確率よりも、雷に打たれて死ぬ確率のほうがもっと高いのだ。実際の死亡リスクに比べ、あまりに大きな不安がかき立てられている。

キラービーの攻撃性をめぐる議論になると、さらに大きな恐怖や不安が人々の間に蔓延《まんえん》している。この件に関していうと、人々が恐れているのは、アレルギー反応を起こして死に至る可能性ではなく、大量の毒液を注入されてそのまま死に至ることなのだ。しかし、統計を見れば、その逆であることがわかる。アメリカ合衆国では、一九九〇年にキラービーが到達して以降、ハチに刺されてその毒で死亡したケースは六〜八例にすぎない。それ以外はすべて、アレルギー反応が原因で死に至ったケースなのだ。

レズリー・ボイヤーと私が示したとおり、普通の人間は、体重一ポンド（〇・四五キログラム）あたり一〇回刺されると命の危険にさらされるが、六回までならば耐えることができ、治療を受けなくても回復する。つまり、体重一七〇ポンド（七七キログラム）の人ならば、一〇〇〇回までなら刺されても大丈夫ということだ。[10] 安全率を見込んでその半分の値をとると、五〇〇回以下ならば毒素による深刻なリスクはないということになる。

一方、アレルギー反応による死は、一回刺されても一〇〇回刺されても起こりうる。ハチの大群に襲われて死亡したとされる事例の大半は、よく調べてみると、アレルギー反応が原因の死亡であって、ハチ毒による死亡ではない。医療スタッフの方々に伝えておきたいのは、ハチの大群に刺された場合には、アレルギー反応に注意を払ってほしいということだ。

キラービーがアメリカ合衆国にまで到着すると、刺された場合に備えて、その毒を無力化する抗毒素の開発が急務となった。ヘビに咬まれたり、サソリに刺されたときは抗毒素注射で命を救うことができる。同様に、ハチ毒を中和して命を救ってくれる抗毒素を作り出そうというわけだ。ところが、ヘビ毒の場合には、馬などの動物に毒素を注射してその抗体を作らせることができるのに、ミツバチの場合にはうまくいかなかった。ホスホリパーゼやヒアルロニダーゼといった、ミツバチ毒の主なアレルギー誘発物質に対する抗体価は申し分なく上がったのだが、その抗体を含む血清を注射しても、致死量の毒を投与されたマウスを救うことはできなかったのだ。

実は、抗毒素の研究に携わりながら、そもそも殺傷力を有するのはミツバチ毒のどの成分なのかということをだれも考えていなかったのだ。私は何となく、抗体のできにくい小さなペプチド、メリチンこそが、殺傷力の最大の要因ではないかという気がしてきた。動物や人間の体内では、メリチンに対する抗体は有意なレベルまで上がらないので、投与された毒液中のメリチンがなかなか中和されないのではないか、と。

ミツバチ毒の成分であるメリチン、ホスホリパーゼ、アパミンについて、それぞれ個別に殺傷力を試験してみた。すると、アパミンは殺傷力が低く、しかも、ミツバチ毒に少量しか含まれていないので、殺傷因子としては除外された。ホスホリパーゼは、ミツバチ毒の成分中で最も殺傷力が高かったが、その量はメリチンの三分の一ほどにすぎない。

ミツバチ毒の成分のうち、刺した相手を死に至らしめる犯人はだれなのか。その答えは再混合実験から得られた。純粋なメリチンと純粋なホスホリパーゼを、ミツバチ毒の成分比と同じ三対一の割合で混ぜて行なう実験である。二成分を混ぜた場合と、メリチン単独の場合とで、殺傷力に差は見られなかった。つまり、ホスホリパーゼは全体的な殺傷力には寄与しておらず、メリチンの活性を高める作用もなかったということだ。この二つの成分はまったく別々に作用していた。検死の結果、明らかになったことだが、ホスホリパーゼを単独投与した場合には死亡し、メリチン単独の場合には心拍停止によって死亡した。両者を混合して投与した場合には、心臓が停止し、肺はきれいなままだった。[11]ミツバチの毒成分のうち犯人はだれかという問いの答えは、メリチンだ。現在の抗毒素は、メリチンに対する抗体が欠けており、メリチンを中和することができないため、ハチ毒には効かなかったのである。

新顔のミツバチの到来とともに、このハチの刺針や毒液は、従来のミツバチとどう違うのかという疑問が持ち上がった。キラービーを恐れる人々は、このハチに刺されたら従来のミツバチに刺されるよりも痛いはずだし、毒性だって強いにちがいないと考えていた。一方、新入りミツバチを擁護する人々は、違いなどあるわけがないと主張した。しかし、両者とも、何の根拠もなしにそう思っているにすぎなかった。

そこで私は、研究仲間でアレルギー専門医のマイケル・シューマッハーと生物工学者のネッド・イーガンの協力を得て、こうした疑問の解明に乗り出した。調査の結果、キラービーと従来のミツバチの毒液はよく似ており、主な相違点はメリチンとホスホリパーゼの相対比だということ、また、マウスに対する半数致死量はまったく同じであることが明らかになった。[12]意外に思われるかもしれないが、刺されたときの痛みは、従来のミツバチのほうが強い。それはたぶん、キラービーの毒液のほうが、発痛物質であるメリチンの含有量が少ないからだろう。毒液量そのものが少ないわけではない。キラービーは、体は小さくても、従来のミツバチとほぼ同量の毒液を産生する。

他種のミツバチにまで広げて毒液の分析を行なったところ、オオミツバチ、トウヨウミツバチ、コミツバチ、およびセイヨウミツバチの三亜種の毒液はすべて、マウスに対する致死量が同じであることが明らかになった。[11]ミツバチの種によって異なるのは、産生される毒液の量だ。オオミツバチはコミツバチの八倍もの毒液を作り出す。結局のところ、ミツバチの毒液はどの種もみな非常によく似ている。キラービーと従来のミツバチの刺針や毒液に差異はないという、専門家の予想は正しかったわけだ。

**私が初めてミツバチに刺されたのはいつだったのだろう。**どうしても思い出せない。これまでに何回刺されたかもよく覚えていない。一〇〇〇回くらいだろうか。この数字は、二五年間もキラービーを専門に扱ってきた者としては少ないほうではないかと思う。なぜ少ないかというと、刺されるのはもううんざりなので、刺されないように気をつけているからだ。なぜ、うんざりかって？ハローウィンのキャンデーをずっと食べていると、数日で飽きてくるように、いつも同じハチに刺されていると、そのうちいやになってくるのだ。

一度に最もたくさん、何カ所も刺されてしまったのは、不十分な装備でミツバチの飼育作業をしていたときだ。助手と二人で、養蜂箱を一つずつ持ち上げては数メートル離れた場所に運んでいた。二人とも蜂防護服とベールは身に着けていたのだが、重たい蜂防護手袋ははずしていた。手先の作業がしにくくなるからだ。それが大間違いだった。巣箱を運んでいて、持ち上げようとした拍子に、底板が外れてしまったのである。本体が墜落してバラバラになってしまったら大変なことになる。あわてて支えようとして、むき出しの巣本体の底をつかんだ。まずいことに、私の左手と巣との間には、ミツバチが一〇〇匹ほどひとかたまりになっていた。それを押しつぶしてしまったのである。

何度も何度も刺された。全部で五〇回ほど刺された。巣箱は何とか無事だった。もちろん刺されて痛かったが、巣箱を取り落とすほどではなかったからだ。子どもには聞かせたくない罵詈雑言《ばりぞうごん》を吐き続けて五分もすると、痛みはすっかり治まった。しかし、その手は翌日も腫れたままだった。

ミツバチで一番恐ろしい思いをしたのは、コスタリカで新来のキラービーと対面したときだ〔口絵8〕。養蜂の技術指導をしてくれているスティーヴと一緒のときだった。彼は、養蜂器具販売店も営んでいる養蜂家一族の生まれで、だれにも負けない経験と技術と自信の持ち主だった。彼も私も蜂防護服を装着していたが、その日は、何となくいやな予感がしていた。不穏な気配のようなものを感じていた。巣箱から二五メートルの距離まで近づいたところでいきなり、隙のないハチの一群の出迎えを受けた。数匹がスティーヴの防護服の隙間を突破してベールの中に入ってきたのだ。それを追い出そうとして、彼が日よけ帽を叩くと、さらにたくさんのハチが入ってきた。彼はパニック状態になって逃げ出した。私もどうしてよいかわからず、彼のあとについて走った。この体験から学んだこと――それは、キラービーを扱うときは、帽子とベールが分かれているタイプのものではダメだということだ。必ず一体型の防護ベールを装着しよう。

よく聞かれるのが、「ミツバチに刺されて一番痛かったのはどこ?」という質問だ。つい最近まで は、「鼻や上唇を刺されたとき」と答えていた。鼻を刺されると、なぜだか必ずくしゃみを連発してしまう。理由はわからない。鼻の中のハチを追い出そうとでもいうのだろうか。それはともかく、鼻や唇を刺されると本当に痛い。おまけに、唇を刺されると、「アレルギー」のあるなしにかかわらず、かならず腫れ上る。

コスタリカに滞在中、なかなか笑える経験をしたことがある（笑えたのは私ではなく、仲間たちだが）。あるときたまたま、アシナガバチ（*Polybia*属）の巣を見つけた。これは防御本能の強さで知られる社会性狩りバチだが、それと同じ枝の一〇センチメートルほど離れたところに、別のアシナガバチ（*Mischocyttarus*属）の巣もあった。たった三匹の小さな巣だ。こんなところに小さな巣が作られているのは、もちろん、隣の大きな「姉妹」宅からの庇護を受けられるからである。私は、小さな巣の一匹を捕まえて同定したかったが、それには、隣の大きな巣を刺激しないように捕まえる必要がある。そこで、そのおとなしいのを一匹、吸引器に吸い込もうとした。ところが、その小さいヤツが巣から飛び出してきて、私の上唇の右側を刺したのである。その晩は、「上唇の右側がプクプクに腫れ上がっているぞ」と仲間にからかわれながら食事をとった。

その翌日、いつものようにミツバチのところで仕事をしていると、このときに限って、ミツバチが一匹、保護用ベールの中に入ってきて、上唇の左側を刺したのだ。その晩は、「唇が左右対称に腫れ上がっているぞ」とからかわれながら食事をするはめになった。

ミツバチに刺されて一番痛かったのは、という話に戻ろう。最悪の経験をしたのは、妻と二人でのんきにタンデム自転車をこいでいたときだ。新鮮な空気をいっぱい吸いたくて、口を大きく開けていた。そこにミツバチが飛び込んできて、私の舌を刺したのである。ものすごい激痛だった。舌を噛んだときよりも痛かった。本当に応えた。どうしようもなく痛かった。ミツバチに刺されてこれほど痛かったことはない。急いで止まって、自転車から降り、石に腰をおろして、両手に顔をうずめているよりほかなかった。永遠とも思える三分間が経過し、何とかまた自転車をこげるようになった。教訓――転車に乗っているときは、口をしっかり閉じること。

体のどこを刺されたかによって、痛みの強さも変わってくる。痛みの評価スケールを四段階にしか分けていない理由のひとつがそれだ。同じミツバチに刺された場合でも、手の甲を刺されたときの痛みはレベル1.5だが、舌を刺されたときはレベル3だったりする。そのような違いを加味し、総合的に判断して、ミツバチに刺されたときの痛みはレベル2としてある。

コーネル大学の大学院生、マイケル・スミスは、刺された部位によって痛みの強さが異なるという私の見解に着目し、このテーマを徹底的に掘り下げる実験を行なった。私はそれまで、体のどこを刺されたかをメモし、その痛みのレベルを記録してきたにすぎない。体のあちこちを刺されたこともなければ、わざとさまざまな部位を刺されてみるという実験をしたこともない。自然に起きたことを、ただ記録してきただけだった。

マイケルは、ひょろりと背が高くて、フワッとした赤毛の、なかなかひょうきんな青年だ。彼は自分の体の二五の部位を選んで、順不同でミツバチに刺してもらい、痛みの強さを比較するという実験に踏み切った。ミツバチの日齢や注入される毒液量のばらつきを小さくするために、巣口付近から同一コホートの護衛バチを捕まえてきて、決めておいた部位に押しつけて六〇秒の時間を与え、刺された痛みを一〇段階で評価するという方法を採った。六週間にわたって毎日、試験用に三回、補正用に二回、ミツバチに刺してもらい、身体の各部位について三回ずつ測定したデータを収集していった。

試験部位として選ばれた二五カ所を見ていくと、上腕、前腕、手首、中指、太腿、ふくらはぎ、足の甲、足の中指、腰背部、首、頭頂部、上唇、鼻など、当然選ばれそうな部位のほかに、少々意外な部位も含まれていた。臀部、乳首、陰嚢、陰茎などである。ご想像どおり、こうした部位は世間の注目を集めた。

マイケルの実験結果は、痛みの強さが2.3〜9.0の範囲にわたっており、私の予想や経験とも非常によく一致するものだった。痛みの感じ方が最も弱かったのは、足指や上腕など、腕や脚の部分だった。当然ながら、鼻、上唇、手のひらは、痛みの感じ方が最も強かった。タブーの部位はどこも最高レベルに近かったが、乳首だけは例外で、上から三分の一くらいのところだった。[13] マイケルのこの研究により、ミツバチに刺されたときの痛みの研究が高い次元にまで引き上げられることとなった。

## 進化と共生

**相利共生とは、**二種類の生物が相互に利益を得ているような関係をいう。たとえば、人間とイヌ、人間とヒツジ、人間とその腸内細菌などがそうだ。イヌは、飼い主に危険を知らせて守ってくれるし、いつもそばにいてくれる。ヒツジの群れをまとめてくれるイヌもいる。それに対し、人間は、イヌに餌を与え、住みかを提供して保護してやっている。結局、イヌと人間の双方が利益を得ていることになる。同じことがヒツジと人間の関係についても言える。ヒツジが人間に羊毛や羊肉を提供してくれるのに対し、人間はヒツジを保護し、牧場という住みかを提供している。また、人間の消化管内には細菌が棲んでいて、貴重なビタミンKを合成してくれているが、それと引き替えに、人間はこの腸内細菌に食物と居場所を与えている。

人間が関与しない相利共生は、自然界のいたるところで見られる。典型的な例が花バチと花の関係だ。花バチは植物のセックス、つまり有性生殖に重要な役割を果たしている。雄しべの花粉を雌しべ先端の柱頭まで運んで受粉を助けてくれるのだ。その代わりに、ハチは花から、餌となる花蜜や花粉などをもらっている。

こうした花バチと花の関係を別にすると、私たちはふだん、刺針をもつ昆虫が関わる相利共生なんて考えたことがない。たとえば、ヒアリが人間や他の動物の共生相手になるなんて考えもしない（相手になるのは、アブラムシなどの甘露蜜を出す昆虫くらいだろう）。一般に、刺針をもつ昆虫には共生相手などいないと思われているが、こうした見方をくつがえす例が一つ思い浮かぶ。アカシアアリとアカシアとの、互いに利益を与え合う関係だ。アカシアの棘の丸く膨らんだ部分は内部が空洞になっているが、アカシアはここにアリを棲まわせて甘い樹液を食べさせている。それに対してアリは、アカシアの葉を食べてしまう牛、芋虫、葉虫などの動物を針で刺し、アカシアと競合する植物を噛み切って、アカシアを守ってやっている。

相利共生をめぐる議論の中で、二〇一四年に私は、人間が関わっているある重要な共生関係について取り上げた。(14) それは、これまで見過ごされてきた人間とミツバチの相利共生である。ミツバチは人間にとって、甘い蜜を提供してくれる味方でありながら、痛い針で刺してくる敵でもある。私たちはミツバチを親しい友人とは思っていないし、実際、そうではない。しかし、人間とミツバチは、波乱に富んだ長い歴史をともに歩んできた間柄なのである。その関係は今から何百万年も前にまでさかのぼる。チンパンジーやヒトの祖先の霊長類が活動していた時代である(2)。

ミツバチと霊長類に共通するのは、どちらも甘い蜜を好むということだ。花バチにとっては、蜜こそがエネルギー源。蜜は重要な食料だ。私たちは、甘味料として、またエネルギー源として蜜を欲する。要するに、蜜を奪いに襲ってくる敵と、針で刺してそれを防ごうとする花バチとの間で軍拡競争が繰り広げられた結果、誕生したのがミツバチなのである。

ミツバチは、巣を狙う多数の捕食者との戦いを勝ち抜いてきた。もし、刺針という武器がなかったならば、食虫性の小型霊長類の餌食になっていたにちがいない。こうした敵に襲われずに済んだのも、甘い蜜やタンパク源の宝庫を奪われずに済んだのも、刺針という武器があったからこそなのだ。ミツバチはまた、ゴリラ、ボノボ、ヒヒといったさまざまな大型霊長類とも戦って勝利してきたようだ。アフリカでは、霊長類だけでなく、ミツアナグマとも呼ばれているラーテルもミツバチにとっての手ごわい敵だ。

このような捕食動物こそが、ミツバチの毒液や防御行動の進化を促す力となったのである。アフリカにおいては、ラーテルや類人猿が、ミツバチの防御行動を進化させる最も強力な推進力として働いていた。やがて、人類が誕生すると、その役割がヒトに取って代わられた。それ以来、今日に至るまでずっと、ミツバチの資源はチンパンジーやヒトに搾取されている。タンザニアのハニーハンター、ハッザ族と何十年も生活をともにしているフランク・マーロウは、「人類がこの時代［洞窟壁画が描かれた二万年前］よりもはるか以前から蜂蜜を採集していたことは想像に難くない。それを否定するほうがむしろ不自然である」と述べている。現代人につながるヒト属の系統が、何百万年にもわたって蜂蜜や蜂の子を食い物にしてきたことはほぼ間違いないだろう。

ミツバチとヒト科動物（ヒトとその近縁種）との関係は、二つの点で特殊だ。まず第一に、ミツバチは、社会性のハチ目昆虫のなかで、他のどの種よりも圧倒的に多くの資源を巣に蓄える。その資源とは、タンパク質や脂肪に富んだ幼虫や蛹や花粉、および、動物にしては珍しい、大量の甘くて高エネルギーの蜜である。第二に、チンパンジーやヒトは、ミツバチを取り巻く動物たちのなかで最も知力にすぐれている。この二つの特殊性があいまって、驚くべき進化の大合戦が繰り広げられることになった。その結果、ミツバチは、地球上の昆虫類のなかで最も強力な刺針防御術を身につけるに至り、ヒトやチンパンジーは、どんな捕食者にも勝る巧妙なミツバチ資源奪取法を身につけるに至ったのだ。そうした技がここまで磨き抜かれたのは、双方に極端なまでの選択圧が働いたからである。

ミツバチが生き残るためには、刺針による防御を極限まで進化させる必要があった。一方、ヒトやチンパンジーが豊富で良質なタンパク源やエネルギー源を巣から奪うためには、コロニーの防御を破る方法を身につけるとともに、何度刺されても耐えられるようになる必要があった。ヒトやチンパンジーがハチ毒に対して、（マングースがコブラ毒に対して進化させたような）生理的耐性を進化させたという証拠はないが、痛みに対する心理的耐性を発達させたことは確かなようだ。つまり、痛みというこけおどしに惑わされなくなったのだ。

チンパンジーやヒトは、数十回、数百回刺されても平気になった。まるで意に介さないか、刺してくるハチをはたくかするだけだ。ジェーン・グドールは、チンパンジーを単独で観察し続けて、チンパンジーがシロアリ釣りのために道具を使うのを発見したことで有名なイギリスの動物行動学者だが、そのグドールが一九八六年に次のように書いている。「チンパンジーたちは腰を下ろして黙々と蜂蜜を食べていた。ミツバチが群がってきても、ときおりピシャッと叩いて追い払うだけだ。各々の母親にまとわりついている二匹の子ザルたちは、鳴きながら母ザルの胸に顔をうずめている。食事のあと、母ザルたちは自分の体から針を抜くのにしばらく時間を費やした。そのうちの一匹は、グルーミング中にわが子の体からも針を抜いてやっていた[15]」

大好物の蜂蜜にありつけるとなると、肉体の苦痛に打ち勝つ精神力が生まれるのである。とはいっても、チンパンジーやヒトのハチ毒に対する生理的耐性にはやはり限界がある。ミツバチの大群に襲われて死亡する人間もいないわけではないし、チンパンジーもしばしば撤退を余儀なくされる。グドールも、「蜂蜜をひとつかみかふたつかみした後で、ハチの群れに撃退されたのが九回、蜂蜜をまったく取れずに逃げたのが九回だった[15]」と述べている。このほか、ラーテルやミツオシエ（人間に蜜のありかを教えてくれる鳥）も蜂蜜を狙うスペシャリストだが、やはりミツバチに刺されて殺されてしまうことがある。

ミツバチと、その捕食者である人間やその祖先との間で、進化上の軍拡競争が繰り広げられてきたことを示す証拠は、ミツバチの毒液の特性や防御行動にも認められるし、人間やその祖先の略奪行動にも見てとれる。

ミツバチの刺針は、刺針をもつ昆虫のなかでも珍しい特殊なつくりになっている。毒針装置の部分だけが、ミツバチの体から簡単に抜けて、敵の皮膚の中に埋め込まれたままになるのだ。このような仕組みは、いくつもの適応進化のたまものだと言えよう。そのひとつが、針に付いているギザギザの返し棘だ。この棘があるせいで、針がいったん皮膚に刺さるとなかなか抜けなくなる。そのとき役に立つのが、毒針装置のなかでわざと弱くできている部分だ。この箇所で容易にちぎれるので、毒針装置だけがミツバチの腹部から離れることになる〔口絵5〕。

この毒針装置は体から切り離された後も、独立した自己完結型の毒液注入装置としてしっかり機能する。毒液をためておく毒嚢、毒液注入に必要な筋肉組織、針と毒液をコントロールする神経節などがすべて備わっているからだ。このような自己完結型の装置には大きなメリットがある。毒液をまだ十分注入しないうちに、捕食者がハチを払いのけてしまっても、皮膚にしっかり食い込んだ小片にはなかなか気づかないし、気づいてもなかなか抜けない。皮膚内に留まることで、毒液を全量注入しきることができるのだ。途中で振り払われて、少量で終わってしまうことがない。

ミツバチのもうひとつの適応進化は、警報フェロモンである。毒液とともに空気中に警報フェロモンを放つので、同じ巣の仲間や近くのコロニーのミツバチたちが刺激されて呼び寄せられ、何百、何千という大群で襲ってくる。しかもミツバチは、敵の目だとか、鼻や口のまわりだとか、弱い部分をよく知っていて、致命傷になりやすい部分を刺してくる(10)。

ミツバチの適応進化の最たるものは、その毒液である。ミツバチの毒液は、昆虫の毒液のなかで最高レベルの殺傷力をもっているうえに、分泌される量も多い。大量の毒液を備えたミツバチが大群で襲いかかれば、コロニーとしての殺傷力は莫大なものとなる。仮に、三万匹を擁するコロニーの働きバチの半数が毒針攻撃に加わったとすると、体重八二〇キログラムの捕食者に対し、半数致死量を優に越える毒液を注入できてしまう。つまり、コロニーとしての殺傷能力は非常に高く、一〇人余りの人間の命を脅かすのに十分だということだ。ほとんどの人が自分で蜂蜜を採取しようとはせずに、専門業者に委ねている理由のひとつがここにある。

チンパンジーやヒトの側が、ミツバチとの関係のなかで発達させていったものとしては、巣穴を壊して入る道具の作成、技能の習得と伝承、巣のありかを教えてくれるミツオシエとの相利共生、火の使用などが挙げられる。さらにその後、養蜂や人為的な選択・育種が行なわれるようになった。

チンパンジーは、棒きれで巣をほじって蜜をすくったり、木の葉で蜜を拭い取ったりする。初期の人類であるホモ・エレクトゥスは、日常生活にチンパンジーよりも精巧な道具を用いていたので、蜂蜜や蜂の巣をもっと効率よく採れたことだろう。[16] 現生人類は、縄梯子《なわばしご》、ロープ、ハンマー、ペグ、ハーネス、採集容器など、先祖伝来のさまざまな道具を使ってミツバチの巣を略奪しようとする。さらに現代の養蜂家は、合金製のハイブツール〔巣箱開けや巣枠の取り出しなどに用いる道具〕、人工的なミツバチの住まい（養蜂箱）、刺されないための防護服、煙の量を調節できる燻煙《くんえん》機〔巣箱を開けたときにミツバチたちの興奮を抑えるためのもの〕なども使うようになった。

ミツバチの資源をうまく活用していくうえで、人類の成功のカギとなったのが、口頭または書物による技能の習得と伝承である。小枝を使ってシロアリを釣り上げる方法を学び伝えていったことからすると、チンパンジーもやはり、ミツバチの利用法を学び、伝えていくことができるのではないかと思われる。[17]

ヒトとミツバチとの関係に変化をもたらしたユニークな適応策は、ヒトとノドグロミツオシエ（*Indicator indicator*）の相利共生である。ノドグロミツオシエは、托卵を行なう小さな鳥で、蜜蠟を消化できる類いまれな能力をもっている。この鳥は、ハニーハンター（蜂蜜狩りをする人間）を見つけると、けたたましい鳴き声を上げながらその周囲を飛び回るなどして、ハンターをミツバチの巣まで先導する。そして、ハンターが巣を剥がして蜂蜜や蜂の子を採集したあと、道案内の報酬として、おこぼれの蜜蠟にありつくというわけだ。このような相利共生関係は、ミツオシエと人間の間だけに見られるが、ホモ・エレクトゥスとの間にも同様の関係があったと思われる[16]。こうした鳥とヒトとのユニークな相利共生関係が、ミツバチとヒトとの捕食－被食関係を、ヒトに有利な方向へと傾けているのだ。

今から一八〇万年ほど前に、捕食者であるヒトと被食者であるミツバチとの軍拡競争において、きわめて重要なことが起きた。ヒトが火を使いこなすようになったのだ（ここでは、ホモ・エレクトスがそれ以前に火を使っていた可能性には触れないことにする）。

アフリカのサバンナでは、火事は決して珍しいことでない。火事が発生して煙を浴びると、ミツバチは蜜胃〔胃の前部にある蜜を蓄える袋〕を蜜でいっぱいにしてから、巣と穴を棄てるという適応行動をとる。同時に、煙を浴びたミツバチは、攻撃性が弱まって針で刺そうとしなくなる。ここにこそ、初期の人類がミツバチから蜂蜜や蜂の子を略奪する際の助けとして、火を利用するようになる下地があった。つまりヒトは、本当に危険な山火事にそっくりの状況を作り出してミツバチをだまし、巣の防御を弱めさせたり巣を放棄させたりすることで、ミツバチに対してすっかり優位な立場に立つようになったのである[18]。

毒を持たない動物が、有毒の動物に姿を似せること（ベイツ型擬態）によって、捕食者を「だまし」て身を守るのと同じように、ヒトは火を使うことによってミツバチをだまし、毒針で敵を撃退するという行動を封じ込めたのである。チンパンジーは、痛みに対する耐性ではヒトに勝るが、ヒトほどうまく蜂蜜を略奪できない。それはたぶん、火を操ることができないために、ミツバチの大群の毒針攻撃を防げないからだろう。

ミツバチの側が毒液をますます進化させて、痛みや毒性を増していっても、結局、火を使って相手を無力化するヒトの側の戦術には勝てなかった。この軍拡競争において優位に立つために、ヒトが火を使用したことの重要性は、どれほど強調してもしすぎることはない。火を操れるようになったからこそ、人類は進化の大躍進を遂げることができたのである[16]。

最近になって、ヒトの側がミツバチに対する戦術のひとつに加えたのが、人為選択を通してミツバチを飼いならす方法、つまり養蜂である。これまでの話を聞いて、ヒトとの軍拡競争に敗れたミツバチは、ひょっとすると絶滅に向かうのではないかと思われた方もあるかもしれないが、決してそんなことはない。人間が求めてやまない資源の保有者であり、多くの農作物の受粉媒介者であるミツバチは、もうすでに、人間にとってなくてはならない相利共生者となっている。人間は、ミツバチを遺伝的に改良して、防御本能を弱めたり、繁殖よりもむしろ花蜜採集や蜂蜜産生に力を向けさせたりすることを覚えた。つまり、養蜂用のミツバチを作り出したのである。

ミツバチと人間との相利共生は、どんな相利共生関係もそうであるように、利害の対立はあったとしても、全体的に見ると双方に恩恵がもたらされる。ミツバチとしては、防御本能を抑え込まれ、資源の略奪を許すようになってしまったが、それと引き替えに、他の捕食者から守ってもらい、そして何より、元々生息していたアフリカ・ヨーロッパ地域から、生息可能なあらゆる地域へと、人の手によって世界中に広めてもらうことができた。

ミツバチにこうした利益をもたらしたそもそもの立役者は、ミツバチ自身がもっていた毒針である。毒針という武器があったからこそ、大型捕食者の攻撃をかわして、たくさんの蜂の子や花粉や蜜を蓄えることができるようになった。この大量の蓄えに目を付けた人間は、当初はミツバチを襲って略奪していたが、やがて、ミツバチを保護して飼育し、世界中に広めるようになっていった。こうしてミツバチと人間とのすばらしい相利共生関係が出来上がったのである。

# 訳者あとがき

ハチやアリの毒針は、そのライフスタイルを映し出す鏡らしい。ひとくちにハチ・アリ類と言っても、じつに多彩で、みな独特の生き方をしている。しかし、その毒針の機能は、見事なくらいその生存戦略にぴったり合っているのだ。毒針の痛さとライフスタイルの、切っても切れない関係について語ったのが本書である。

本書の著者は、虫刺されの痛みのスケール（尺度）を作った功績で二〇一五年にイグ・ノーベル賞を受賞した、ジャスティン・シュミット博士である。一九四七年生まれ。昆虫毒の化学的性質の専門家だ。二〇〇六年まで、米国農務省のカール・ヘイデン ミツバチ研究センターに勤務し、現在は、アリゾナ大学でハチ・アリ類やクモ形類の化学的および行動的防御機構の研究を行なっている。

シュミット博士によると、虫刺されという現象の基本特性は二つ、痛みと、生体に対する毒性だという。そのうち、生体毒性のほうは数値化しやすいが、痛みは主観的なものなので数値化するのがむずかしい。そこを何とか工夫して作成したのが、この痛みのスケールなのだ。

さて、毒針の痛さとライフスタイルの関係だが、たとえば、獲物に卵を産み付ける寄生バチの場合、わが子の餌になる獲物に毒成分は注入したくないし、痛みという無用なストレスも与えたくない。むしろ、わが子がそれを食い尽くすまでの間、じっと動かずに生き続けていてほしい。となると、刺針で注入すべきは、毒性の低い麻酔薬だ。小さなハチ一匹で生活を営んでいるかぎり、大型捕食者たちに狙われることもない。

それとは対照的なのが、大きな集団を作って社会生活を営むハチやアリの場合である。コロニーの中にいる多数の卵や幼虫や蛹は、さまざまな大型捕食者たちの垂涎の的だ。襲ってきたら、敵の体に痛い毒針を打ち込んで、何としても撃退しなければならない。社会性のハチやアリのなかには、毒針を敵の体に残したまま切り捨てて、自殺してまでも毒液を全量注入しようとする種もいる。とにかく徹底的に防御する必要があるのだ。

このような比較からわかるのは、強烈な痛みを伴うのは防御用に使われる毒針だということ。そして、集団として守るべきものをたくさん抱えている種ほど、その刺針は痛く、毒液の毒性も高いということだ。たとえ近縁種同士であっても、単独性の種より、コロニーを形成する社会性の種のほうが、刺されると痛いと著者は言う。そして、実際に刺されてみて、自らその仮説を検証するのだ。シュミット博士は、刺される苦痛をいとわずに刺針や毒液の研究を続けてきた、ちょっと物好きな昆虫博士なのである。

原書のタイトルは『ザ・スティング・オブ・ザ・ワイルド』（自然界における毒針）。刺針と毒液の進化があったからこそ、強力な捕食者が立ちはだかるなかでも、ハチ・アリ類は社会性を進化させることができたのだと著者は主張する。

ペンシルベニアの田舎に生まれ育った著者は、近所のちびっ子軍団の仲間とともに、昆虫たちにちょっかいを出したり、そのしっぺ返しを食らって痛い目に遭ったりと、自然の中でのびのびと幼年時代を過ごす。大学の学部時代と修士課程の六年間は、化学を専攻するが、幼い日々の記憶に刻まれた昆虫たちに誘われるように、博士課程でイチから昆虫学を学び始め、アリの毒液の化学的性質の研究をスタートさせた。少年時代そのままの冒険心や好奇心と、専門家としての緻密な分析から生まれた本書は、愉快で、躍動感にあふれ、なおかつ奥が深い。

社会性の種にしても、単独性の種にしても、昆虫たちはみなそれぞれ、過酷な自然界で生きていく上でのっぴきならない事情を抱えている。刺針昆虫をこよなく愛するシュミット博士は、各々の種が抱える事情を、「本人」目線に立って、まるで友人や隣人のことのように詳しく語って聞かせてくれる。みな生きることに一途で、文字通り必死なのだ。

とにもかくにも、ハチやアリのメスたちがすごい。そもそも、刺針を装備していて相手を刺すことができるのはメスだけ。なぜなら、刺針は産卵管から進化したものだからだ。また、メスは交尾を終えたあと、体内に精子を蓄えておけるので、オスが死んでからも、小出しにしながらずっとその精子を使い続ける。オス・メスの産み分けも意のまま。受精卵からメスが、未受精卵からオスが生まれるからだ。そして、オスに頼らずに、何から何までやってのける。単独性のハチやアリのメスは、わが子のために、自分の体重の何倍もある獲物を捕り押さえて、巣の中に運び込んでいく。また、社会性のハチやアリの新女王は、交尾を終えたあと、自分の体の脂肪やタンパク質を分解しながら、巣を作り、卵を産み、餌を集め、働きバチを育てあげるまでの間、たった一匹でコロニーの礎を築き上げる。生命にとっての究極の課題——未来に生きる自分の子孫を残すという任務——を全うする、ハチやアリのメスたちの逞しさ、健気さには、ただただ圧倒される。

本書には、私たち日本人にはなじみのない毒針昆虫も多数登場する。北米や中南米に生息するオオベッコウバチやサシハリアリなど、まさに綺羅《きら》、星の如しである。それぞれに異彩を放つ防御手段を進化させており、威厳を感じさせるものさえいるが、そんななかに混じって、どちらかと言うと嫌われ者として紹介されているのが、昨年、日本にも上陸して話題になったヒアリの仲間だ。著者によると、ヒアリ類は、殺虫剤などで生態系が乱された土地に隙あらば蔓延ろうとする、いわば「脚が六本生えた雑草のようなもの」だという。人間を刺すので怖がられる「真っ当なヒアリ」のほかに、その巣の脇に自分の巣を掘ってお隣から巧妙に搾取して生きる、目に留まらないほど小さな「盗っ人ヒアリ」もいるというから、昆虫の世界ははかりしれない。

ちなみに、ヒアリに刺されたときの痛みは、この痛みスケール（レベル1〜4）でレベル1。普通のミツバチよりも軽い痛みだという。ヒアリの毒の主成分は、ピペリジンというアルカロイド。古代ギリシャの哲学者、ソクラテスが飲まされたドクニンジンの毒の主成分によく似た化学物質らしい。同じヒアリでも、種によってピペリジンの構造に微妙な違いがあり、化学的性質がかなり違ってくる。その解明は「どんな推理小説にも引けをとらない謎解きミステリー」だという。

刺針昆虫の魅力を知り尽くしたシュミット博士が、その生活の裏側にまで踏み込んでヒミツを明かす本書は、小さな昆虫の体のなかに、自然界の不思議がいっぱい詰まっていることを教えてくれるかけがえのない一冊である。

本訳書を完成させるにあたっては、筧貴行氏をはじめとする白揚社編集部の方々にたいへんお世話になった。ここに記して深く感謝申し上げる。

二〇一八年四月

今西康子

| 名称 | 分布域 | 刺されたときの感じ | 痛さのレベル |
| --- | --- | --- | --- |
| レッドヘッディド・ペーパーワスプ *Polistes erythrocephalis*（アシナガバチ属） | 中米、南米 | 刺された瞬間から、理不尽なほどの激痛が容赦なく襲いかかる。火あぶりにされながら天国の光を見るという体験に限りなく近いのでは。 | 3 |
| グローリアス・ベルベットアント（アリバチの仲間）*Dasymutilla gloriosa* | 北米 | グサリと不意討ちをくらったように激痛が走る。地雷の破片が突き刺さったらこんな感じだろうか。〔207 頁「ダジムティラ・グロリオサ」〕 | 3 |
| *Dasymutilla klugii*（アリバチの仲間）（ヒュージ・ベルベットアント） | 北米 | ガーンときた爆発的な痛みが延々と続き、気が狂ったような叫び声を上げることになる。高温の揚げ油が鍋からこぼれて、手全体にかかってしまったような。〔270 頁「ダジムティラ・クルギ」〕 | 3 |
| タランチュラホーク（和名オオベッコウバチ）*Pepsis* spp. | 北米、中米、南米 | 目がくらむほど凄まじい電撃的な痛み。泡風呂に入浴中、通電しているヘアドライアーを浴槽に投げ込まれて感電したみたいだ。〔203 頁～, 口絵 6〕 | 4 |
| ウォーリアーワスプ（アルマジロワスプ）*Synoeca septentrionalis* | 中米、南米 | 拷問以外の何物でもない。火山の溶岩流の真っ只中に鎖でつながれているみたい。それにしてもなぜ私はこんな一覧を作り始めてしまったのだろう？ | 4 |

| 名称 | 分布域 | 刺されたときの感じ | 痛さのレベル |
| --- | --- | --- | --- |
| ウェスタン・イエロージャケット<br>*Vespula pensylvanica*<br>（クロスズメバチ属） | 北米 | スモーキーホット〔燻製唐辛子を加えたソース〕の風味。ふてぶてしいまでの存在感。皮肉屋コメディアン、W・C・フィールズに、火のついたタバコを舌に押しつけられているみたいだ。 | 2 |
| ノクターナル・ホーネット<br>*Provespa* sp.<br>（ヤミスズメバチ属） | アジア | 無礼で粗暴。まるでキャンプファイヤーの残り火を前腕にぴったり密着させられているみたい。 | 2.5 |
| ゴールデン・ペーパーワスプ<br>*Polistes aurifer*<br>（アシナガバチ属） | 北米、中米 | 鋭く突き刺すような痛みが走る。焼き印を押される家畜の苦しみを思い知らされる。 | 2.5 |
| イエロー・ファイアーワスプ<br>*Agelaia myrmecophila* | 中米、南米 | 人を苛むような一種異様な痛み。溶接用ガスバーナーの炎が両腕両脚をかする感じ。 | 2.5 |
| フィアス・ブラック・ポリビアワスプ<br>（アシナガバチの仲間）<br>*Polybia simillima* | 中米 | 悪魔的なまがまがしさ。古い教会のガス灯に火をつけようとした瞬間、目の前で爆発したように。〔126頁「ポリビア・シミリマ」（熱帯のアシナガバチ）〕 | 2.5 |
| ジャイアント・ペーパーワスプ<br>（アシナガバチの仲間）<br>*Megapolistes* sp. | ニューギニア | 神々が地上に放った稲妻の矢。海神ポセイドンの三叉槍が胸に打ち込まれたような。 | 3 |
| レッド・ペーパーワスプ<br>*Polistes canadensis*<br>（アシナガバチ属） | 中米 | 焼けつくような痛みのあと、肉を蝕むような激痛が続く。紙で切った指の傷口にビーカーの塩酸をこぼしたように。 | 3 |

| 名称 | 分布域 | 刺されたときの感じ | 痛さのレベル |
|---|---|---|---|
| ボールドフェイスト・ホーネット *Dolichovespula maculata*（ホオナガスズメバチ属） | 北米 | ずしんとくる強烈な一撃。若干のきしみ感。回転ドアに指をつぶされたような。〔15 頁，121 頁～〕 | 2 |
| *Mischocyttarus* sp.（アシナガバチの仲間） | 北米、中米、南米 | ガツンとくる、目の覚めるような重厚な一撃。上唇をペンチでがっちりとつかまれたみたいな。〔323 頁「アシナガバチ（*Mischocyttarus* 属）」〕 | 2 |
| コロニアル・スレッドウェスティド（アシナガバチの仲間）*Belonogaster juncea colonialis* | アフリカ | 頑固に、しつこく、ピリピリ痛む。電気クラゲの触手が体にまとわりついて離れないような感じ。 | 2 |
| アンステーブル・ペーパーワスプ *Polistes instabilis*（アシナガバチ属） | 中米 | 長居をするディナーの客のように、いつまでも延々と続く痛み。熱いダッチオーブン〔重いふた付きの鉄製鍋〕の下敷きになっている手を引っ込められずにいる状態。〔27 頁「ポリステス・インスタビリス」〕 | 2 |
| ハニーワスプ *Brachygastra mellifica* | 北米、中米 | ピリッと痛烈な刺激。ハバネロソースに浸した綿棒を鼻に押し当てられているような。 | 2 |
| アーティスティック・ワスプ *Parachartergus fraternus* | 中米、南米 | ピュアな痛みに、やがて雑味がまじり、ついには肉を蝕むような痛みに変わる。まるで恋愛、結婚につづく泥沼離婚劇みたいだ。〔142 頁「パラカルテルグス・フラテルヌス」〕 | 2 |

| 名称 | 分布域 | 刺されたときの感じ | 痛さのレベル |
| --- | --- | --- | --- |
| パシフィック・シカダキラー *Sphecius convallis* | 北米 | キリッとした痛み。指を切ったばかりのところに濃縮食器用洗剤を垂らしたような。〔口絵 2〕 | 1 |
| ウェスタン・シカダキラー *Sphecius grandis* | 北米 | たちまち痛み出す。うるしかぶれのように、こすればこするほど悪化する。〔235 頁〕 | 1.5 |
| *Eumeninae* sp.（トックリバチの仲間）（イエロー・ポッターワスプ） | 北米 | 不意の一撃。バラの花束をつかんだ拍子に、茎の棘を指に刺してしまったみたいに。 | 1.5 |
| *Mutillidae* sp.（アリバチの仲間）（ノクターナル・ベルベットアント） | 北米 | ムズムズ、ヒリヒリ、さらにムズムズ。イッチパウダー〔ローズヒップなどから作られる粉末で、肌につくと痒くてたまらなくなる悪戯アイテム〕とピリ辛ソースに浸した爪楊枝を太腿に突き刺されたような。 | 1.5 |
| ペーパーワスプ *Polistes versicolor*（アシナガバチ属） | 中米、南米 | その部分だけがヒリヒリズキズキ。過熱した揚げ油がはねて、その一滴が腕に当たったような。 | 1.5 |
| スレッドウェスティド・ペーパーワスプ（アシナガバチの仲間）*Belonogaster* sp. | アフリカ | ハッとするような痛み。クラスメートに鉛筆の芯を突き刺されたときのような。 | 1.5 |
| フェローシャス・ポリビアワスプ（アシナガバチの仲間）*Polybia rejecta* | 中米、南米 | お尻をエアガンゲームの標的にされてしまって、BB 弾が何発も命中した感じ。 | 1.5 |

| 名称 | 分布域 | 刺されたときの感じ | 痛さのレベル |
|---|---|---|---|
| リトルワスプ（アシナガバチの仲間）*Polybia occidentalis* | 中米、南米 | ピリッとしてシャープ。サボテンの棘が、スパイシーチキンをからめて腕に刺さったような。〔153頁「ポリビア・オキシデンタリス」〕 | 1 |
| グレート・ブラックワスプ（クロアナバチの仲間）*Sphex pensylvanicusd* | 北米 | 単純でなまいき。年下のきょうだいに小指をつねられたような感じ。 | 1 |
| イリデッセント・コックローチハンター *Chlorion cyaneum* | 北米 | むず痒くてほんのちょっとチクチク。イラクサの細かいトゲが1本だけ手に刺さった感じ。〔246頁～「クロリオン・シアネウム（虹色ゴキブリハンター）」〕 | 1 |
| スカラブ・ハンターワスプ *Triscolia ardens* | 北米 | タンニンを舐めたような。苦味がいつまでも残る。 | 1 |
| ウォーターウォーキング・ワスプ *Euodynerus crypticus*（カバオビドロバチ属） | 北米 | 本当に刺されたのか、気のせいなのか、よくわからなくなってくる程度の痛み。〔250頁「エウオディネルス・クリプティクス」〕 | 1 |
| マッドドーバー（和名アメリカジガバチ）*Sceliphron caementarium* | 北米原産 | カッと熱くなるような鋭い痛み。まろやかなハヴァティチーズだと思って食べたら、極辛のハラペーニョ入りチーズだったような。〔236頁～, 口絵1〕 | 1 |
| リトル・ホワイト・ベルベットアント（アリバチの仲間）*Dasymutilla thetis* | 北米 | 刺されたとたんに、チクチクムズムズして掻きむしりたくなる。砂浜で日光浴をしているとき、スナガニに足指を挟まれたような。 | 1 |

| 名称 | 分布域 | 刺されたときの感じ | 痛さのレベル |
|---|---|---|---|
| ウェスタン・ハニービー（和名セイヨウミツバチ）<br>*Apis mellifera*<br>（ミツバチ属）<br>（舌を刺された場合） | アフリカおよびヨーロッパ原産 | 炭酸飲料の缶に潜んでいるのに気づかずに、うっかり舌を刺されてしまう。たちまち、内臓に響くようないやな痛みに苛まれて、すっかり消耗する。刺されてから10分間は死んだほうがましだと思ってしまうほど。 | 3 |
| バンブルビー<br>（マルハナバチ）<br>*Bombus* spp.<br>（マルハナバチ属） | 北米 | 色鮮やかに燃えさかる炎。花火が腕に落ちてきたような。〔300頁〕 | 2 |
| カリフォルニア・カーペンタービー<br>*Xylocopa californica*<br>（クマバチ属） | 北米 | 急激で、鋭く、明確。バタンと締まったクルマのドアに指先を挟まれたような。 | 2 |
| ジャイアント・ボルネアン・カーペンタービー<br>*Xylocopa* sp.<br>（クマバチ属） | アジア | 突き刺さるような激しい痛み。体に電気が走る。次から電気工事は専門家に頼もう。 | 2.5 |

**狩りバチ類**

| 名称 | 分布域 | 刺されたときの感じ | 痛さのレベル |
|---|---|---|---|
| クラブホーンドワスプ<br>（ミコバチの仲間）<br>*Sapyga pumila* | 北米 | あっけないほど軽い刺激。落としたクリップが、素足にこつんと当たった程度。 | 0.5 |
| ポッターワスプ<br>（トックリバチの仲間）<br>*Eumeninae* sp. | 北米 | 姿に似合わず。外観からは、濃厚フルボディかと思いきや、意外にあっさり味。 | 0.5 |

| 名称 | 分布域 | 刺されたときの感じ | 痛さのレベル |
|---|---|---|---|
| アンソフォオリッドビー（コシブトハナバチの仲間）<br>*Emphoropsis pallida* | 北米 | 快感に近い刺激。恋人にちょっとだけ強く耳たぶを噛まれたような感じ。 | 1 |
| スウェットビー<br>*Lasioglossum* spp.（コハナバチ属） | 北米 | ほんの一瞬の、ピリッとした軽い痛み。小さな火の粉が降ってきて、腕の毛が1本だけ焦げたような感じ。〔93頁～〕 | 1 |
| カクタスビー<br>*Diadasia rinconis* | 北米 | てっきりサボテンの棘が刺さったのだと思い、サボテンには触っていないのにと訝しんでいたら、実はこいつが犯人。〔84頁〕 | 1 |
| クックービー<br>*Ericrocis lata* | 北米 | 恐ろしくも何ともない。どんなもんだいと度胸を自慢をしたくなった。 | 1 |
| ジャイアント・スウェットビー<br>*Dieunomia heteropoda* | 北米 | 体は大きいが、大きいから痛いというわけではない。うっかり落とした銀のスプーンが、足の親指の爪を直撃し、跳び上がってしまったときくらいの痛さ。 | 1.5 |
| ウェスタン・ハニービー（和名セイヨウミツバチ）<br>*Apis mellifera*（ミツバチ属） | アフリカおよびヨーロッパ原産 | 焼かれるような、蝕まれるような痛みだが、どうにか耐えられる。燃えたマッチ棒が落ちてきて火傷した腕に、まず苛性ソーダをかけ、次に硫酸をかけたような。〔305頁〕 | 2 |

| 名称 | 分布域 | 刺されたときの感じ | 痛さのレベル |
| --- | --- | --- | --- |
| *Platythyrea pilosula*<br>（ヒラバナハリアリ属）<br>（スリークアント） | アフリカ | 拷問のように強烈なむず痒さと発疹がいっこうに治まらない。タトゥーを彫るなら、余計にお金を払ってでも免許をもつ彫り師に頼むべきだった。 | 2.5 |
| トラップジョーアント<br>*Odontomachus spp.*<br>（アギトアリ属） | 世界各地の熱帯地方 | 刺されたとたんに襲ってくる凄まじい痛み。ネズミ捕り器に人差し指の爪をかみ切られたような。 | 2.5 |
| フロリダ・ハーヴェスターアント<br>*Pogonomyrmex badius*<br>（シュウカクアリ属） | 北米 | 猛烈な痛みが容赦なく続く。肉に食い込んでいる足の爪に、電気ドリルで穴を開けられているように。〔168 頁〜〕 | 3 |
| マリコパ・ハーヴェスターアント<br>*Pogonomyrmex maricopa*<br>（シュウカクアリ属） | 北米 | 8 時間にわたって、足の巻き爪に電気ドリルの責め苦を受け、ドリルはなおも足指に食い込んだまま。〔75 頁, 186 頁〜〕 | 3 |
| アルゼンチン・ハーヴェスターアント<br>*Ephebomyrmex cunicularis* | 南米 | 悶絶するほどの激痛が 12 時間以上続く。筋肉組織が次から次へとヒト食いバクテリアに破壊されていくみたいに。 | 3 |
| ブレットアント<br>（和名サシハリアリ）<br>*Paraponera clavata*<br>（サシハリアリ属） | 中米、南米 | 目がくらむほどの強烈な痛み。かかとに三寸釘が刺さったまま、燃え盛る炭の上を歩いているような。〔273 頁〜, 口絵 7「パラポネラ・クラヴァータ」〕 | 4 |

**花バチ類**

| 名称 | 分布域 | 刺されたときの感じ | 痛さのレベル |
| --- | --- | --- | --- |
| *Triepeolus* sp.（スジヤドリハナバチ属）<br>（寄生バチの一種） | 北米 | 気のせいかなと思ってしまう程度。ちょっと引っ掻かれたような、くすぐられたような。 | 0.5 |

| 名称 | 分布域 | 刺されたときの感じ | 痛さのレベル |
|---|---|---|---|
| メタリック・グリーンアント *Rhytidoponera metallica* (タタミアリ属) | オーストラリア | 見かけによらず痛みは強い。パプリカかと思ってかじりついたら、実はハバネロ（中南米産の極辛トウガラシ）だったような。 | 2 |
| *Diacamma sp.* (トゲオオハリアリ属) (ブラックアントの仲間) | アジア | 実にはっきりしてる――突如として衝撃が走る。熱帯のビーチを歩いているとき、ガラスの破片が素足に突き刺さって、一瞬にして正気を失うような。 | 2 |
| ラージ・トロピカル・ブラックアント *Neoponera villosa* | 北米、中米、南米 | 研ぎ澄まされた針の鋭さは玄人はだし。ブロードウェイで人気の床屋が次に狙うのはだれだろう。 | 2 |
| *Neoponera crassinoda* (ビッグ・ブラックアントの仲間) | 南米 | 強烈なパンチ。この歯医者の注射の効き方はあまりにも速い。 | 2 |
| ターマイトレイディングアント *Neoponera commutate* | 南米 | 指先が偏頭痛を起こしたように、ズキンズキンと脈打つ。働きアリだけでなく、女王アリも刺すことができる。〔287～88頁「ネオポネラ・コムタータ」〕 | 2 |
| アフリカン・ジャイアントアント *Streblognathus aethiopicus* (カドゴシハリアリ属) | アフリカ | 真っ赤に焼けたバーベキューフォークで手を串刺しにされ、刃がギザギザのナイフで切り裂かれる感じ。 | 2 |
| *Platythyrea lamellose* (ヒラバナハリアリ属) (パープリッシュアント) | アフリカ | チクチク刺すような痛みが容赦なく全身を襲う。マツ葉とツタウルシの葉を織り込んだウールのジャンプスーツを着ているみたいに。 | 2 |

| 名称 | 分布域 | 刺されたときの感じ | 痛さのレベル |
|---|---|---|---|
| ブルドッグアント①<br>*Myrmecia simillima*<br>（キバハリアリ（ブルドッグアリ）属） | オーストラリア | 引き裂かれるような、鋭く激しい痛み。ブルドッグに咬まれたような。〔64頁〕 | 1.5 |
| レッド・ブルアント<br>*Myrmecia gulosa*<br>（キバハリアリ（ブルドッグアリ）属） | オーストラリア | こっそりじわじわ攻めてくる痛み。レゴブロックで遊んだ日の晩、暗闇の中を歩いていて、落ちていたパーツが土踏まずに突き刺さってしまったような。 | 1.5 |
| ブルドッグアント②<br>*Myrmecia rufinodis*<br>（キバハリアリ（ブルドッグアリ）属） | オーストラリア | ぞっとするほど鋭い痛み。外科用メスで手のひらを切られたみたいな。〔64頁〕 | 1.5 |
| メタベルアント<br>*Megaponera analis* | アフリカ | 子どもの投げたダーツが的を逸れて飛んできて、ふくらはぎに突き刺さったような。〔293頁〕 | 1.5 |
| *Ectatomma quadridens*<br>（デコメハリアリ属）<br>（ビッグ・ブラックアントの仲間） | 南米 | ヒリヒリする痛痒さを感じて、しまったと後悔。口内炎があるのに、ピリ辛の鶏手羽を注文してしまった！ | 1.5 |
| ブルホーン・アカシアアント<br>*Pseudomyrmex nigrocinctus*<br>（クシフタフシアリ属） | 中米 | めったに味わうことのない、突き刺さるような激しい痛み。ほっぺたにホチキスの針を撃ち込まれたような。〔49頁～「シュードミルメクス・ニグロシンクトゥス」〕 | 1.5 |
| ジャック・ジャンパーアント<br>*Myrmecia pilosula*<br>（キバハリアリ属） | オーストラリア | 焼き上がったばかりのクッキーをオーブンから取り出そうとしたら、鍋つかみに穴が開いていたときの感じ。 | 2 |

| 名称 | 分布域 | 刺されたときの感じ | 痛さのレベル |
| --- | --- | --- | --- |
| サザン・ファイアーアント（ヒアリの仲間）*Solenopsis xyloni*（トフシアリ属） | 北米 | もう3日目だというのに――照明スイッチに手を伸ばして、いったいいつになったら学習するんだと我ながら嫌になる。〔102頁〕 | 1 |
| ヨーロピアン・ファイアーアント（ヒアリの仲間）*Myrmica rubra*（クシケアリ属） | ヨーロッパ原産 | 蒸し暑い日に素肌がイラクサに触れてしまい、チクチクした何とも言えない痛みに悩まされる感じ。 | 1 |
| サムサムアント *Euponera sennaarensis* | アフリカ | 鋭く突き刺すような、混じりけのない痛み。親指に画鋲を押しつけられたよう。 | 1.5 |
| スーチュアリング・アーミーアント *Eciton burchellii*（グンタイアリ属） | 中米、南米 | 肘にぱっくり開いた傷口を、錆びた針で縫合されているような痛み。 | 1.5 |
| *Ectatomma tuberculatum*（デコメハリアリ属）（大型のゴールデンアント） | 中米、南米 | 熱い蠟がゆっくりと手首に滴り落ちていく感じ。逃れたくても逃れられない苦痛。 | 1.5 |
| ジャイアントアント *Dinoponera gigantea*（オソレハリアリ属） | 南米 | ズキズキと脈打つような独特の痛み。まるで傷口が開いたままで、塩を溶かした湯船に浸かっているような。〔278, 294頁「ディノハリアリ（ディノポネラ）」〕 | 1.5 |
| ジャイアント・スティンクアント *Paltothyreus tarsatus* | アフリカ | 育児担当の働きアリを怒らせたらしい。長い針で刺したあと、悪臭を放つガーリックオイルを垂らしてきた。〔293頁〕 | 1.5 |

| 名称 | 分布域 | 刺されたときの感じ | 痛さのレベル |
|---|---|---|---|
| *Ectatomma ruidum*（デコメハリアリ属）（ブラックアントの仲間） | 中米、南米 | 一瞬の灼熱感。焼き網の上のマグロになったよう。足裏の表面は焦げているが、中は生焼け状態。 | 1 |
| *Leptogenes kitteli*（アジアン・アーミーアントの仲間） | アジア | チクッとするごく普通の痛み。はずれていたカーペット鋲が、ウールの靴下をはいている足に刺さったみたいな。 | 1 |
| エロンゲイト・トゥイッグアント *Pseudomyrmex gracilis*（クシフタフシアリ属） | 北米、中米、南米 | 幼い頃のいじめっ子のよう。脅そうとして殴りかかってくるけど、顎をかすめるだけで、命に別状なし。〔49頁～「シュードミルメクス・グラシリス」〕 | 1 |
| スレンダー・トゥイッグアント *Tetraponera* sp.（ナガフシアリ属） | アジア | やせっぽちのいじめっ子に殴られたよう。パンチ力には欠けるが、何やら小細工を弄してきそうな感じ。 | 1 |
| レッド・ファイアーアント（ヒアリの仲間）*Solenopsis invicta*（トフシアリ属） | 南米原産 | 突然チクッとくる軽い痛み。真っ暗な部屋で照明を点けようとして、パイル地のカーペット上を歩いていたら、カーペット鋲が足に刺さったような感じ。〔102, 109頁「ソレノプシス・インヴィクタ」〕 | 1 |
| トロピカル・ファイアーアント（ヒアリの仲間）*Solenopsis geminata*（トフシアリ属） | 中米および南米原産 | もう懲りたはずなのに、またもやカーペットの上で照明スイッチに手を伸ばしたとき、人を小馬鹿にするような一撃をくらう。〔102頁〕 | 1 |

付録
# 毒針をもつ昆虫に刺されたときの痛さ一覧

| 名称 | 分布域 | 刺されたときの感じ | 痛さのレベル |
|---|---|---|---|
| **アリ類** | | | |
| インディアン・ジャンピングアント *Harpegnathos saltator* (スキバハリアリ属) | アジア | ハッと目が覚める感じ。強烈に苦いコーヒーを飲んだときのような。 | 1 |
| デリケート・トラップジョーアント *Anochetus inermis* (ヒメアギトアリ属) | 南米 | 空想にふけりながら森を散策していると、小さな火の粉が降りかかってはっと我に返る。現実に引き戻されるような軽い一撃。 | 1 |
| *Bothroponera strigilosa* (アフリカン・ブラックアントの仲間) | アフリカ | 臆病なアリだが、刺されるとそれなりに痛い。通り過ぎるクルマの跳ね上げた小石が、くるぶしに命中したような感じ。 | 1 |
| アジアン・ニードルアント *Brachyponera chinensis* (オオハリアリ属) | アジア原産 | 日がな一日、浜辺で過ごした日の夕暮れ。日焼け止めクリームを塗り忘れて鼻がヒリヒリするような痛み。 | 1 |
| ビッグアイドアント *Opthalmopone berthoudi* | アフリカ | アフリカの感動的な美しさに浸りきっていると、いきなり邪魔が入った――アカシアの鋭い棘がサンダルから突き出てきたような感じ。 | 1 |

* Hepburn HR and SE Radloff. 2011. *Honeybees of Asia.* Heidelberg, Germany: Springer.
* Wilson-Rich N, K Allin et al. 2014. *The Bee: A Natural History.* Princeton, NJ: Princeton Univ. Press. 〔『世界のミツバチ・ハナバチ百科図鑑』原野健一監修，矢能千秋・寺西のぶ子・夏目大訳，河出書房新社〕

**1** Schmidt JO and SL Buchmann 1992. Other products of the hive. In: *The Hive and the Honey Bee* ( J Graham, ed.), pp. 927–88. Hamilton, IL: Dadant & Sons.

**2** Marlowe FW, JC Berbesque et al. 2014. Honey, Hadza, hunter-gatherers, and human evolution. *J. Human Evol.* 71: 119–28.

**3** Morse RA and FM Laigo. 1969. *Apis dorsata* in the Philippines. *Monogr. Philippines Assoc. Entomol.*, no. 1: 1–97.

**4** Seeley TD, JW Nowicke et al. 1985. Yellow rain. *Sci. Am.* 253(3): 128–37.

**5** Matsuura M and SK Sakagami. 1973. A bionomic sketch of the giant hornet, Vespa *mandarinia*, a serious pest for Japanese apiculture. *J. Fac. Sci. Hokkaido Univ. Ser. VI, Zool.* 19: 125–60.

**6** Ono M, T Igarashi et al. 1995. Unusual thermal defence by a honeybee against mass attack by hornets. *Nature* 377: 334–36.

**7** Sugahara M and F Sakamoto. 2009. Heat and carbon dioxide generated by honeybees jointly act to kill hornets. *Naturwissenschaften* 96: 1133–36.

**8** Vollrath F and I Douglas-Hamilton. 2002. African bees to control African elephants. *Naturwissenschaften* 89: 508–11.

**9** McComb K, G Shannon et al. 2014. Elephants can determine ethnicity, gender, and age from acoustic cues in human voices. *PNAS* 111: 5433–38.

**10** Schmidt JO and LV Boyer Hassen. 1996. When Africanized bees attack: What you and your clients should know. *Vet. Med.* 91: 923–28.

**11** Schmidt JO. 1995. Toxinology of the honeybee genus *Apis. Toxicon* 33: 917–27.

**12** Schumacher MJ, JO Schmidt, and NB Egen. 1989. Lethality of "killer" bee stings. *Nature* 337: 413.

**13** Smith ML. 2014. Honey bee sting pain index by body location. *Peer J.* 2:e338; doi:10.7717/peerj.338.

**14** Schmidt JO. 2014. Evolutionary responses of solitary and social Hymenoptera to predation by primates and overwhelmingly powerful vertebrate predators. *J. Human Evol.* 71: 12–19.

**15** Goodall J. 1986. *The Chimpanzees of Gombe: Patterns of Behavior.* Cambridge, MA: Harvard Univ. Press. 〔『野生チンパンジーの世界』杉山幸丸・松沢哲郎監訳，ネルヴァ書房〕

**16** Wrangham RW. 2011. Honey and fire in human evolution. In: *Casting the Net Wide: Papers in Honor of Glynn Isaac and His Approach to Human Origins Research* (J Sept and D Pilbeam, eds.), pp. 149–67. Oxford: Oxbow Books.

**17** Sanz CM and DB Morgan. 2009. Flexible and persistent tool-using strategies in honey-gathering by wild chimpanzees. *Int. J. Primatol.* 30: 411–27.

**18** Buchmann SL. 2005. *Letters from the Hive.* New York: Random House.

*Paraponera clavata. Biotropica* 21: 173–77.
**10** Dyer LA. 2002. A quantification of predation rates, indirect positive effects on plants, and foraging variation of the giant tropical ant, *Paraponera clavata. J. Insect Sci.* 2(18): 1–7.
**11** Fritz G, A Stanley Rand, and CW dePamphilis. 1981. The aposematically colored frog, *Dendrobates pumilio*, is distasteful to the large, predatory ant *Paraponera clavata. Biotropica* 13: 158–59.
**12** Harrison JF, JH Fewell et al. 1989. Effects of experience on use of orientation cues in the giant tropical ant. *Anim. Behav.* 37: 869–71.
**13** Nelson CR, CD Jorgensen et al. 1991. Maintenance of foraging trails by the giant tropical ant *Paraponera clavata* (Insecta: Formicidae: Ponerinae). *Insect. Sociaux* 38: 221–28.
**14** Fewell JH, JF Harrison et al. 1992. Distance effects on resource profitability and recruitment in the giant tropical ant, *Paraponera clavata. Oecologia* 92: 542–47.
**15** Fewell JH, JF Harrison et al. 1996. Foraging energetics of the ant, *Paraponera clavata. Oecologia* 105: 419–27.
**16** Jorgensen CD, HL Black, and HR Hermann. 1984. Territorial disputes between colonies of the giant tropical ant *Paraponera clavata* (Hymenoptera: Formicidae: Ponerinae). *J. Ga. Entomol. Soc.* 19: 156–58.
**17** Thurber DK, MC Belk et al. 1993. Dispersion and mortality of colonies of the tropical ant *Paraponera clavata. Biotropica* 25: 215–21.
**18** Barden A. 1943. Food of the basilisk lizard in Panama. *Copeia* 1943: 118–21.
**19** Cott HB. 1936. Effectiveness of protective adaptations in the hive bee, illustrated by experiments on the feeding reactions, habit formation, and memory of the common toad (*Bufo bufo bufo*). *J. Zool. Lond.* 1936: 111–33.
**20** Janzen DH and CR Carroll. 1983. *Paraponera clavata* (bala, giant tropical ant). In: *Costa Rican Natural History* (DH Janzen, ed.), pp. 752–53. Chicago: Univ. Chicago Press.
**21** Brown BV and DH Feener. Behavior and host location cues of *Apocephalus paraponerae* (Diptera: Phoridae), a parasitoid of the giant tropical ant, *Paraponera clavata* (Hymenoptera: Formicidae). *Biotropica* 23: 182–87.
**22** Feener DH, LF Jacobs, and JO Schmidt. 1996. Specialized parasitoid attracted to a pheromone of ants. *Anim. Behav.* 51: 61–66.
**23** Weber NA. 1937. The sting of an ant. *Am. J. Trop. Med.* 1937: 165–69.
**24** Balée W. 2000. Antiquity of traditional ethnobiological knowledge in Amazonia: The Tupí-Guaraní family and time. *Ethnohistory* 47: 399–422.
**25** Schmidt JO. 2008. Venoms and toxins in insects. In *Encyclopedia of Entomology*, 2nd ed. ( JL Capinera, ed.), pp. 4076–89. Heidelberg, Germany: Springer.
**26** Schmidt JO, MS Blum, and WL Overal. 1984. Hemolytic activities of stinging insect venoms. *Arch. Insect Biochem. Physiol.* 1: 155–60.
**27** Piek T, A Duval et al. 1991. Poneratoxin, a novel peptide neurotoxin from the venom of the ant, *Paraponera clavata. Comp. Biochem. Physiol.* 99C: 487–95.

## 第11章　ミツバチと人間

* Crane E. 1990. *Bees and Beekeeping.* Ithaca, NY: Cornell Univ. Press.
* Graham J, ed. 2015. *The Hive and the Honey Bee.* Hamilton, IL: Dadant & Sons.

**46** Brothers DJ. 1984. Gregarious parasitoidism in Australian Mutillidae (Hymenoptera). *Aust. Entomol. Mag.* 11: 8–10.
**47** Tormos J, JD Asis et al. 2009. The mating behaviour of the velvet ant, *Nemka viduata* (Hymenoptera: Mutillidae). *J. Insect Behav.* 23: 117–27.
**48** Brothers DJ. 1989. Alternative life-history styles of mutillid wasps (Insecta, Hymenoptera). In *Alternative Life-History Styles of Animals* (MN Bruton, ed.), pp. 279–91. Dordrecht, Netherlands: Kluwer.
**49** Schmidt JO and MS Blum. 1977. Adaptations and responses of *Dasymutilla occidentalis* (Hymenoptera: Mutillidae) to predators. *Entomol. Exp. Appl.* 21: 99–111.
**50** Fales HM, TM Jaouni et al. 1980. Mandibular gland allomones of *Dasymutilla occidentalis* and other mutillid wasps. *J. Chem. Ecol.* 6: 895–903.
**51** Hale Carpenter GD. 1921. Experiments on the relative edibility of insects, with special reference to their coloration. *Trans. Entomol. Soc. Lond.* 1921: 1–105.
**52** Rice ME. 2014. Edward O. Wilson: I was trying to find every kind of ant. *Am. Entomol.* 60: 135–41.
**53** Vitt LJ and WE Cooper. 1988. Feeding responses of skinks (*Eumeces laticeps*) to velvet ants (*Dasymutilla occidentalis*). *J. Herpet.* 22: 485–88.
**54** Schmidt JO. 2008. Venoms and toxins in insects. In *Encyclopedia of Entomology,* 2nd ed. ( JL Capinera, ed.), pp. 4076–89. Heidelberg, Germany: Springer.
**55** Schmidt JO, MS Blum, and WL Overal. 1986. Comparative enzymology of venoms from stinging Hymenoptera. *Toxicon* 24: 907–21.

## 第10章　地球上で最も痛い毒針――サシハリアリ

* Young AM and HR Hermann. 1980. Notes on foraging of the giant tropical ant *Paraponera clavata* (Hymenoptera: Formicidae: Ponerinae). *J. Kans. Entomol. Soc.* 53: 35–55.
**1** Spruce R. 1908. *Notes of a Botanist on the Amazon and Andes,* Vol. 1, pp. 363–64. London: Macmillan.〔『アマゾンとアンデスにおける一植物学者の手記』長澤純夫・大曾根静香訳，築地書館〕
**2** Lange A. 1914. *The Lower Amazon.* New York: G. P. Putnam' s Sons.
**3** Rice H. 1914. Further explorations in the north-west Amazon basin. *Geograph. J.* 44: 137–68.
**4** Allard HA. 1951. *Dinoponera gigantea* (Perty), a vicious stinging ant. *J. Wash. Acad. Sci.* 41: 88–90.
**5** Rice ME. 2015. Terry L. Erwin: She had a black eye and in her arm she held a skunk. *Am. Entomol.* 61: 9–15.
**6** Schmidt C. 2013. Molecular phylogenetics of ponerine ants (Hymenoptera: Formicidae: Ponerinae). *Zootaxa* 3647(2): 201–50.
**7** Bennett B and MD Breed. 1985. On the association between *Pentaclethra macroloba* (Mimosaceae) and *Paraponera clavata* (Hymenoptera: Formicidae) colonies. *Biotropica* 17: 253–55.
**8** Hölldobler B and EO Wilson. 1990. Host tree selection by the Neotropical ant *Paraponera clavata* (Hymenoptera: Formicidae). *Biotropica* 22: 213–14.
**9** Belk MC, HL Black, and CD Jorgensen. 1989. Nest tree selectivity by the tropical ant,

**24** O' Connor R and W Rosenbrook. 1963. The venom of the mud-dauber wasps. I. *Sceliphron caementarium*: Preliminary separations and free amino acid content. *Can. J. Biochem. Phys.* 41: 1943–48.
**25** Frazier C. 1964. Allergic reactions to insect stings: A review of 180 cases. *South. Med. J.* 47: 1028–34.
**26** Collinson P. 1745. An account of some very curious wasp nests made of clay in Pensilvania by John Bartram. *Philos. Trans. R. Soc. Lond.* 43: 363–65.
**27** Shafer GD. 1949. *The Ways of a Mud Dauber.* Palo Alto, CA: Stanford Univ. Press.
**28** Fink T, V Ramalingam et al. 2007. Buzz digging and buzz plastering in the black-and-yellow mud dauber wasp, *Sceliphron* caementarium (Drury). *J. Acoust. Soc. Am.* 122(5, Pt 2): 2947–48.
**29** Jackson JT and PG Burchfield. 1975. Nest-site selection of barn swallows in east-central Mississippi. *Am. Midland Nat.* 94: 503–9.
**30** Smith KG. 1986. Downy woodpecker feeding on mud-dauber wasp nests. *Southwest. Nat.* 31: 134.
**31** Hefetz A and SWT Batra. 1979. Geranyl acetate and 2-decen-1-ol in the cephalic secretion of the solitary wasp *Sceliphron caementarium* (Sphecidae: Hymenoptera). *Experientia* 35: 1138–39.
**32** Bohart GE and WP Nye. 1960. Insect pollinators of carrots in Utah. *Utah Agr. Exp. Sta. Bull.* 419: 1–16.
**33** Menhinick EF and DA Crossley. 1969. Radiation sensitivity of twelve species of arthropods. *Ann. Entomol. Soc. Am.* 62: 711–17.
**34** Muma MH and WF Jeffers. 1945. Studies of the spider prey of several mud-dauber wasps. *Ann. Entomol. Soc. Am.* 38: 245–55.
**35** Uma DB and MR Weiss. 2010. Chemical mediation of prey recognition by spider-hunting wasps. *Ethology* 116: 85–95.
**36** Uma D, C Durkee et al. 2013. Double deception: Ant-mimicking spiders elude both visually- and chemically-oriented predators. *PLOS One* 8(11): e79660.
**37** Konno K, MS Palma et al. 2002. Identification of bradykinins in solitary wasp venoms. *Toxicon* 40: 309–12.
**38** Sherman RG. 1978. Insensitivity of the spider heart to solitary wasp venom. *Comp. Biochem. Phys.* 61A: 611–15.
**39** Hook AW. 2004. Nesting behavior of *Chlorion cyaneum* (Hymenoptera: Sphecidae), a predator of cockroaches (Blattaria: Polyphagidae). *J. Kans. Entomol. Soc.* 77: 558–64.
**40** Peckham DJ and FE Kurczewski. 1978. Nesting behavior of *Chlorion aerarium*. *Ann. Entomol. Soc. Am.* 71: 758–61.
**41** Chapman RN, CE Mickel et al. 1926. Studies in the ecology of sand dune insects. *Ecology* 7: 416–26.
**42** Isely D. 1913. Biology of some Kansas Eumenidae. *Kans. Univ. Sci. Bull.* 7: 231–309.
**43** Brothers DJ, G Tschuch, and F Burger. 2000. Associations of mutillid wasps (Hymenoptera, Mutillidae) with eusocial insects. *Insectes Soc.* 47: 201–11.
**44** Mickel CE. 1928. Biological and taxonomic investigations on the mutillid wasps. *Bull. U.S. Nat. Mus.* 143: 1–351.
**45** Brothers DJ. 1972. Biology and immature stages of *Pseudomethoca f. frigida,* with notes on other species (Hymenoptera: Mutillidae). *Univ. Kans. Sci. Bull.* 50: 1–38.

in North Carolina. *Ann. Entomol. Soc. Am.* 106: 111–16.

**3** Sweeney BW and RL Vannote. 1982. Population synchrony in mayflies: A predator satiation hypothesis. *Evolution* 36: 810–21.

**4** Hook, Allen W., 私信.

**5** Evans HE. 1968. Studies on Neotropical Pompilidae (Hymenoptera) IV: Examples of dual sex-limited mimicry in *Chirodamus. Psyche* 75: 1–22.

**6** Pitts JP, MS Wasbauer, and CD von Dohlen. 2006. Preliminary morphological analysis of relationships between the spider wasp subfamilies (Hymenoptera: Pompilidae): Revisiting an old problem. *Zoologica Scripta* 35: 63–84.

**7** Williams FX. 1956. Life history studies of *Pepsis* and *Hemipepsis* wasps in California (Hymenoptera, Pompilidae). *Ann. Entomol. Soc. Am.* 49: 447–66.

**8** Petrunkevitch A. 1926. Tarantula versus tarantula-hawk: A study of instinct. *J. Exp. Zool.* 45: 367–97.

**9** Cazier MA and MA Mortenson. 1964. Bionomical observations on tarantula-hawks and their prey (Hymenoptera: Pompilidae: Pepsis). *Ann. Entomol. Soc. Am.* 57: 533–41.

**10** Schmidt JO. 2004. Venom and the good life in tarantula hawks (Hymenoptera: Pompilidae): How to eat, not be eaten, and live long. *J. Kans. Entomol.* Soc. 77: 402–13.

**11** Odell GV, CL Ownby et al. 1999. Role of venom citrate. *Toxicon* 37: 407–9.

**12** Piek T, JO Schmidt et al. 1989. Kinins in ant venoms— a comparison with venoms of related Hymenoptera. *Comp. Biochem. Physiol.* 92C: 117–24.

**13** Leluk J, JO Schmidt, and D Jones. 1989. Comparative studies on the protein composition of hymenopteran venom reservoirs. *Toxicon* 27: 105–14.

**14** Rau P and N Rau. 1918. *Wasp Studies Afield.* Princeton, NJ: Princeton Univ. Press.

**15** Dambach CA and E Good. 1943. Life history and habits of the cicada killer in *Ohio. Ohio J. Sci.* 43: 32–41.

**16** Smith RL and WM Langley. 1978. Cicada stress sound: An assay of its effectiveness as a predator defense mechanism. *Southwest. Nat.* 23: 187–96.

**17** Hastings J. 1986. Provisioning by female western cicada killer wasps *Sphecius grandis* (Hymenoptera: Sphecidae): Influence of body size and emergence time on individual provisioning success. *J. Kans. Entomol. Soc.* 59: 262–68.

**18** Coelho JR 2011. Effects of prey size and load carriage on the evolution of foraging strategies in wasps. In: *Predation in the Hymenoptera: An Evolutionary Perspective* (C Polidori, ed.), pp. 23–36. Kerala, India: Transworld Research Network.

**19** Hastings JM, CW Holliday et al. 2010. Size-specific provisioning by cicada killers, *Sphecius speciosus* (Hymenoptera: Crabronidae) in North Florida. *Fla. Entomol.* 93: 412–21.

**20** Alcock J. 1975. The behaviour of western cicada killer males, *Sphecius grandis* (Sphecidae, Hymenoptera). J. Nat. Hist. 9: 561–66; and Holliday, Charles H., personal communication.

**21** Hastings J. 1989. Protandry in western cicada killer wasps (*Sphecius grandis,* Hymenoptera: Sphecidae): An empirical study of emergence time and mating opportunity. *Behav. Ecol. Sociobiol.* 25: 255–60.

**22** Holliday C, J Coelho, and J Hastings. 2010. Conspecific kleptoparasitism in Pacific cicada killers, *Sphecius convallis.* Ent. Soc. Am. Meeting, San Diego, CA [Poster D 0708].

**23** Bachleda FL. 2002. *Dangerous Wildlife in California and Nevada: A Guide to Safe Encounters at Home and in the Wild.* Birmingham, AL: Menasha Ridge Press.

tem by western harvester ants, *Pogonomyrmex occidentalis. Environ. Entomol.* 4: 52–56.
**20** Porter SD and CD Jorgensen. 1981. Foragers of the harvester ant, *Pogonomyrmex owyheei*: A disposable caste? *Behav. Ecol. Sociobiol.* 9: 247–56.
**21** MacKay WP. 1982. The effect of predation of western widow spiders (Araneae: Therididae) on harvester ants (Hymenoptera: Formicidae). *Oecologia* 53: 406–11.
**22** Evans HE. 1962. A review of nesting behavior of digger wasps of the genus *Aphilanthops*, with special attention to the mechanics of prey carriage. *Behaviour* 19: 239–60.
**23** Knowlton GF, RS Roberts, and SL Wood. 1946. Birds feeding on ants in Utah. *J. Econ. Entomol.* 49: 547–48.
**24** Giezentanner KI and WH Clark. 1974. The use of western harvester ant mounds as strutting locations by sage grouse. *Condor* 76: 218–19.
**25** Spangler, Hayward G., 私信.
**26** Pianka ER and WS Parker. 1975. Ecology of horned lizards: A review with special reference to *Phrynosoma platyrhinos. Copeia* 1975: 141–62.
**27** Schmidt PJ, WC Sherbrooke, and JO Schmidt. 1989. The detoxification of ant (*Pogonomyrmex*) venom by a blood factor in horned lizards (*Phrynosoma*). *Copeia* 1989: 603–7.
**28** Schmidt JO and GC Snelling. 2009. *Pogonomyrmex anzensis* Cole: Does an unusual harvester ant species have an unusual venom? *J. Hymenoptera Res.* 18: 322–25.
**29** Wray DL. 1938. Notes on the southern harvester ant (*Pogonomyrmex badius* Latr.) in North Carolina. *Ann. Entomol. Soc. Am.* 31: 196–201.
**30** Wheeler GC and J Wheeler. 1973. *Ants of Deep Canyon.* Riverside: Univ. California Press.
**31** Wray J. 1670. Concerning some uncommon observations and experiments made with an acid juyce to be found in ants. *Philos. Trans. R. Soc. Lond.* 5: 2063–69.
**32** Schmidt JO and MS Blum. 1978. A harvester ant venom: Chemistry and pharmacology. *Science* 200: 1064–66.
**33** Schmidt JO and MS Blum. 1978. The biochemical constituents of the venom of the harvester ant, *Pogonomyrmex badius. Comp. Biochem. Physiol.* 61C: 239–47.
**34** Schmidt JO and MS Blum. 1978. Pharmacological and toxicological properties of harvester ant, *Pogonomyrmex badius,* venom. *Toxicon* 16: 645–51.
**35** Piek T, JO Schmidt et al. 1989. Kinins in ant venoms—a comparison with venoms of related Hymenoptera. *Comp. Biochem. Physiol.* 92C: 117–24.
**36** Schmidt JO. 2008. Venoms and toxins in insects. In: *Encyclopedia of Entomology,* 2nd ed. ( JL Capinera, ed.), pp. 4076–89. Heidelberg, Ger.: Springer.

## 第９章　孤独な麻酔使いたち――オオベッコウバチと単独性狩りバチ

* Evans HE. 1973. *Wasp Farm.* New York: Doubleday.
* O' Neill KM. 2001. *Solitary Wasps: Behavior and Natural History.* Ithaca, NY: Cornell Univ. Press.
**1** Wilson EO. 2012. *The Social Conquest of Earth.* New York: Norton. 〔『人類はどこから来て，どこへ行くのか』斉藤隆央訳，化学同人〕
**2** Swink WG, SM Paiero, and CA Nalepa. 2013. Burprestidae collected as prey by the solitary, ground-nesting philanthine wasp Cerceris fumipennis (Hymenoptera: Crabronidae)

**39** Rabb RL and FR Lawson. 1957. Some factors influencing the predation of Polistes wasps on the tobacco hornworm. *J. Econ. Entomol.* 50: 778–84.

## 第8章　昆虫最強の毒——シュウカクアリ

* Cole AC. 1974. Pogonomyrmex *Harvester Ants.* Knoxville: Univ. Tennessee Press.
* Taber SW. 1998. *The World of the Harvester Ants.* College Station: Texas A&M Univ. Press.
**1** Creighton WS. 1950. Ants of North America. *Bull. Mus. Comp. Zool. (Harvard)* 104: 1–585.
**2** Wheeler WM. 1910. *Ants: Their Structure, Development and Behavior.* New York: Columbia Univ. Press.
**3** Lockwood JA. 2009. *Six-Legged Soldiers.* New York: Oxford Univ. Press.
**4** Groark KP. 2001. Taxonomic identity of "hallucinogenic" harvester ant (*Pogonomyrmex californicus*) confirmed. *J. Ethnobiol.* 21: 133–44.
**5** Blum MS, JR Walker et al. 1958. Chemical, insecticidal, and antibiotic properties of fire ant venom. *Science* 128: 306–7.
**6** Herrmann M and S Helms Cahan. 2014. Inter-genomic sexual conflict drives antagonistic coevolution in harvester ants. *Proc. R. Soc. Lond. B Biol. Sci.* 281: 20141771.
**7** Johnson RA. 2002. Semi-claustral colony founding in the seed-harvesting ant *Pogonomyrmex californicus:* A comparative analysis of colony founding strategies. Oecologia 132: 60–67.
**8** Cole BJ. 2009. The ecological setting of social evolution: The demography of ant populations. In: *Organization of Insect Societies* ( J Gadau and J Fewell, eds.), pp. 75–104. Cambridge, MA: Harvard Univ. Press.
**9** Keeler KH. 1993. Fifteen years of colony dynamics in *Pogonomyrmex occidentalis,* the Western harvester ant in Western Nebraska. *Southwest. Nat.* 38: 286–89.
**10** Michener CD. 1942. The history and behavior of a colony of harvester ants. *Sci. Monthly* 55: 248–58.
**11** Lavigne RJ. 1969. Bionomics and nest structure of *Pogonomyrmex occidentalis* (Hymenoptera: Formicidae). *Ann. Entomol. Soc. Am.* 62:1166–75.
**12** MacKay WP. 1981. A comparison of the nest phenologies of three species of *Pogonomyrmex* harvester ants (Hymenoptera: Formicidae). *Psyche* 88: 25–74.
**13** McCook HC. 1907. *Nature' s Craftsmen.* New York: Harper & Brothers.
**14** Zimmer K and RR Parmenter. 1998. Harvester ants and fire in a desert grassland: Ecological responses of *Pogonomyrmex rugosus* (Hymenoptera: Formicidae) to experimental wildfires in Central New Mexico. *Environ. Entomol.* 27: 282–87.
**15** McCook HC. 1879. *The Natural History of the Agricultural Ant of Texas.* Philadelphia: Lippincott' s Press.
**16** Rogers LE. 1974. Foraging activity of the Western Harvester ant in the shortgrass plains ecosystem. *Environ. Entomol.* 3: 420–24.
**17** Knowlton GF. 1938. Horned toads in ant control. *J. Econ. Entomol.* 31: 128.
**18** Headlee TJ and GA Dean. 1908. The mound-building prairie ant. *Bull. Kans. State Agr. Exp. Station* 154: 165–80.
**19** Clarke WH and PL Comanor. 1975. Removal of annual plants from the desert ecosys-

**16** Schmidt JO and LV Boyer Hassen. 1996. When Africanized bees attack: What you and your clients should know. *Vet. Med.* 91: 923–28.
**17** Bigelow NK. 1922. Insect food of the black bear (*Ursus americanus*). *Can. Entomol.* 54: 49–50.
**18** Fry CH. 1969. The recognition and treatment of venomous and nonvenomous insects by small bee-eaters. *Ibis* 111: 23–29.
**19** Rau P. 1930. Behavior notes on the yellow jacket, Vespa germanica (Hymen.: Vespidae). *Entomol. News* 41: 185–90.
**20** Pack Berisford HD. 1931. Wasps in combat. *Irish Nat. J.* 3: 223–24.
**21** Denton SB. 1931. *Vespula maculata and Apis mellifica. Bull. Brooklyn Entomol. Soc.* 26: 44.
**22** Scott H. 1930. A mortal combat between a spider and a wasp. *Entomol. Monthly Mag.* 66: 215.
**23** Robbins JM. 1938. Wasp versus dragonfly. *Irish Nat. J.* 7: 10–11.
**24** O' Rourke FJ. 1945. Method used by wasps of the genus *Vespa* in killing prey. *Irish Nat. J.* 8: 238–41.
**25** Evans HE and MJ West-Eberhard. 1970. *The Wasps.* Ann Arbor: Univ. Michigan Press.
**26** Davis HG. 1978. Yellowjacket wasps in urban environments. In: *Perspectives in Urban Entomology* (GW Frankie and CS Koehler, eds.), pp. 163–85. New York: Academic Press.
**27** Cohen SG and PJ Bianchini. 1995. Hymenoptera, hypersensitivity, and history. *Ann. Allergy* 174: 120.
**28** Schmidt JO. 2015. Allergy to venomous insects. In: *The Hive and the Honey Bee* ( J Graham, ed.). pp. 907–52. Hamilton, IL: Dadant and Sons.
**29** MacDonald JF, RD Akre et al. 1976. Evaluation of yellowjacket abatement in the United States. *Bull. Entomol. Soc. Am.* 22: 397–401.
**30** Grant GD, CJ Rogers et al. 1968. Control of ground-nesting yellowjackets with toxic baits— a five-year testing program. *J. Econ. Entomol.* 61: 1653–56.
**31** Wagner RE and DA Reierson. 1969. Yellow jacket control by baiting. 1. Influence of toxicants and attractants on bait acceptance. *J. Econ. Entomol.* 62: 1192–97.
**32** Parrish MD and RB Roberts. 1983. Insect growth regulators in baits: Methoprene acceptability to foragers and effect on larval eastern yellowjackets (Hymenoptera: Vespidae). *J. Econ. Entomol.* 76: 109–12.
**33** Ross DR, RH Shukle et al. 1984. Meat extracts attractive to scavenger Vespula in Eastern North America (Hymenoptera: Vespidae). *J. Econ. Entomol.* 77: 637–42.
**34** Reid BL and JF MacDonald. 1986. Influence of meat texture and toxicants upon bait collection by the German yellowjacket (Hymenoptera: Vespidae). *J. Econ. Entomol.* 79: 50–53.
**35** Spurr EB. 1995. Protein bait preferences of wasps (*Vespula vulgaris* and *V. germanica*) at Mt Thomas, Canterbury, New Zealand. *N. Z. J. Zool.* 22: 282–89.
**36** McGovern TP, HG Davis et al. 1970. Esters highly attractive to Vespula spp. *J. Econ. Entomol.* 63: 1534–36.
**37** Wildman T. 1770. A treatise on the management of bees. Book 3: *Of Wasps and Hornets and the Means of Destroying Them*, 2nd ed. London: Kingsmeade.
**38** Ormerod RL. 1868. *British Social Wasps.* London: Longmans, Green Reader, and Dyer.

fire ant. *N. Engl. J. Med.* 323: 462–66.
**11** Sonnett PE. 1967. Fire ant venom: Synthesis of a reported component of solenamine. *Science* 156: 1759–60.
**12** MacConnell JG, MS Blum, and HM Fales. 1970. Alkaloid and fire ant venom: Identification and synthesis. *Science* 168: 840–41.
**13** MacConnell JG, MS Blum et al. 1976. Fire ant venoms: Chemotaxonomic correlations with alkaloidal compositions. *Toxicon* 14: 69–78.

## 第7章　黄色い恐怖——スズメバチ、アシナガバチ

* Edwards R. 1980. *Social Wasps.* West Sussex, UK: Rentokil.
* Evans HE and MJ West-Eberhard. 1970. *The Wasps.* Ann Arbor: Univ. Michigan Press.
* Schmidt JO. 2009. Wasps. In: *Encyclopedia of Insects,* 2nd ed. (VH Resh and RT Cardé, eds.), pp. 1037–41. San Diego, CA: Academic Press.
**1** Wickler W. 1968. *Mimicry in Plants and Animals.* New York: McGraw-Hill.〔『擬態——自然も嘘をつく』羽田節子訳，平凡社〕
**2** Ross KG and JM Carpenter. 1991. Population genetic structure, relatedness, and breeding systems. In: *The Social Biology of Wasps* (KG Ross and RW Matthews, eds.), pp. 451–79. Ithaca, NY: Cornell Univ. Press.
**3** Stein KJ, RD Fell, and GI Holtzman.1996. Sperm use dynamics of the baldfaced hornet (Hymenoptera: Vespidae). *Environ. Entomol.* 25: 1365–70.
**4** Schmidt JO, HC Reed, and RD Akre. 1984. Venoms of a parasitic and two nonparasitic species of yellowjackets (Hymenoptera: Vespidae). *J. Kans. Entomol.* Soc. 57: 316–22.
**5** MacDonald JF. 1980. Biology, recognition, medical importance and control of Indiana social wasps. *Cooperative Ext. Serv., Purdue Univ.* E-91: 24 pp.
**6** Akre RD, WB Hill et al. 1975. Foraging distances of *Vespula pensylvanica* workers (Hymenoptera: Vespidae). *J. Kans. Entomol. Soc.* 48: 12–16.
**7** Duncan CD. 1939. A contribution to the biology of North American vespine wasps. *Stanford Univ. Publ. Biol. Sci.* 8(1): 1–272.
**8** Madden JL. 1981. Factors influencing the abundance of the European wasp (*Paravespula germanica* [F.]). *J. Aust. Entomol. Soc.* 20: 59–65.
**9** Akre RD and JF MacDonald. 1986. Biology, economic importance and control of yellow jackets. In: *Economic Impact and Control of Social Insects* (SB Vinson, ed.), pp. 353–412. New York: Praeger.
**10** Phillips J. 1974. The vampire wasps of British Columbia. *Bull. Entomol. Soc. Canada* 6: 134.
**11** Jandt JM and RL Jeanne. 2005. German yellowjacket (*Vespula germanica*) foragers use odors inside the nest to find carbohydrate food sources. *Ecology* 111: 641–51.
**12** Ross KG and RW Matthews. 1982. Two polygynous overwintered *Vespula squamosa* colonies from the southeastern U.S. (Hymenoptera: Vespidae). *Fla. Entomol.* 65: 176–84.
**13** Tissot AN and FA Robinson. 1954. Some unusual insect nests. *Fla. Entomol.* 37: 73–92.
**14** Spradbery JP. 1973. *Wasps.* Seattle: Univ. Washington Press.
**15** MacDonald JF and RW Matthews. 1981. Nesting biology of the eastern yellowjacket, *Vespula maculifrons* (Hymenoptera: Vespidae). *J. Kans. Entomol. Soc.* 54: 433–57.

## 第４章　痛みの正体

* Schmidt JO. 2008. Venoms and toxins in insects. In: *Encyclopedia of Entomology,* 2nd ed. ( JL Capinera, ed.), pp. 4076–89. Heidelberg, Germany: Springer.
1 Roberson DP, S Gudes et al. 2013. Activity-dependent silencing reveals functionally distinct itch-generating sensory neurons. *Nat. Neurosci.* 16: 910–18.
2 Kingdon J. 1977. *East African Mammals,* vol. 3, Part A. London: Academic Press.

## 第５章　虫刺されを科学する

* Evans DL and JO Schmidt, eds. 1990. *Insect Defenses.* Albany: State Univ. NY Press.
1 Schmidt JO. 2015. Allergy to venomous insects. In: *The Hive and the Honey Bee* ( J Graham, ed.), pp. 906–52. Hamilton, IL: Dadant and Sons.
2 Aili SR, A Touchard et al. 2014. Diversity of peptide toxins from stinging ant venoms. *Toxicon* 92: 166–78.
3 Hamilton WD, R Axelrod, and R Tanese. 1990. Sexual reproduction as an adaption to resist parasites (a review). *PNAS* 87: 3566–73.

## 第６章　きれいな痛み、むき出しの敵意——コハナバチとヒアリ

* Michener CD. 1974. *The Social Behavior of the Bees.* Cambridge, MA: Harvard Univ. Press.
* Michener CD. 2007. *The Bees of the World*, 2nd ed. Baltimore: Johns Hopkins Univ. Press.
1 Danforth BN, S Sipes et al. 2006. The history of early bee diversification based on five genes plus morphology. *PNAS* 103: 15118–23.
2 Duffield RM, A Fernandes et al. 1981. Macrocyclic lactones and isopentenyl esters in the Dufour' s gland secretion of halictine bees (Hymenoptera: Halictidae). *J. Chem. Ecol.* 7: 319–31.
3 Dufour L. 1835. Etude entomologiques VII Hymenopteres. *Ann. Soc. Entomol. France* 4: 594–607.
4 Barrows EM. 1974. Aggregation behavior and responses to sodium chloride in females of a solitary bee, *Augochlora pura* (Hymenoptera; Halictidae). *Fla. Entomol.* 57: 189–93.
5 Schmidt JO. 2014. Evolutionary responses of solitary and social Hymenoptera to predation by primates and overwhelmingly powerful vertebrate predators. *J. Human Evol.* 71: 12–19.
6 Tschinkel WR. 2006. *The Fire Ants.* Cambridge, MA: Harvard Univ. Press.
7 Wheeler WM. 1910. *Ants: Their Structure, Development and Behavior.* New York: Columbia Univ. Press.
8 Snelling RR. 1963. The United States species of fire ants of the genus *Solenopsis,* subgenus *Solenopsis* Westwood, with synonymy of *Solenopsis aurea* Wheeler (Hymenoptera: Formicidae). *Bureau Entomol. Calif. Dept. Agr.* Occasional Pap., no. 3: 1–15.
9 Smith JD and EB Smith. 1971. Multiple fire ant stings a complication of alcoholism. *Arch. Dermatol.* 103: 438–41.
10 DeShazo RD, BT Butcher, and WA Banks. 1990. Reactions to the stings of the imported

# 参考文献
（* は各章内で共通する文献）


## 第 1 章　刺された記憶

- * Hrdy SB. 2011. *Mothers and Others: The Evolutionary Origins of Mutual Understanding.* Cambridge, MA: Harvard Univ. Press.
- **1** Van Le Q, LA Isbell et al. 2013. Pulvinar neurons reveal neurobiological evidence of past selection for rapid detection of snakes. *PNAS* 110: 19000–19005.
- **2** New JJ and TC German. 2015. Spiders at the cocktail party: An ancestral threat that surmounts inattentional blindness. *Evol. Human Behav.* 36: 163–73.
- **3** LoBue V, DH Rakison, and JS DeLoache. 2010. Threat perception across the life span: Evidence for multiple converging pathways. *Psychol. Sci.* 19: 375–79.

## 第 2 章　刺針の意義

- * Grissell E. 2010. *Bees, Wasps, and Ants.* Portland, OR: Timber Press.
- **1** Vollrath F and I Douglas-Hamilton. 2002. African bees to control African elephants. *Naturwissenschaften* 89: 508–11.
- **2** Starr CK. 1990. Holding the fort: Colony defense in some primitively social wasps. In: *Insect Defenses* (DL Evans and JO Schmidt, eds.), pp. 421–63. Albany: State Univ. New York Press.
- **3** Smith EL. 1970. Evolutionary morphology of the external insect genitalia. 2. Hymenoptera. *Ann. Entomol. Soc. Am.* 63: 1–27.
- **4** Schmidt PJ, WC Sherbrooke, and JO Schmidt. 1989. The detoxification of ant (*Pogonomyrmex*) venom by a blood factor in horned lizards (*Phrynosoma*). *Copeia* 1989: 603–7.

## 第 3 章　史上初めて毒針を装備した昆虫

- * Evans DL and JO Schmidt, eds. 1990. *Insect Defenses.* Albany: State Univ. New York Press.
- **1** Brower LP, WN Ryerson et al. 1968. Ecological chemistry and the palatability spectrum. *Science* 161: 1349–50.
- **2** Hölldobler B and EO Wilson. 2009. *The Superorganism.* New York: Norton.
- **3** Schmidt JO. 2014. Evolutionary responses of solitary and social Hymenoptera to predation by primates and overwhelmingly powerful vertebrate predators. *J. Human Evol.* 71: 12–19.

## ま



## や，ら，わ

## な



## は

## さ



## た

# 索引

**ジャスティン・O・シュミット（Justin O. Schmidt）**
サウスウェスタン・バイオロジカル・インスティテュート所属の生物学者、アリゾナ大学昆虫学科研究員。ハチ・アリ類に刺されたときの痛みを数値化した「シュミット指数（シュミット刺突疼痛指数）」の生みの親として有名。この研究は、2015年にイグ・ノーベル賞を受賞している。

**今西康子（いまにし・やすこ）**
神奈川県生まれ。訳書に『蘇生科学があなたの死に方を変える』（白揚社）、『ミミズの話』、『ウイルス・プラネット』（飛鳥新社）、『マインドセット―「やればできる！」の研究』（草思社）、共訳書に『眼の誕生―カンブリア紀大進化の謎を解く』（草思社）などがある。

THE STING OF THE WILD
by Justin O. Schmidt

Published by arrangement with Johns Hopkins University Press, Baltimore, Maryland, through Japan UNI Agency, Inc., Tokyo

ISBN 978-4-8269-0202-1

蜂《はち》と蟻《あり》に刺《さ》されてみた

二〇一八年七月　二　日　第一版第一刷発行
二〇二四年十二月二十五日　第一版第三刷発行

著　　者　ジャスティン・O・シュミット
訳　　者　今西康子《いまにしやすこ》
発 行 者　中村幸慈
発 行 所　株式会社　白揚社　©2018 in Japan by Hakuyosha
〒101-0062　東京都千代田区神田駿河台1-7
電話03-5281-9772　振替00130-1-25400
装　　幀　吉野愛
印刷・製本　中央精版印刷株式会社

屋内生物の役割とその上手な付き合い方とは?

## ロブ・ダン『家は生態系』試し読み

まるで、玄関は「草原」、冷凍庫は「ツンドラ」、シャワーヘッドは「川」

生態系を調査するように、家の中の生物を調べると

そこには様々な環境の生物がすみついていた。

# 自宅の熱水泉（『家は生態系』第2章の冒頭部分から抜粋）

二〇一七年の春、微生物を扱ったあるドキュメンタリーの撮影のために、私はアイスランドに来ていた。撮影の一環として私たちは、熱湯が噴出し、硫黄のにおいが立ち込める間欠泉を見つけては、何度も何度もその傍らに立った。間欠泉を指差しながら、生命の起源についてカメラに向かって語るのが私の役目だった。あるときのこと、私はそのような間欠泉に一人置き去りにされてしまい、トラックが戻って来てくれるのをひたすら待つはめになった。撮影クルーは、ともすると無慈悲この上ない。私は途方に暮れながら、間欠泉についてじっくり考える時間を与えられることになった。寒い日だったので、硫黄のにおいが立ち込めていても、その場からずっと離れずにいた。暖かかったからだ。地殻の下の火山活動によって熱せられた間欠泉の熱湯が、大地の裂け目から噴き出していた。

夜空に対して無関心でいられるように、大地は動いているという事実を簡単に忘れていられる地域もある。しかし、アイスランドではそうはいかない。アイスランドの西半分と東半分は互いに反対方向に移動しており、そうやって引き裂かれた大地の裂け目を見逃すことはなかなかできない。ときには猛烈な火山噴火が起きて、空が暗くなってしまうこともある。また、私が傍らに立ったような間欠泉が、毎日欠かすことなく地面から噴き上がってくる。ところで、この間欠泉で生息している生物は、今、あなたの家で起こりつつあることと、想像もつかないほど密接に関連しているのだ。

間欠泉の温熱中で生物が生存・繁殖していることがわかったのは、一九六〇年代になってからのことだ。当時インディアナ大学にいたトマス・ブロックが、まずアメリカのイエローストーンで、その後、アイスランドの、私がいた場所から程近いところで調査を行なった。ブロックは、間欠泉の周囲の色鮮やかな模様に強く興味を引かれた。岩肌の色が、黄、赤、ピンクから、緑、紫へと変わっていた。ブロックは、このような模様を作り出しているのは単細胞生物ではないかと考えた。実際、そのとおりだった。

さらに、ブロックは、間欠泉の生物の多くは「化学合成生物」、すなわち間欠泉の化学エネルギーを生物エネルギーに変えられる生物であることを発見した。太陽の助けを受けずに、無生物から命を作ることのできる微生物である。光合成が進化する遥か以前から存在していたのは、おそらくそういった微生物であり、原初の微生物コミュニティはそのようなものだったに違いない。それらの生物は、地球最古の生物化学的環境を彷彿とさせるものだった。

しかし、間欠泉の生物はそれだけではなかった。シアノバクテリア（藍色細菌）も熱水に

裏面へ続く

生息して、光合成を行なっていた。さらにブロックは、他の細菌の細胞やハエの死骸など、沸騰する熱水の中で渦巻く有機物を栄養にして生きている細菌も発見した。最初のうち、彼はこのようなスカベンジャー〈死骸を食べる生物〉にはそれほど興味を引かれなかった。なぜなら、ブロックが研究している化学合成細菌とは違って、化学エネルギーを命に変えることはできず、他の生きている生物か死骸を見つけて食べなくてはならない細菌だからである。しかし検討の結果、それらは新種の細菌、しかも全く新たな属の細菌であるとの判断をブロックは下した。熱を好むことから属名を「テルムス属」とし、水中に棲んでいることからこの細菌を「テルムス・アクウァーティクス」と命名した。

哺乳類や鳥類の場合には、新種が発見されたらニュースになって当然で、新しい属が発見されたとなれば、さらに大事件である。しかし細菌の場合はそうではない。新種の細菌を見つけるのはそう難しいことではないうえに、この新種の細菌、テルムス・アクウァーティクスには、微生物学者たちがまず着目する特徴について、あまり興味をそそる点がなかった。たとえば、胞子形成はしない。細胞は黄色の棒状。グラム陰性。すべてありきたりで、面白みが全くなし。しかし、非常に不思議なことがあった。

ブロックが実験室内でテルムス・アクウァーティクスを確認できたのは、培地を摂氏七〇度以上に保ったときだけだった。この細菌はさらに高い温度を好み、八〇度もの高温になってもまだ生きていた。水の沸点は一気圧では摂氏一〇〇度だが、標高が高くなると沸騰温度は下がる。ブロックは、地球上で最も高温に強い細菌の一種を培養していたのである。

彼がのちに記しているように、この生物を見つけるのは決して難しいことではなかったのだ。そのような高温下で微生物の培養を試みた者が、他に誰もいなかっただけのことなのだ。

実験室では、熱水泉から採取したサンプルを摂氏五五度で培養していたが、その温度がテルムス・アクウァーティクスの生育最適温度よりも低すぎたのである。その後の研究で、極度の高温条件下でなければ培養できない細菌や古細菌の世界全体が明らかになってきた。そのような微生物にとって、私たちが日常生活を営んでいる温度はあまりにも低すぎて生息不能なのである。

ではなぜ、屋内環境について語る本で、テルムス・アクウァーティクスのことを取り上げたりするのだろう？　間欠泉などの熱水泉の温度や環境は、日常とはかけ離れているように思うかもしれないが、実を言うと、日常生活で私たちの身の回りにある環境にとてもよく似ているのだ。

ブロックの研究室のある学生は、テルムス・アクウァーティクスやそれに類する細菌が、ひょっとしたら私たちのすぐそばで、誰にも気づかれずに生きているのではないだろうかと考えた。その仮説を検証するために、その学生とブロックは、ブロックの研究室のコーヒーメー

4

カー（テルムス属の生育にうってつけなほど高温のマシン）を調べてみた。このマシンが研究エネルギーをチャージしてくれていることを考えれば、探すのにふさわしい場所であったろう。しかし、コーヒーメーカーにはいなかった。

湖からサンプルを採取したが、そこにも、近くの貯水池にもいなかった。自分のラボ（研究室）があるジョーダン・ホールの温室のサボテンも調べてみた。そこにもいなかった。それはやはり、熱水泉にしかいない細菌種なのだろう。

しかし念のために、ブロックはもう一か所だけ調べてみた。ジョーダン・ホールにある自分のラボの給湯栓である。ブロックのラボは、一番近い熱水泉からも三〇〇キロ以上離れていた。にもかかわらず、ラボの給湯栓から出る熱湯には、テルムス・アクウァーティクスらしき細菌が含まれていたのである。驚きの発見だった。ブロックは、給湯器が細菌に棲み処を提供したのではないかと考えた。給湯栓から出て来る湯はたしかに温かいが、熱水泉ほどではない。ほぼ完璧な棲み処は、給湯器そのもののはずだ。

そうこうするうちに、やはりインディアナ大学にいた別の研究者二人、ロバート・ラマレイとジェーン・ヒクソンが、ジョーダン・ホールでさらに好熱性細菌のサンプリングを行なった。そして二人もやはり高温に強い細菌を発見した。それは、ブロックが見つけたテルムス・アクウァーティクスによく似ていたが、全く同じではなかったので、さしあたりテルムスX－1

と呼ぶことにした。テルムス・アクウァーティクスとは違って、黄色ではなく透明だった。また、テルムス・アクウァーティクスよりも増殖速度が速かった。ラマレイは、これはテルムス・アクウァーティクスの新変種ではないだろうかと考えた。テルムス・アクウァーティクスの黄色色素は、野ざらしの熱水泉で日光から身を守るための適応ではなかろうか。だとすれば、建物内の水源に棲みついたこの変種は、高価で不必要な色素を産生する能力を失ったに違いない、と。この時すでにウィスコンシン大学に移っていたブロックは、建物内のテルムス属についてもっと詳しく研究すべき時だと判断した。

ブロックは、実験助手のキャサリン・ボイレンと共に、ウィスコンシン大学の近くの一般家庭とコインランドリーの給湯器を調査した。コインランドリーでは、一般家庭用のものよりも大型の給湯器が持続的に使用されていることが多いので、好熱性細菌がもっと高確率で棲みついているかもしれない。ブロックとボイレンは、現地に出向いては、給湯器のタンクの配管を外してその内部を調査した。給湯器の内部は、熱水泉と同じくらい、極めて高い温度になる。

今から一〇〇年以上前、生態学者のジョセフ・グリンネルは、ある生物種の生存に必要な一連の条件を満たす場所を表すのに、「ニッチ」という用語を用いた。もともとは、彫像その他の装飾品を置くために、古代ギリシャ・ローマ建築の壁面に設けられた窪みを指す言葉だった。その窪みには彫像がぴったりと収まった。それと同じように、給湯器の温度や栄養源は、テルムス・アクウァーティクスの生育条件にぴったりとはまるらしい。ただし、ある生物が、ある場所で生存可能だからと言って、必ずそこに来るとは限らない。科学者たちは現在、生物種の基本ニッチ（生息可能な環境）と実現ニッチ（実際に生息している環境）とを区別している。給湯器がテルムス・アクウァーティクスの基本ニッチだとしても、それが実現ニッチかどうかは、全く別の問題だった。

しかし調べてみると、それは実現ニッチだった。ブロックとボイレンは、マグマにさらされている間欠泉や、インディアナ大学ジョーダン・ホールの給湯器の湯だけでなく、ウィスコンシン州マディソンの家々やコインランドリーの給湯器でもテルムス〔テルムス属の細菌〕が生息しているのを発見したのである。しかも、そのような給湯器内で見つかった細菌は、生物などどこにも見つからないような極端な高温環境に対する耐性を備えていた。ブロックはテルムスを見つけるために最果ての地まで出かけていった。しかし実は、自分の研究室の近所のコインランドリーの奥を探しても同じ発見ができたのである。

**【つづきは本書で。第2章の後半では、テルムスの驚くべき応用先が見つかります】**

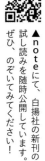

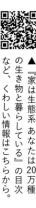